21 世纪高等职业技术教育电子电工类专业规划教材

电工与电子技术

主　编　苏莉萍

副主编　姚常青　汪晓红

参　编　冯秀萍　李付婷　韩晓明

主　审　刘雨棣

U0394407

西安电子科技大学出版社

内容简介

本书共分三篇:电工技术、电子技术和实际操作。其中上篇包括 5 个课题:电路基础知识、正弦交流电路、常用电器设备、三相异步电动机控制和工厂供电与安全用电;中篇包括 4 个课题:常用电子元器件、直流稳压电路、放大电路基础和数字电路基础;下篇包括 10 个实操训练,涵盖了电工电子技术人员应具备的基本操作技能和常用电工电子仪器仪表使用训练。

本书可作为高等职业院校非电类专业的技术基础课教材,也可作为电类专业或相关专业师生、工程技术人员的参考用书。

图书在版编目(CIP)数据

电工与电子技术/苏莉萍主编. 一西安:西安电子科技大学出版社,2013.2
21 世纪高等职业技术教育电子电工类专业规划教材
ISBN 978 - 7 - 5606 - 2979 - 7

Ⅰ. ① 电⋯ Ⅱ. ① 苏⋯ Ⅲ. ① 电工技术－高等职业教育－教材 ② 电子技术－高等职业教育－教材 Ⅳ. ① TM ② TN

中国版本图书馆 CIP 数据核字(2013)第 023804 号

策　　划	马乐惠
责任编辑	张　玮　马乐惠
出版发行	西安电子科技大学出版社(西安市太白南路 2 号)
电　　话	(029)88242885　88201467　　邮　　编　710071
网　　址	www.xduph.com　　　　电子邮箱　xdupfxb001@163.com
经　　销	新华书店
印刷单位	陕西天意印务有限责任公司
版　　次	2013 年 2 月第 1 版　2013 年 2 月第 1 次印刷
开　　本	787 毫米×1092 毫米　1/16　印　张　17
字　　数	400 千字
印　　数	1～4000 册
定　　价	26.00 元

ISBN 978 - 7 - 5606 - 2979 - 7/TM

XDUP 3271001 - 1

＊＊＊如有印装问题可调换＊＊＊

本社图书封面为激光防伪覆膜,谨防盗版。

前　　言

　　"电工与电子技术"是高职非电类专业的技术基础课程，考虑到课程的基础性和职业教育的实用性，以及电工电子技术在生产和生活中应用的广泛性，本书突出了以下几个方面：

　　(1) 对基本定律、电路原理及电路分析部分的介绍在不失系统性的同时以够用为度。

　　(2) 对常用的部分做了较为细致的讲解，如低压电器和常用电子元件等。

　　(3) 技能训练方面突出实用性和可操作性，如常用电工仪器、仪表、工具的使用，导线连接及照明线路安装等，使学生在工作和生活中遇到有关电气问题时能初步判断并作简单的处理。

　　(4) 介绍了在实际工作中电气技术人员安装电气设备或排除设备故障的知识，如变压器及电机拖动等。

　　(5) 对电气、电子设备的基础知识和分析能力有所反映，以适应和配合所从事专业的新技术的应用和开发。

　　苏莉萍老师担任本书的主编，并对全书进行统稿和定稿。本书的编写分工如下：苏莉萍老师编写了课题1、课题6及实操5、实操7～实操9；冯秀萍老师编写了课题2；韩晓明老师编写了课题7；姚常青老师编写了课题3、课题4及实操1～实操4；李付婷老师编写了课题5，并对全书进行了校对和整理；汪晓红老师编写了课题8、课题9及实操6、实操10。国家级教学名师刘雨棣教授担任本书的主审，提出了许多宝贵的建议，在此深表谢意。

　　本书在编写过程中由于时间仓促、作者水平有限，难免有不足和疏漏的地方，敬请读者批评指正，多提宝贵意见，谢谢！

编　者

2012 年 10 月

目　录

```
◆◆◆◆◆◆◆◆ 上　篇　　电　工　技　术 ◆◆◆◆◆◆◆◆
```

中篇　电子技术

下篇 实际操作

上篇　电工技术

课题 1　电路基础知识

1.1　电路的概念及基本物理量

1.1.1　电路的组成及功能

1. 电路的组成

电路是由电源、负载、开关用导线连接组成的电流通路，如图 1.1 所示。

（1）电源：将其他形式的能量转换为电能的装置，如发电机将机械能转换为电能。

（2）负载：消耗电能的装置，可将电能转换为其他形式的能量。例如，电动机将电能转换为机械能，电热炉将电能转换为热能，电灯将电能转换为光能。

（3）导线和开关：导线用来连接电源和负载，为电流提供通路，并将电源的能量供给负载；开关根据负载需要接通和断开电路。

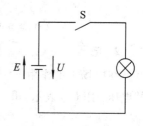

图 1.1　简单电路

2. 电路的功能

电路的第一个功能是进行能量的转换、传输和分配，第二个功能是进行信号的传递与处理。例如，扩音机的输入是由声音转换而来的电信号，通过晶体管组成的放大电路，输出是放大了的电信号，从而实现了放大功能；电视机可将接收到的信号经过处理转换成图像和声音。

1.1.2　电路的基本物理量

1. 电流

电流是由电荷的定向移动而形成的，即自由电子逆着电场的方向做定向移动形成电流。大小和方向均不随时间变化的电流称为直流。

电流的强弱用电流强度来表示。对于恒定直流，电流强度 I 用单位时间内通过导体截面的电量 Q 来表示，即

$$I = \frac{Q}{t} \qquad (1-1)$$

电流的单位是安培(A)。在 1 秒(s)内通过导体横截面的电荷为 1 库仑(C)时，其电流为 1 A。换算关系如下：

$$1\ mA = 10^{-3}\ A,\ 1\ \mu A = 10^{-6}\ A,\ 1\ nA = 10^{-9}\ A$$

习惯上，将正电荷的移动方向规定为电流的实际方向。在外电路中，电流由正极流向负极；在内电路中，电流由负极流向正极。在电路中，电流的方向有时事先难以确定。为了分析电路的需要，我们便引入了电流参考正方向的概念。

在进行电路计算时，先任意选定某一方向作为待求电流的正方向，即参考正方向，再根据此正方向进行计算，若计算得到结果为正值，则说明电流的实际方向与选定的正方向相同；若计算得到结果为负值，则说明电流的实际方向与选定的正方向相反。图 1.2 所示为电流的参考正方向(图中实线所示)与实际方向(图中虚线所示)之间的关系。

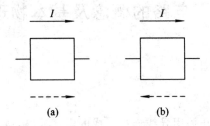

图 1.2 电流的方向

(a) 参考正方向与实际方向一致；(b) 参考正方向与实际方向相反

2. 电压

在电场力的作用下，单位正电荷从电场中的点 A 移到点 B 所做的功 W_{AB} 称为 A、B 间的电压，用 U_{AB} 表示，即

$$U_{AB} = \frac{W_{AB}}{Q} \qquad (1-2)$$

电压的单位为 V(伏特)。如果电场力把 1 C 电量从点 A 移到点 B 所做的功是 1 J(焦耳)，则 A 与 B 两点间的电压就是 1 V。换算关系如下：

$$1\ kV = 10^{3}\ V$$
$$1\ mV = 10^{-3}\ V$$

电压的实际方向规定为从高电位点指向低电位点，即由"＋"极指向"－"极，因此，在电压的方向上电位是逐渐降低的。

电压总是相对两点之间的电位而言的，所以用双下标表示，前一个下标(如 A)为起点，后一个下标(如 B)为终点。电压的方向是由起点指向终点，有时用箭头在图上标明。当标定的参考方向与电压的实际方向相同时(见图 1.3(a))，电压为正值；当标定的参考方向与实际电压方向相反时(见图 1.3(b))，电压为负值。

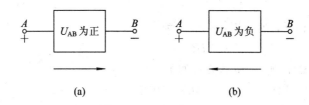

图 1.3　电压的正负与实际方向

（a）参考正方向与实际方向一致；（b）参考正方向与实际方向相反

3. 电动势

为了维持电路中有持续不断的电流，必须有一种外力把正电荷从低电位（如负极 B）移到高电位（如正极 A）。在电源内部就存在着这种外力。如图 1.4 所示，外力克服电场力把单位正电荷由低电位 B 端移到高电位 A 端，所做的功称为电动势，用 E 表示。电动势的单位也是 V。如果外力把 1 C 的电量从点 B 移到点 A，所做的功是 1 J，则电动势就等于 1 V。

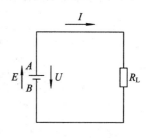

图 1.4　电动势

电动势的方向规定为从低电位指向高电位，即由"－"极指向"＋"极。

4. 电功率

在直流电路中，根据电压的定义，电场力所做的功是 $W = QU$。单位时间内电场力所做的功称为电功率，电功率的单位是 W（瓦特）。

在电源内部，外力做功，正电荷由低电位移向高电位，电流逆着电场方向流动，将其他能量转变为电能，其电功率为

$$P = EI$$

若计算结果 $P > 0$，则说明该元件是耗能元件；若计算结果 $P < 0$，则说明该元件为供能元件。当已知设备的功率为 P 时，在 t 秒内消耗的电能为 $W = Pt$，电能就等于电场力所做的功，单位是 J（焦耳）。在电工技术中，往往直接用 W·s（瓦特秒）作单位，实际上则用 kW·h（千瓦小时）作单位，俗称 1 度电。

$$1\ kW \cdot h = 3.6 \times 10^{6}\ W \cdot s$$

1.2　欧姆定律及电阻的连接方式

1.2.1　欧姆定律

欧姆定律是指电路中通过导体的电流 I 与加在导体两端的电压 U 成正比，与导体的电阻 R 成反比。

1. 一段电路的欧姆定律

不含电动势、只含电阻的一段电路如图 1.5 所示，若 U 与 I 正方向一致，则欧姆定律可表示为

$$U = IR \qquad (1-3)$$

若 U 与 I 方向相反，则欧姆定律表示为

$$U = -IR$$

电阻的单位是 Ω(欧姆)，换算关系如下：

$$1\ k\Omega = 10^3\ \Omega,\ 1\ M\Omega = 10^6\ \Omega$$

电阻的倒数 $G = 1/R$，称为电导，它的单位为 S(西门子)。

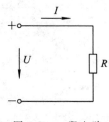

图 1.5　一段电路

2. 闭合电路的欧姆定律

图 1.6 所示是简单的闭合电路，R_L 为负载电阻，R_0 为电源内阻，若略去导线电阻不计，则该电路用欧姆定律可表示为

$$I = \frac{E}{R_L + R_0} \qquad (1-4)$$

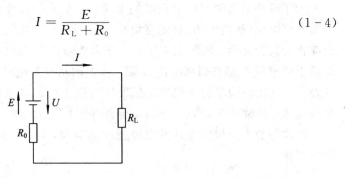

图 1.6　简单的闭合电路

3. 线性电阻、非线性电阻

在温度一定的条件下，加在电阻两端的电压与通过电阻的电流之间的关系称为伏安特性。

一般金属电阻的阻值不随所加电压和通过的电流而改变，即在一定的温度下其阻值是常数，这种电阻的伏安特性是一条经过原点的直线，如图 1.7 所示。这种电阻称为线性电阻。

由此可见，线性电阻遵守欧姆定律。

另一类电阻的阻值随电压和电流的变化而变化，其电压与电流的比值不是常数，这类电阻称为非线性电阻。例如，半导体二极管的正向电阻就是非线性的，它的伏安特性如图 1.8 所示。

图 1.7　线性电阻的伏安特性　　　　图 1.8　二极管正向伏安特性

半导体三极管的输入、输出电阻也都是非线性的。对于非线性电阻的电路，欧姆定律不再适用。

全部由线性元件组成的电路称为线性电路。本章仅讨论线性直流电路。

1.2.2　电阻的连接方式

在实际电路中,常需要将各个电阻按不同的方式连接起来,组成所需的回路,电阻的连接方式主要有串联和并联两种。

1. 电阻的串联

由若干个电阻顺序地连接成一条无分支的电路称为串联电路。如图 1.9 所示的电路就是由三个电阻串联而成的。

串联电路具有以下特点:

(1) 流过串联各元件的电流相等,即 $I_1 = I_2 = I_3$。

(2) 等效电阻 $R = R_1 + R_2 + R_3$。

(3) 总电压 $U = U_1 + U_2 + U_3$。

(4) 总功率 $P = P_1 + P_2 + P_3$。

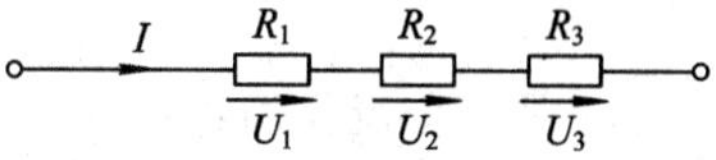

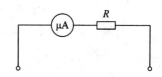

图 1.9　电阻的串联

(5) 电阻串联具有分压作用。在实际工作中,常利用串联分压的原理制成电阻分压器,还可以扩大电压表的量程。

例 1.1　现有一电压表,满刻度电流 $I = 50\ \mu A$,表头的电阻 $R = 3\ k\Omega$,若要改装成量程为 10 V 的电压表,如图 1.10 所示,试问应串联一个多大的电阻?

解　当表头满刻度时,它的端电压为

$$U_G = 50 \times 10^{-6} \times 3 \times 10^3 = 0.15\ \text{V}$$

即表的现量程为 0.15 V。

设量程扩大到 10 V 时所需串联的电阻为 R,则 R 上分得的电压为

$$U_R = 10 - 0.15 = 9.85\ \text{V}$$

故

$$R = \frac{U_R R_G}{U_G} = \frac{9.85 \times 3 \times 10^3}{0.15} = 197\ \text{k}\Omega$$

图 1.10　电流表表头等效电路

即应串联 197 kΩ 的电阻,方能将量程为 0.15 V 电压表改装成量程为 10 V 的电压表。

2. 电阻的并联

将若干个电阻元件连接在两个共同端点之间的连接方式称之为并联。图 1.11 所示的电路就是由三个电阻并联组成的。

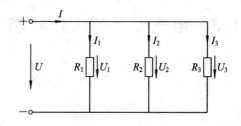

图 1.11　电阻的并联

并联电路具有以下特点:

(1) 并联电阻承受同一电压,即

$$U = U_1 = U_2 = U_3$$

（2）总电流为各分流之和，即

$$I = I_1 + I_2 + I_3$$

（3）总电阻的倒数为各分电阻倒数之和，即

$$\frac{1}{R} = \frac{1}{R_1} = \frac{1}{R_2} = \frac{1}{R_3}$$

总电导为

$$G = G_1 + G_2 + G_3$$

（4）总功率为

$$P = P_1 + P_2 + P_3$$

（5）具有分流作用：

$$I_1 = \frac{RI}{R_1}, \quad I_2 = \frac{RI}{R_2}, \quad I_3 = \frac{RI}{R_3}$$

利用电阻并联的分流作用，可扩大电流表的量程。在实际应用中，属于相同电压等级的用电器可以并联在同一电路中，保证它们都在规定的电压下正常工作。

例 1.2 有三盏电灯并联接在 110 V 电源上，其额定值分别为 110 V、100 W，110 V、60 W，110 V、40 W，求总功率 P、总电流 I 以及通过各灯泡的电流及等效电阻。

解 （1）因外接电源符合各灯泡额定值，故总功率为

$$P = P_1 + P_2 + P_3 = 100 + 60 + 40 = 200 \text{ W}$$

（2）总电流与各灯泡电流为

$$I = \frac{P}{U} = \frac{200}{110} \approx 1.82 \text{ A}$$

$$I_1 = \frac{P_1}{U_1} = \frac{100}{110} \approx 0.909 \text{ A}$$

$$I_2 = \frac{P_2}{U_2} = \frac{60}{110} \approx 0.545 \text{ A}$$

$$I_3 = \frac{P_3}{U_3} = \frac{40}{110} \approx 0.364 \text{ A}$$

（3）等效电阻为

$$R = \frac{U}{I} = \frac{110}{1.82} \approx 60.4 \ \Omega$$

1.3 电气设备的工作状态

1.3.1 额定值

1. 额定电流 I_N

电气设备长时间运行以致稳定温度达到最高允许温度时的电流，称为额定电流。

2. 额定电压 U_N

为了限制电气设备的电流并考虑绝缘材料的绝缘性能等因素，允许加在电气化设备上的电压限值，称为额定电压。

3. 额定功率 P_N

在直流电路中，额定电压 U_N 与额定电流 I_N 的乘积就是额定功率 P_N，即

$$P_N = U_N \cdot I_N$$

电气设备的额定值都标在铭牌上，使用时必须遵守。例如，一盏日光灯标有"220 V 60 W"的字样，表示该灯在 220 V 电压下使用，消耗功率为 60 W，若将该灯泡接在 380 V 的电源上，则会因电流过大而将灯丝烧毁；反之，若电源电压低于额定值，虽能发光，但灯光暗淡。

1.3.2 电路的三种状态

1. 有载工作状态

如图 1.12 所示，当开关 S 闭合时，使电源与负载接成闭合回路，电路便处于通路状态，也称为有载工作状态。在实际电路中，负载都是并联的，用 R_L 代表等效负载电阻。

电路中的用电器是由用户控制的，而且是经常变动的。当并联的用电器增多时，等效电阻 R_L 就会减小，而电源电动势 E 通常为一恒定值，且内阻 R_0 很小，电源端电压 U 的变化很小，则电源输出的电流和功率将随之增大，这种情况称为电路的负载增大，当并联的用电器减少时，等效负载电阻 R_L 增大，电源输出的电流和功率将随之减小，这种情况称为电路的负载减小。

可见，所谓负载增大或负载减小，是指增大或减小负载电流，而不是增大或减小电阻值。电路中的负载是变动的，所以，电源端电压的大小也随之改变。电源端电压 U 随电源输出电流 I 的变化关系，即 $U=f(I)$ 称为电源的外特性。电源的外特性曲线如图 1.13 所示。

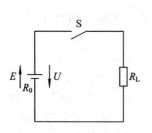

图 1.12 电路示意图

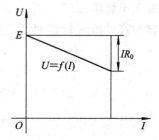

图 1.13 电源的外特性

根据负载大小，电路在通路时又分为三种工作状态：当电气设备的电流等于额定电流时，称为满载工作状态；当电气设备的电流小于额定电流时，称为轻载工作状态；当电气设备的电流大于额定电流时，称为过载工作状态。

2. 断路

所谓断路，就是电源与负载没有构成闭合回路。在图 1.12 所示的电路中，当 S 断开时，电路即处于断路状态。断路状态的特征表现如下：

$$R = \infty, \qquad I = 0$$

电源内阻消耗功率为

$$P_E = 0$$

负载消耗功率为

$$P_L = 0$$

路端电压为

$$U_0 = E$$

此种情况也称为电源的空载。

3. 短路

所谓短路，就是电源未经负载而直接由导线接通成闭合回路，如图 1.14 所示。图中折线是指明短路点的符号。短路的特征如下：

$$R = 0, \quad U = 0$$

短路电流为

$$I_S = \frac{E}{R_0}$$

负载消耗功率为

$$P_L = 0$$

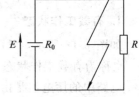

图 1.14 短路的示意图

电源内阻消耗功率为

$$P_E = I_S^2 R_0$$

因为电源内阻 R_0 一般都很小，所以短路电流 I_S 很大，很容易烧毁电源、导线及电气设备，电源短路是一种严重事故，应严加防止。

为了防止发生短路事故，以免损坏电源，常在电路中串接熔断器。其熔丝是由低熔点的铅锡合金丝或铅锡合金片做成的。一旦短路，串联在电路中的熔丝将因发热而熔断，从而保护电源免于烧坏。

熔断器的符号如图 1.15 所示，熔断器在电路中的接法如图 1.16 所示。

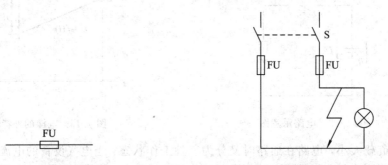

图 1.15 熔断器的符号　　　　　　图 1.16 熔断器在电路中的安装

1.4 电压源、电流源

1.4.1 电压源

铅蓄电池及一般直流发电机等都是电源，它们是具有不变的电动势和较低内阻的电源，我们称其为电压源，如图 1.17(a) 所示。

如果电源的内阻 $R_0 \approx 0$，当电源与外电路接通时，其端电压 $U = E$，端电压不随电流而变化，电源外特性是一条水平线。

这是一种理想情况，我们把具有不变电动势且内阻为零的电源称为理想电压源或恒压源，如图 1.17(b) 所示。

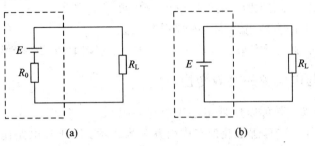

图 1.17　电压源

（a）电压源与负载连接；（b）恒压源与负载连接

理想电压源是实际电源的一种理想模型。例如，在电力供电网中，对于任何一个用电器而言，整个电力网除了该用电器以外的部分，都可以近似地看成是一个理想电压源。

当电源电压稳定在它的工作范围内时，该电源就可认为是一个恒压源。如果电源的内电阻远小于负载电阻 R_L，那么随着外电路负载电流的变化，电源的端电压可基本保持不变，这种电源就接近于一个恒压源。

1.4.2　电流源

对实际电源，可以建立另一种理想模型，叫做电流源。如果电源输出恒定的电流，即电流的大小与端电压无关，我们就把这种电源叫做理想电流源。对于直流电路来说，理想电流源输出恒定不变的电流 I_S，它与外电路负载的大小无关，其端电压由负载决定。理想电流源简称电流源或恒流源，如图 1.18 所示。恒流源的伏安特性如图 1.19 所示。

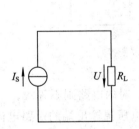

图 1.18　恒流源与负载连接

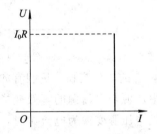

图 1.19　恒流源的伏安特性

当电流源与外电路接通时，回路电流是恒定的。实际的电流源即使没有与外电路接通，其内部也有电流流动；与负载接通后，电源内部仍有一部分电流流动，另一部分电流则通过负载，因此，实际电流源可以用理想电流源 I_S 与一个电阻 R_i 并联表示，如图 1.20 所示。

空载时，S 断开，通过 R_i 的电流 I_i 等于 I_S，端电压为 $I_S R_i$，外电路电流 $I = 0$；外电路短路时，端电压等于 0，$I = I_S$，$I_i = 0$；有负载时，$U = I_i R_i = I R_L$，$I_i + I = I_S$，即

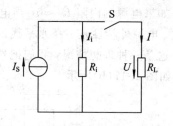

图 1.20　实际的电流源与负载连接

$$I = I_s - \frac{U}{R_i}$$

$$U = I_s \cdot R_i - IR_i$$

由上式可知：① 负载电流 I 总是小于恒流源输出电流 I_s；② 负载电流增大时，端电压减少；③ 负载电流愈小，内阻上的电流就愈大，内部损耗也愈大，所以，电流源不能处于空载状态。

1.4.3　电压源与电流源的等效变换

一个实际的电源，既可以用理想电压源与内阻串联表示，也可以用一个理想电流源与内阻并联来表示。对于外电路而言，如果电源的外特性相同，无论采用哪种模型计算外电路电阻 R_L 上的电流、电压，结果都相同。

对外电路而言，两种模型是可以等效变换的。

电压源模型：$U = E - IR_0$

电流源模型：$U = I_s R_i - IR_i$

由以上比较可知，当满足下列关系时，两者可以互换：

$$R_i = R_0,\ E = I_s R_i$$

或

$$I_s = \frac{E}{R_i}$$

电压源与电流源的等效变换电路如图 1.21 所示。

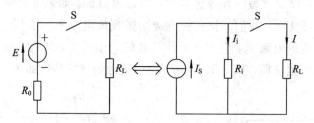

图 1.21　电压源与电流源的等效变换

关于两者的等效变换，我们有如下的结论：

(1) 电压源与电流源的等效变换只能对外电路等效，对内电路则不等效。

(2) 把电压源变换为电流源时，电流源中的 I_s 等于电压源输出端的短路电流 I_s，I_s 的方向与电压源对外电路输出电流的方向相同，电流源中的并联电阻 R_i 与电压源的内阻 R_0 相等。

(3) 把电流源变换成为电压源时，电压源中的电动势 E 等于电流源输出端断路时的端电压，E 的方向与电流源对外输出电流的方向相同，电压源中的内阻 R_0 与电流源的并联电阻 R_i 相等。

(4) 理想电压源与理想电流源之间不能进行等效变换。

例 1.3　已知两个电压源，$E_1 = 24$ V，$R_{01} = 4\ \Omega$；$E_2 = 30$ V，$R_{02} = 6\ \Omega$，将它们同极性相并联，试求其等效电压源的电动势 E 和内电阻 R_0。

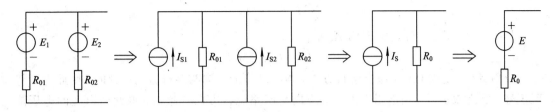

图 1.22　例 1.3 图

解　如图 1.22 所示，先将两个电流源合并为一个等效电流源，然后将这个等效电流源变换成等效电压源：

$$E = R_0 I_s = 2.4 \times 11 = 26.4 \text{ V}$$
$$R_0 = 2.4 \ \Omega$$

1.5　基尔霍夫定律及其应用

1.5.1　基尔霍夫定律

1. 基本概念

（1）支路：电路中每一段不分支的电路称为支路。如图 1.23 所示，BAF、BCD、BE 等均为支路。

（2）节点：电路中三条或三条以上支路相交的点称为节点。图 1.23 中的 B、E 均为节点。

（3）回路：电路中任一闭合路径称为回路，例如图 1.23 中 $ABEFA$、$BCDEB$、$ABCDEFA$ 等都是回路。

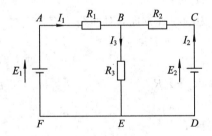

图 1.23　电路

2. 基尔霍夫电流定律（KCL）

在电路中，任何时刻对于任一节点而言，流入节点电流之和等于流出节点电流之和，即

$$\sum I_i = \sum I_o \tag{1-5}$$

如图 1.23 所示，对节点 B 有

$$I_1 + I_2 = I_3$$

3. 基尔霍夫电压定律（KVL）

沿任一回路绕行一周，回路中所有电动势的代数和等于所有电阻压降的代数和，即

$$\sum E = \sum IR$$

如图 1.23 所示，沿 $ABCDEFA$ 回路，有

$$E_1 - E_2 = I_1R_1 - I_2R_2$$

应用 KVL 定律时，先假定绕行方向，当电动势的方向与绕行方向一致时，则此电动势取正号，反之取负号；当电阻上的电流方向与回路绕行方向一致时，取此电阻上的电压降为正，反之取负号。

1.5.2　基尔霍夫定律的应用

1. 支路电流法

分析、计算复杂电路的方法很多，支路电流法是最基本的方法之一，也是基尔霍夫定律的一种应用。

支路电流法是以支路电流为未知量，应用基尔霍夫定律列出与支路电流数目相等的独立方程式，再联立求解。应用支路电流法解题的方法步骤（假定某电路有 m 条支路、n 个节点）如下：

（1）首先标定各待求支路的电流参考正方向及回路绕行方向。

（2）应用基尔霍夫电流定律列出 $n-1$ 个节点方程。

（3）应用基尔霍夫电压定律列出 $m-(n-1)$ 个独立的回路电压方程式。

（4）由联立方程组求解各支路电流。

例 1.4　如图 1.24 所示，$E_1 = 10\ V$，$R_1 = 6\ \Omega$，$E_2 = 26\ V$，$R_2 = 2\ \Omega$，$R_3 = 4\ \Omega$，求各支路电流。

解　假定各支路电流方向如图 1.24 所示，根据基尔霍夫电流定律（KCL），对节点 A 有

$$I_1 + I_2 = I_3$$

设闭合回路的绕行方向为顺时针方向，对回路 I 有

$$E_1 - E_2 = I_1R_1 - I_2R_2$$

对回路 II，有

$$E_2 = I_2R_2 + I_3R_3$$

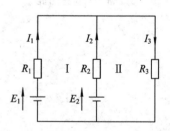

图 1.24　例 1.4 图

联立方程组：

$$\begin{cases} I_1 + I_2 = I_3 \\ 10 - 26 = 6I_1 - 2I_2 \\ 26 = 2I_2 + 4I_3 \end{cases}$$

解方程组，得

$$I_1 = -1\ A, \qquad I_2 = 5\ A, \qquad I_3 = 4\ A$$

这里解得 I_1 为负值，说明实际方向与假定方向相反，同时说明 E_1 此时在电路中相当于一个负载。

2. 电路中电位的计算

1）参考点

在电路中要求计算某点的电位值时，必须在电路中选择一个参考点，这个参考点叫做

零电位点。零电位点可以任意选择。它是分析线路中其余各点电位高低的比较标准，用符号"⊥"表示。

电路中某点的电位，就是从该点出发，沿任选的一条路径"走"到参考点所经过的全部电位降的代数和。

2）电位的计算方法

（1）选择一个零电位点，即参考点。

（2）标出电源和负载的极性：按 E 的方向是由负极指向正极的原则，标出电源的正负极性，设电流方向，将电流流入端标为正极，流出端为负。

（3）求点 A 的电位时，选定一条从点 A 到零电位点的路径，从点 A 出发沿此路径"走"到零电位点，无论路经的是电源，还是负载，只要是从正极到负极，就取该电位降为正，反之就取负值，然后，求代数和。

以图 1.25 电路为例，点 D 是参考点，各电源的极性和 I 的方向如图所示，求点 A 的电位时有三条路径。

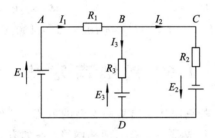

图 1.25 电位的计算

沿 AE_1D 路径：$U_A = E_1$

沿 ABD 路径：$U_A = I_1R_1 + I_3R + E_3$

沿 $ABCD$ 路径：$U_A = I_1R_1 + I_2R_2 - E_2$

显然，沿 AE_1D 路径计算点 A 电位最简单，但三种计算方法的结果是完全相同的。

例 1.5 在图 1.26 所示电路中，若 $R_1 = 5\ \Omega$，$R_2 = 10\ \Omega$，$R_3 = 15\ \Omega$，$E_1 = 180\ \text{V}$，$E_2 = 80\ \text{V}$，若以点 B 为参考点，试求 A、B、C、D 四点的电位 U_A、U_B、U_C、U_D，同时求出 C、D 两点之间的电压 U_{CD}，若改用点 D 作为参考点再求 U_A、U_B、U_C、U_D 和 U_{CD}。

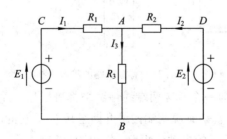

图 1.26 例 1.5 图

解 （1）根据基尔霍夫定律列方程：

节点 A： $I_1 + I_2 - I_3 = 0$

回路 $CABC$： $I_1R_1 + I_3R = E_1$

回路 $DABD$：　　　　　　　　$I_2R_2+I_3R_3=E_2$

解方程组得

$$I_1=12\ \text{A},\ I_2=-4\ \text{A},\ I_3=8\ \text{A}$$

（2）若以点 B 为参考点，则

$$U_B=0$$

$$U_A=I_3R_3=8\times15=120\ \text{V}$$

$$U_C=E_1=180\ \text{V}$$

$$U_D=E_2=80\ \text{V}$$

$$U_{CD}=U_C-U_D=180-80=100\ \text{V}$$

（3）若以点 D 为参考点，则

$$U_D=0$$

$$U_A=-I_2R_2=-(-4)\times10=40\ \text{V}$$

$$U_B=-E_2=-80\ \text{V}$$

$$U_C=I_1R_1-I_2R_2=12\times5-(-4)\times10=100\ \text{V}$$

$$U_{CD}=U_C-U_D=100-0=100\ \text{V}$$

1.6　戴维南定律

在复杂电路的计算中，若只需计算出某一支路的电流，则可把电路划分为两部分：一部分为待求支路，另一部分看成是一个有源两端网络。假如有源两端网络能够化简为一个等效电压源，则复杂电路就变成一个等效电压源和待求支路相串联的简单电路，如图 1.27 所示，R 中的电流就可以由下式求出：

$$I=\frac{E}{R+R_0}$$

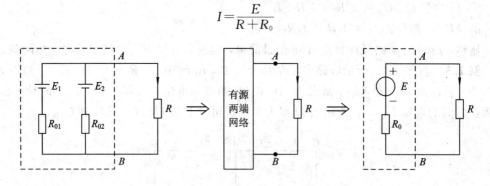

图 1.27　有源电路的等效变换

戴维南定理指出：任何一个有源两端线性网络都可以用一个等效的电压源来代替，这个等效电压源的电动势 E 就是有源两端网络开路电压 U_0，它的内阻 R_0 等于从有源两端网络看进去的电阻（网络电压源的电动势短路，电流源断路）。

如图 1.27 所示，从 AB 两端看进去，各电动势短路为零，A、B 两点之间的等效电阻为 R_0，则

$$R_0=\frac{R_{01}R_{02}}{R_{01}+R_{02}}$$

例 1.6　如图 1.28 所示，已知 $E_1=8$ V，$E_2=2.6$ V，$R_{01}=0.6$ Ω，$R_{02}=0.3$ Ω，$R=9.8$ Ω，用戴维南定理求通过 R 的电流 I。

解　由图 1.28 计算等效电压源的电动势 E：

$$I'=\frac{E_1-E_2}{R_{01}+R_{02}}=\frac{8-2.6}{0.6+0.3}=6\ \text{A}$$

$$E=E_1-R_{01}I''=8-0.6\times 6=6\ \text{A}$$

A、B 两点之间的等效电阻为

$$R_0=\frac{R_{01}R_{02}}{R_{01}+R_{02}}=0.2\ \Omega$$

最后求得通过电阻 R 的电流为

$$I=\frac{E}{R+R_0}=\frac{4.4}{9.8+0.2}=0.44\ \text{A}$$

课 题 小 结

（1）电路的基本概念。

电路：由电源、负载、开关用导线连接组成的电流通路。

电源：将其他形式的能量转换为电能的装置。

负载：将电能转换为其他形式能量的装置。

导线和开关：连接电源和负载，并根据负载需要接通和断开电路。

（2）电路的三个基本物理量：电流、电压、电功率。大小、方向随时间改变的为交流。大小、方向不随时间改变的为直流。在电路中，电压、电流的参考方向可以任意选定，再根据电压、电流计算的数值正负来判断实际方向。

（3）欧姆定律：导体中的电流 I 与加在导体两端的电压 U 成正比，与导体的电阻 R 成反比。电阻分线性和非线性两种，线性电阻符合欧姆定律，非线性电阻不符合欧姆定律。

（4）电阻的串联与并联。

电阻顺序地连接成一条无分支的电路称为串联。串联的特点：① 流过串联各元件的电流相等，即 $I_1=I_2$；② 等效电阻 $R=R_1+R_2$；③ 总电压 $U=U_1+U_2$；④ 总功率 $P=P_1+P_2$；⑤ 电阻串联具有分压作用。在实际工作中，常利用串联分压的原理制成电阻分压器。

将几个电阻元件连接在两个共同端点之间的连接方式称之为并联。并联的特点：① 并联电阻承受同一电压 $U=U_1=U_2=U_3$；② 总电流为各分流之和 $I=I_1+I_2$；③ 总电阻的倒数为各分电阻倒数之和 $\frac{1}{R}=\frac{1}{R_1}+\frac{1}{R_2}$；④ 总功率 $P=P_1+P_2$；⑤ 具有分流作用：

$$I_1=\frac{RI}{R_1},\qquad I_2=\frac{RI}{R_2}$$

（5）电气设备额定值：① 额定电流 I_N：电气设备长时间运行以致稳定温度达到最高允许温度时的电流；② 额定电压 U_N：允许加在电气化设备上的电压限值；③ 额定功率 P_N：在直流电路中，额定电压与额定电流的乘积：$P_N=U_N\cdot I_N$。

（6）电路有三种工作状态：① 有载工作状态，根据负载大小可分为三种工作状态，即满载工作状态、轻载工作状态、过载工作状态；② 断路状态，其特征为 $R=\infty$，$I=0$，电源

内阻消耗功率 $P_E = 0$，负载消耗功率 $P_L = 0$，路端电压 $U_0 = E$；③ 短路的特征为 $R = 0$，$U = 0$，短路电流 $I_S = E/R_0$，$P_L = 0$，电源内阻消耗功率 $P_E = I_S^2 R_0$。

（7）具有不变的电动势和较低内阻的电源，随着外电路负载电流的变化，电源的端电压基本保持不变的称为恒压源。电流的大小与端电压无关，我们把这种电流源叫理想电流源。电压源与电流源的等效变换只能对外电路等效，对内电路则不等效；理想电压源与理想电流源之间不能进行等效变换。

（8）基尔霍夫包括两个定律：① 基尔霍夫电流定律（KCL），$\sum I_i = \sum I_o$；② 基尔霍夫电压定律（KVL），$\sum E = \sum IR$。运用基尔霍夫定律时需掌握几个基本概念，即支路、节点和回路。支路电流法是基尔霍夫定律的具体应用，它以支路电流为未知量，应用基尔霍夫定律列出与支路电流数目相等的独立方程式，再联立求解。在电路中要求得某点的电位值，就必须在电路中选择一个参考点，这个参考点叫做零电位点。零电位点可以任意选择。电路中某点的电位，就是从该点出发，沿任选的一条路径"走"到参考点所经过的全部电位降的代数和。

（9）任何一个有源两端线性网络都可以用一个等效的电压源来代替，这个等效电压源的电动势 E 就是有源两端网络开路电压 U_0，它的内阻 R_0 等于从有源两端网络看进去的电阻，这就是戴维南定律。在复杂电路的计算中，只需计算出某一支路的电流，就可用戴维南定律，把电路划分为两部分：一部分为待求支路，另一部分看成是一个有源两端网络。有源两端网络化简为一个等效电压源，则复杂电路就变成一个等效电压源和待求支路相串联的简单电路。

思考题与习题

1.1　应用欧姆定律对题图所示的 1.1 电路列出式子，并求电阻 R。

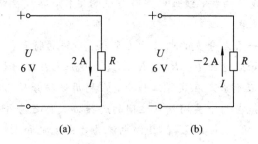

(a)　　　　　　　　　　(b)

图题 1.1

1.2　现有两只灯泡，一只是 220 V/100 W，另一只是 110 V/40 W。试问：在规定的电压下，哪一只灯泡较亮？哪一只灯泡电流大？哪一只灯泡电阻大？

1.3　把图题 1.3 中的开关 S 合上，试问：

（1）A、B 两点间的电阻将会起怎样的变化？

（2）各支路中的电流又会怎样变化？

（3）电压表的读数是增大还是变小？

1.4　计算图题 1.3 中 S 断开、闭合时的总电阻。

1.5 已知一电压源的电动势 $E=18$ V，其内阻 $R_0=4$ Ω，试求其等效电流源的电流和内阻。

1.6 一个常用的电阻分压器如图题 1.6 所示。已知电压源电压 $U=12$ V，负载电阻 $R_0=200$ Ω，滑动触头 C 位于分压器中间，分压器两段电阻 $R_1=R_2=600$ Ω，试求：

(1) 开关断开和接通两种情况下的电压 U_2。

(2) 负载电压 U_3。

(3) 分压器两段电阻中的电流 I_1 和 I_2。

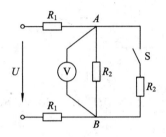

图题 1.3

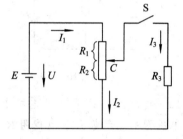

图题 1.6

1.7 在题图 1.7 所示的电路中，已知 $E_1=30$ V，$E_2=6$ V，$E_3=12$ V，$R_1=2.5$ Ω，$R_2=2$ Ω，$R_3=0.5$ Ω，$R_4=7$ Ω，电流参考方向图中已标明，以 n 点为参考点，求各点电位及 U_{ab}、U_{bc}、U_{da}。

1.8 在题图 1.8 所示的电路中，试求：

(1) 电流 I_2、I_3。

(2) 如何接入一只电流表测出 I_2 电流大小？该电流表量程为多大合适？电流表内阻大小对测量数据有无影响？

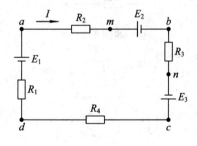

题图 1.7

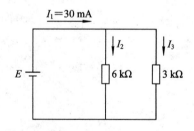

题图 1.8

1.9 在题图 1.9 所示的电路中，已知 $U_2=2$ V，$R_1=R_2=R_3=R_4=2$ Ω，试求：

(1) I、U_1、U_2、U_3、U_4、U_{ac}。

(2) a、b、c、d、e 各点电位的高低。

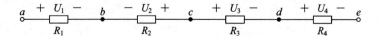

题图 1.9

1.10 .在题图 1.10 所示的电路中，$E_1=E_2=220$ V，$R_{01}=0.5$ Ω，$R_{02}=0.8$ Ω，$R_{03}=20$ Ω，求各支路电流。

1.11 在题图 1.11 所示的电路中，闸刀开关闭合之前，电压表的读数是 $U_1=12$ V，闸刀开关闭合后，电压表的读数是 $U_2=10$ V，电流表的读数是 $I=3$ A，求电源电动势 E、电源功率 P_S、负载功率 P_L、内部损失功率 P_0。

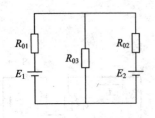
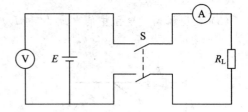

题图 1.10　　　　　　　　　　　　　　　　题图 1.11

1.12 在题图 1.12 所示的电路中，已知 $E_1=20$ V，$R_{01}=4$ Ω，$E_2=30$ V，$R_{02}=6$ Ω，求等效电压源的电动势 E 和其内阻 R_0。

1.13 在题图 1.13 所示的电路中，$E_1=230$ V，$E_2=214$ V，$R_{01}=1.2$ Ω，$R_{02}=2$ Ω，$R_L=0.4$ Ω，$R_L'=110$ Ω，$R=200$ Ω，试用戴维南定律求 R 支路电流。

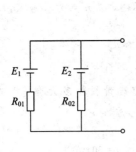
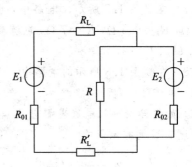

题图 1.12　　　　　　　　　　　　　　　　题图 1.13

课题 2 正弦交流电路

本课题主要讨论正弦交流电路的基本概念和基本表示方法，分析交流电路中电阻 R、电感 L 和电容 C 的作用和特性，并以此为基础分析了 R、L、C 串联和并联电路的特性及工作原理，电路的补偿方法等；在此基础上讨论了三相交流电源的产生和连接及电路中负载的连接方法。

2.1 正弦交流电的基本概念

大小和方向都随时间做周期性变化的电动势、电压和电流统称为交流电。在交流电作用下的电路称为交流电路。

在电力系统中，考虑到传输、分配和应用电能方面的便利性、经济性，大都采用交流电。工程上应用的交流电，一般是随时间按正弦规律变化的，称为正弦交流电，简称交流电。

2.1.1 交流电的产生

获得交流电的方法有多种，但大多数交流电是由发电机产生的。

图 2.1(a) 为一简单的交流发电机，标有 N、S 的为两个静止磁极。磁极间放置一个可以绕轴旋转的铁心，铁心上绕有线圈 a、b、b'、a'，线圈两端分别与两个铜质滑环相连，滑环经过电刷与外电路相连。

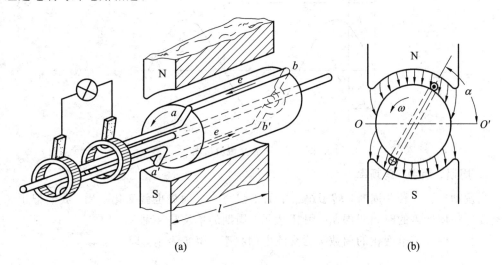

(a)   (b)

图 2.1 交流发电机

为了获得正弦交变电动势，适当设计磁极形状，使得空气间隙中的磁感应强度 B 在

$O-O'$ 平面（即磁极的分界面，称中性面）处为零，在磁极中心处最大（$B=B_m$），沿着铁心的表面按正弦规律分布，见图 2.1(b)。

若用 α 表示气隙中某点和轴线构成的平面与中性面的夹角，则该点的磁感应强度为

$$B=B_m \sin\alpha$$

当铁心以角速度 ω 旋转时，线圈绕组切割磁力线，产生感应电动势，其大小为

$$e=BLv$$

式中：e 为绕组中的感应电动势（V）；B 为磁感应强度（T，特（斯拉），1 T＝1 Wb/m²）；l 为绕组的有效长度（m）；v 为绕组切割磁力线的速度（m/s）。

假定计时开始时，绕组所在位置与中性面的夹角为 ϕ_0，经 t 秒后，它们之间的夹角则变为 $\omega t+\phi_0$，对应绕组切割磁场的磁感应强度为

$$B=B_m \sin\alpha=B_m \sin(\omega t+\phi_0) \tag{2-1}$$

将式（2-1）代入 $e=BLv$ 就得到绕组中感应电动势随时间变化的规律，即

$$e=BLv=B_m \sin(\omega t+\phi_0)\cdot Lv$$

或

$$e=E_m \sin(\omega t+\phi_0) \tag{2-2}$$

式中，E_m 称为感应电动势最大值。当线圈边转到 N 极中心时，绕组中感应电动势最大，为 E_m；线圈再转 180°，ab 边对准 S 极中心时，绕组中感应电动势为 $-E_m$。

2.1.2　表示正弦交流电特征的物理量

如图 2.1 所示的发电机，当转子以等速旋转时，绕组中感应出的正弦交变电动势的波形如图 2.2 所示。图中横轴表示时间，纵轴表示电动势大小。图形反映出感生电动势在转子旋转过程中随时间变化的规律。下面介绍图 2.2 所示正弦交流电的物理量。

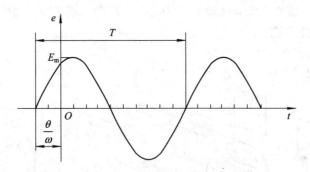

图 2.2　正弦交流波形图

1. 周期、频率、角频率

当发动机转子转一周时，转子绕组中的正弦交变电动势也就变化一周。我们把正弦交变电变化一周所需的时间叫周期，用 T 表示。周期的单位是 s（秒）。

一秒钟内交流电变化的周数称为交流电的频率，用 f 表示，即

$$f=\frac{1}{T} \tag{2-3}$$

频率的单位是 Hz（赫兹）。1 Hz＝1 s⁻¹。

正弦量的变化规律用角度描述是很方便的。如图 2.2 所示的正弦电动势，每一时刻的值都可与一个角度相对应。如果横轴用角度刻度，当角度变到 π/2 时，电动势达到最大值；当角度变到 π 时，电动势变为零值。这个角度不表示任何空间角度，只是用来描述正弦交流电的变化规律，所以把这种角度叫做电角度。

每秒钟经过的电角度叫角频率，用 ω 表示。式（2-2）中的 ω 即是角频率。角频率与频率、周期之间显然有如下的关系：

$$\omega = \frac{2\pi}{T} = 2\pi f \tag{2-4}$$

角频率的单位是 rad/s（弧度/秒）。

2. 瞬时值、最大值、有效值

瞬时值：交流电在变化过程中，每一时刻的值都不同，该值称为瞬时值，是时间的函数，只有具体指出在哪一时刻，才能求出确切的数值和方向。瞬时值规定用小写字母表示。例如图 2.3 中的电动势，其瞬时值为

$$e = E_m \sin(\omega t + \phi_0)$$

最大值：正弦交流电波形图上的最大幅值便是交流电的最大值，见图 2.3。它表示在一周内数值最大的瞬时值。最大值规定用大写字母加脚标 m 表示，例如 I_m、E_m、U_m 等。

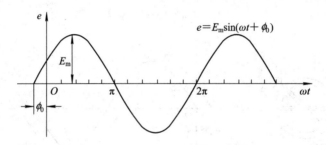

图 2.3　用电角度表示的正弦交流电

有效值：正弦交流电的瞬时值是随时间变化的，计量时用正弦交流电的有效值来表示。交流电表的指示值和交流电器上标识的电流、电压数值一般都是有效值。

交变电流的有效值是指在热效应方面和它相当的直流电的数值。即在相同的电阻中，分别通入直流电和交流电，在经过一个交流周期时间内，如果它们在电阻上产生的热量相等，则用此直流电的数值表示交流电的有效值，见图 2.4。有效值规定用大写字母表示，例如 E、I、U。

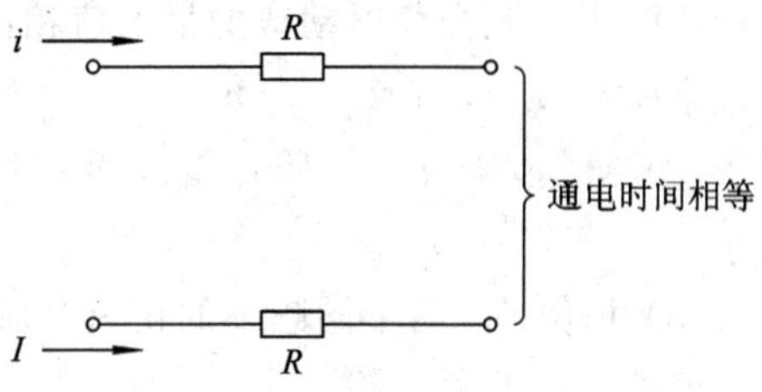

图 2.4　交流电的有效值

按上述定义，应有

$$I^2 RT = \int_0^T i^2 R \, dt$$

$$I = \sqrt{\frac{1}{T} \int_0^T i^2 R \, dt}$$

对于正弦交流电，有

$$i = I_m \sin\omega t$$

则

$$I = \sqrt{\frac{1}{T} \int_0^T I_\mathrm{m}^2 \sin^2 \omega t \, \mathrm{d}t} = \sqrt{\frac{I_\mathrm{m}^2}{T} \int_0^T \frac{1}{2}(1 - \cos 2\omega t) \mathrm{d}t} = \sqrt{\frac{I_\mathrm{m}^2}{2}} = \frac{I_\mathrm{m}}{\sqrt{2}} \approx 0.707 I_\mathrm{m}$$

或

$$I_\mathrm{m} = \sqrt{2} I$$

可见，正弦交流电的有效值是最大值的 $1/\sqrt{2}$ 倍。对正弦交流电动势和电压亦有同样的关系：

$$E_\mathrm{m} = \sqrt{2} E$$
$$U_\mathrm{m} = \sqrt{2} U$$

3. 正弦交流电的相位和相位差

（1）相位。正弦交变电动势 $e = E_\mathrm{m} \sin(\omega t + \phi_0)$ 的瞬时值随着电角度（$\omega t + \phi_0$）而变化，电角度（$\omega t + \phi_0$）叫做正弦交流电的相位。如图 2.5(a)所示的发动机，若在电机铁心上放置两个夹角为 ϕ_0、匝数相同的线圈 AX 和 BY，当转子如图示方向转动时，这两个线圈中的感生电动势分别为

$$e_\mathrm{A} = E_\mathrm{m} \sin \omega t$$
$$e_\mathrm{B} = E_\mathrm{m} \sin(\omega t + \phi_0)$$

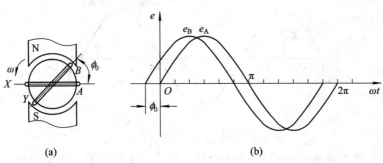

图 2.5 不同相的交流电动势

这两个正弦交变电动势的最大值相同，频率相同，但相位不同：e_A 的相位是 ωt，e_B 的相位是（$\omega t + \phi_0$），见图 2.5(b)。

（2）初相。当 $t = 0$ 时的相位叫初相。以上述 e_A、e_B 为例，e_A 的初相为 0，e_B 的初相为 ϕ_0。

（3）相位差。两个同频率的正弦交流电的相位之差叫相位差。相位差表示正弦量到达最大值的先后差距。

例如，已知

$$i_1 = I_{1\mathrm{m}} \sin(\omega t + \phi_1), \ i_2 = I_{2\mathrm{m}} \sin(\omega t + \phi_2)$$

则 i_1 和 i_2 的相位差为

$$\phi = (\omega t + \phi_1) - (\omega t + \phi_2) = \phi_1 - \phi_2$$

这表明两个同频率的正弦交流电的相位差等于初相之差。

若两个同频率的正弦交流电的相位差 $\phi_1 - \phi_2 > 0$，则称 i_1 超前于 i_2；若 $\phi_1 - \phi_2 < 0$，则

称 i_1 滞后于 i_2；若 $\phi_1 - \phi_2 = 0$，则称 i_1 和 i_2 同相位；若 $\phi_1 - \phi_2 = \pm 180°$，则称 i_1 和 i_2 反相位。

必须指出，在比较两个正弦交流电之间的相位时，两正弦量一定要同频率才有意义；否则随时间不同，两正弦量之间的相位差是一个变量，这就没有意义了。

正弦交流电的最大值、频率和初相叫做正弦交流电的三要素。三要素描述了正弦交流电的大小、变化快慢和起始状态。当三要素决定后，就可以唯一地确定一个正弦交流电了。

例 2.1　如图 2.6 所示的正弦交流电，写出它们的瞬时值表达式。

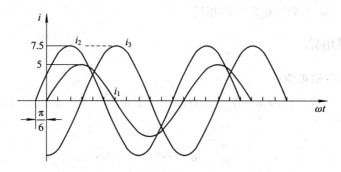

图 2.6　不同正弦交流电波形图

解　i_1、i_2、i_3 瞬时值为

$$i_1 = 5 \ \sin\omega t \ \text{A}$$

$$i_2 = 7.5\sin\left(\omega t + \frac{\pi}{6}\right)\text{A}$$

$$i_3 = 7.5\sin\left(\omega t - \frac{\pi}{2}\right)\text{A}$$

例 2.2　已知正弦交流电：

$$i_1 = 5 \ \sin\omega t \ \text{A}$$
$$i_2 = 10 \ \sin(\omega t + 45°)\text{A}$$
$$i_3 = 50 \ \sin(3\omega t - 45°)\text{A}$$

求 i_1 和 i_2 相位差，i_2 和 i_3 相位差。

解　i_2、i_3 频率不同，相位差无意义。i_1 和 i_2 相位差为

$$\phi_{1,2} = \omega t - (\omega t + 45°) = -45°$$

这表明 i_1 滞后于 i_2 45° 电角。

2.2　交流电路中的电阻、电容与电感

直流电流的大小与方向不随时间变化，而交流电流的大小和方向则随时间不断变化。因此，在交流电路中出现的一些现象，与直流电路中的现象不完全相同。

电容器接入直流电路时，电容器被充电，充电结束后，电路处于断路状态。但在交流电路中，由于电压是交变的，因而电容器时而充电时而放电，电路中出现交变电流，使电路处于导通状态。电感线圈在直流电路中相当于导线，但在交流电路中由于电流是交变的，所以线圈中有自感电动势产生。

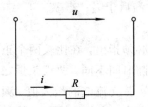

电阻在直流电路与交流电路中的作用相同,起着限制电流的作用,并把取用的电能转换成热能。

由于交流电路中电流、电压、电动势的大小和方向随时间变化,因而分析和计算交流电路时,必须在电路中给电流、电压、电动势标定一个正方向。当电路中的电压和电流均为正值时,表示此时电流的实际方向与标定方向一致,如图 2.7 所示;反之,当电流为负值时,表示此时电流的实际方向与标定方向相反。

图 2.7　交流电方向的设定

2.2.1　纯电阻电路

1. 电阻电路中的电流

将电阻 R 接入图 2.8(a)所示的交流电路中,设交流电压为 $u = U_{\mathrm{m}} \sin\omega t$,则 R 中电流的瞬时值为

$$i = \frac{u}{R} = \frac{U_{\mathrm{m}}}{R} \sin\omega t = I_{\mathrm{m}} \sin\omega t$$

这表明,在正弦电压作用下,电阻中通过的电流是一个相同频率的正弦电流,而且与电阻两端电压同相位。画出矢量图如图 2.8(b)所示。

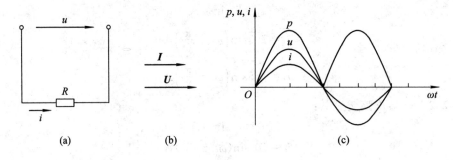

图 2.8　纯电阻电路

电流最大值为

$$I_{\mathrm{m}} = \frac{U_{\mathrm{m}}}{R}$$

电流的有效值为

$$I = \frac{U_{\mathrm{m}}}{\sqrt{2} R} = \frac{U}{R}$$

2. 电阻电路的功率

(1)瞬时功率。电阻在任一瞬时消耗的功率称为瞬时功率,按下式计算:

$$p = ui = U_{\mathrm{m}} I_{\mathrm{m}} \sin^2 \omega t \tag{2-5}$$

$p \geqslant 0$ 时,表明电阻任一时刻都在向电源消耗功率,起负载作用。i、u、p 的波形图如图 2.8(c)所示。

(2)平均功率(有功功率)。由于瞬时功率是随时间变化的,为便于计算,常用平均功率来计算交流电路中的功率。平均功率为

$$P = \frac{1}{T} \int_0^T p \mathrm{d}t = \frac{1}{T} \int_0^T U_{\mathrm m} I_{\mathrm m} \sin^2 \omega t \ \mathrm{d}t = \frac{U_{\mathrm m} I_{\mathrm m}}{2}$$

或

$$P = \frac{U_{\mathrm m} I_{\mathrm m}}{2} = UI = I^2 R$$

这表明，平均功率等于电压、电流有效值的乘积。平均功率的单位是 W(瓦(特))。通常，白炽灯、电炉等电器所组成的交流电路可以认为是纯电阻电路。

例 2.3　已知电阻 $R = 440\ \Omega$，将其接在电压 $U = 220\ \mathrm V$ 的交流电路上，试求电流 I 和功率 P。

解　电流为

$$I = \frac{U}{R} = \frac{220}{440} = 0.5\ \mathrm A$$

功率为

$$P = UI = 220 \times 0.5 = 110\ \mathrm W$$

2.2.2　纯电感电路

一个线圈，当它的电阻小到可以忽略不计时，就可以看成是一个纯电感。纯电感电路如图 2.9(a)所示，L 为线圈的电感。

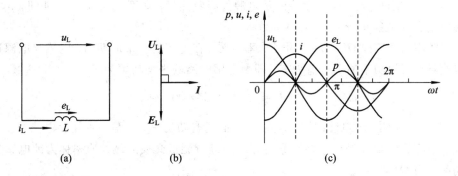

图 2.9　纯电感电路

1. 电感的电压

设 L 中流过的电流为 $i = I_{\mathrm m} \sin \omega t$，$L$ 上的自感电动势 $e_{\mathrm L} = -L \dfrac{\mathrm{d}i}{\mathrm{d}t}$，由图 2.9 所示的标定方向，电压瞬时值为

$$u_{\mathrm L} = -e_{\mathrm L} = L \frac{\mathrm{d}i}{\mathrm{d}t} = \omega L I_{\mathrm m} \cos \omega t = \omega L I_{\mathrm m} \sin\left(\omega t + \frac{\pi}{2}\right)$$

即

$$u_{\mathrm L} = \omega L I_{\mathrm m} \sin\left(\omega t + \frac{\pi}{2}\right) \tag{2-6}$$

这表明，纯电感电路中通过正弦电流时，电感两端电压也以同频率的正弦规律变化，而且在相位上超前于电流 $\pi/2$ 电角。纯电感电路的矢量图如图 2.9(b)所示。

电压最大值为

$$U_{Lm} = \omega L I_m \qquad (2-7)$$

电压有效值为

$$U_L = \omega L I \qquad (2-8)$$

2. 电感的感抗

从式(2-8)得

$$X_L = \frac{U_L}{I} = \omega L = 2\pi f L \qquad (2-9)$$

式中，X_L 称为感抗，单位是 Ω。与电阻相似，感抗在交流电路中也起阻碍电流的作用。这种阻碍作用与频率有关。当 L 一定时，频率越高，感抗越大。在直流电路中，因频率 $f=0$，故其感抗也等于零。

3. 电感电路的功率

(1) 瞬时功率 p。纯电感电路的瞬时功率为

$$p = ui = U_m \sin\left(\omega t + \frac{\pi}{2}\right) \cdot I_m \sin\omega t = U_m I_m \cos\omega t \cdot \sin\omega t$$

$$= \frac{1}{2} U_m I_m \sin 2\omega t = UI \sin 2\omega t$$

纯电感电路的瞬时功率 p、电压 u、电流 i 的波形图见图 2.9(c)。从波形图可看出：在第 1、3 个 $T/4$ 期间，$p>0$，表示线圈从电源处吸收能量；在第 2、4 个 $T/4$ 期间，$p \leqslant 0$，表示线圈向电路释放能量。

(2) 平均功率(有功功率)P。瞬时功率表明，在电流的一个周期内，电感与电源进行两次能量交换，交换功率的平均值为零，即顺电感电路的平均功率为零。

$$P = \frac{1}{T} \int_0^T p \, \mathrm{d}t = 0 \qquad (2-10)$$

式(2-10)说明，纯电感线圈在电路中不消耗有功功率，它是一种储存电能的元件。

(3) 无功功率 Q_L。纯电感线圈和电源之间进行能量交换的最大速率称为纯电感电路的无功功率，用 Q_L 表示。

$$Q_L = U_L I = I^2 X_L \qquad (2-11)$$

无功功率的单位是 V·A(在电力系统，惯用单位为乏(var))。

例 2.4 一个线圈电阻很小，可略去不计。电感 $L=35$ mH。求该线圈在 50 Hz 和 1000 Hz 的交流电路中的感抗各为多少。若接在 $U=220$ V，$f=50$ Hz 的交流电路中，则电流 I、有功功率 P、无功功率 Q_L 又是多少？

解 (1) $f=50$ Hz 时，有

$$X_L = 2\pi f L = 2\pi \times 50 \times 35 \times 10^{-3} \approx 11 \ \Omega$$

$f=1000$ Hz 时，有

$$X_L = 2\pi f L = 2\pi \times 1000 \times 35 \times 10^{-3} \approx 220 \ \Omega$$

(2) 当 $U=220$ V，$f=50$ Hz 时，电流为

$$I = \frac{U}{X_L} = \frac{220}{11} = 20 \ \text{A}$$

有功功率为 $P=0$ W

无功功率为 $Q_L = UI = 220 \times 20 = 4400$ V·A

2.2.3　纯电容电路

图 2.10(a)表示仅含电容的交流电路，称为纯电容电路。

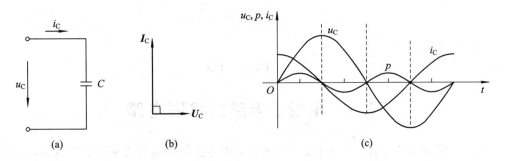

图 2.10　纯电容电路

设电容器 C 两端加上电压 $u = U_m \sin\omega t$。由于电压的大小和方向随时间变化，使电容器极板上的电荷量也随之变化，电容器的充、放电过程也不断进行，形成了纯电容电路中的电流。

1. 电路中的电流

（1）瞬时值。

$$i = \frac{dq}{dt} = C\frac{du_m}{dt} = \omega CU_m \cos\omega t = \omega CU_m \sin\left(\omega t + \frac{\pi}{2}\right)$$

$$= I_m \sin\left(\omega t + \frac{\pi}{2}\right)$$

这表明，纯电容电路中通过的正弦电流比加在它两端的正弦电压导前 π/2 电角，如图 2.10(b)所示。纯电容电路电压、电流波形图如图 2.10(c)所示。

（2）最大值。

$$I_m = \omega CU_m = \frac{U_m}{\frac{1}{\omega C}} = \frac{U_m}{X_C}$$

式中，X_C 的单位是 Ω。

（3）有效值。

$$I = \omega CU = \frac{U}{\frac{1}{\omega C}} = \frac{U}{X_C}$$

2. 容抗

$$X_C = \frac{1}{\omega C} = \frac{1}{2\pi f C}$$

3. 功率

（1）瞬时功率。

$$p = ui = U_m I_m \cos\omega t \cdot \sin\omega t = \frac{1}{2}U_m I_m \sin 2\omega t = UI \sin 2\omega t \qquad (2-12)$$

这表明，纯电容电路的瞬时功率波形与电感电路的相似，以电路频率的 2 倍按正弦规律变化。电容器也是储能元件，当电容器充电时，它从电源吸收能量；当电容器放电时，它将能量送回电源(见图 2.10(c))。

(2) 平均功率。

$$P = \frac{1}{T}\int_0^T p \, \mathrm{d}t = 0$$

(3) 无功功率。

$$Q_L = U_L I = I^2 X_L$$

2.3　电阻、电感的串联电路

前面介绍的纯电感电路实际上是不存在的，因为实际所用的线圈不但有电感，还具有一定的电阻。在分析电路时，实际线圈可用一个纯电阻 R 与纯电感 L 串联的等效电路(见图 2.11)来代替。

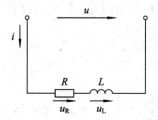

图 2.11　RL 串联电路

2.3.1　电压、电流瞬时值及电路矢量图

在图 2.11 所示的 R、L 串联电路中，设流过电流 $i = I_m \sin\omega t$，则电阻 R 上的电压瞬时值为

$$u_R = I_m R \sin\omega t = U_{Rm} \sin\omega t$$

根据式(2-6)可知电感 L 上的电压瞬时值为

$$u_L = I_m X_L \sin\left(\omega t + \frac{\pi}{2}\right) = U_m \sin\left(\omega t + \frac{\pi}{2}\right)$$

总电压 u 的瞬时值为 $u = u_R + u_L$。该电路的电流和各段电压的矢量图如图 2.12 所示。

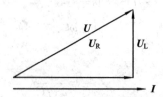

图 2.12　RL 串联电路电流和电压矢量图

因为通过串联电路各元件的电流是相等的，所以在画矢量图时通常把电流矢量画在水平方向上，作为参考矢量。电阻上的电压与电流同相位，故矢量 U_R 和 I 垂直。U_R 与 U_L 的合成矢量 U 便是总电压 U 的矢量。

2.3.2　电压有效值、电压三角形

从电压矢量图可以看出，电阻上电压矢量、电感上电压矢量与总电压的矢量，恰好组成一个直角三角形，此直角三角形叫做电压三角形，如图 2.13(a)所示。

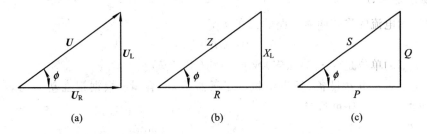

图 2.13　电压、阻抗、功率三角形

从电压三角形可求出总电压有效值为

$$U = \sqrt{U_R^2 + U_L^2} = \sqrt{(IR)^2 + (IX)^2} = I\sqrt{R^2 + X_L^2} \qquad (2-13)$$

2.3.3　阻抗、阻抗三角形

和欧姆定律对比，式(2-13)可写成

$$I = \frac{U}{\sqrt{R^2 + X_L^2}} = \frac{U}{Z}$$

式中

$$Z = \sqrt{R^2 + X_L^2}$$

我们把 Z 称为电路的阻抗，它表示 R、L 串联电路对电流的总阻力。阻抗的单位是 Ω。

电阻、感抗、阻抗三者之间也符合一个直角三角形三边之间的关系，如图 2.13(b)所示，该三角形称阻抗三角形。注意这个三角形不能用矢量表示。

电流与总电压之间的相位差可从下式求得：

$$\begin{cases} \phi = \arctan \dfrac{U_L}{U_R} = \arctan \dfrac{X_L}{R} \\ \phi = \arccos \dfrac{U_R}{U} = \arccos \dfrac{R}{Z} \end{cases} \qquad (2-14)$$

式(2-14)说明，ϕ 角的大小取决于电路的电阻 R 和感抗 X_L 的大小，而与电流电压的量值无关。

2.3.4　功率、功率三角形

1. 有功功率 P

在交流电路中，电阻消耗的功率叫做有功功率。

$$P = I^2 R = U_R I = UI\cos\phi \qquad (2-15)$$

式中，$\cos\phi$ 称为电路功率因数，它是交流电路运行状态的重要数据之一。电路功率因数的大小由负载性质决定。

2. 无功功率 Q_L

$$Q_L = I^2 X_L = U_L I = UI \cos\phi \qquad (2-16)$$

无功功率的物理意义见 2.2 节。

3. 视在功率 S

总电压和电流的乘积叫做电路的视在功率。

$$S = UI = I^2 Z$$

视在功率的单位是 V·A(伏安)或 kV·A(千伏安)。

视在功率表示电器设备(例发电机、变压器等)的容量。根据视在功率的表示式，式(2-15)和式(2-16)还可写成

$$P = S \cos\phi, \qquad Q = S \sin\phi$$

可见，S、P、Q 之间的关系也符合一个直角三角形三边的关系，即

$$S = \sqrt{P^2 + Q^2}$$

由 S、P、Q 组成的这个三角形叫做功率三角形(见图 2.13(c))，该三角形可看成电压三角形各边同时乘以电流所得。与阻抗三角形一样，功率三角形也不应画成矢量，因 S、P、Q 都不是正弦量。

例 2.5 把电阻 $R = 60~\Omega$、电感 $L = 255~\text{mH}$ 的线圈，接入频率 $f = 50~\text{Hz}$、电压 $U = 110~\text{V}$ 的交流电路中，分别求出 X_L、Z、I、U_R、U_L、$\cos\phi$、P 和 S。

解

感抗为 $\qquad X_L = 2\pi f L = 2\pi \times 50 \times 255 \times 10^{-3} \approx 80~\Omega$

阻抗为 $\qquad Z = \sqrt{R^2 + X_L^2} = \sqrt{60^2 \times 80^2} = 100~\Omega$

电流为 $\qquad I = \dfrac{U}{Z} = \dfrac{110}{100} = 1.1~\text{A}$

电阻两端电压为 $\qquad U_R = IR = 1.1 \times 60 = 66~\text{V}$

电感两端电压为 $\qquad U_L = IX_L = 1.1 \times 80 = 88~\text{V}$

回路功率因数为 $\qquad \cos\phi = \dfrac{R}{Z} = \dfrac{60}{100} = 0.6$

有功功率为 $\qquad P = UI \cos\phi = 110 \times 1.1 \times 0.6 = 72.6~\text{W}$

视在功率为 $\qquad S = UI = 110 \times 1.1 = 121~\text{V·A}$

例 2.6 如图 2.14 所示电路，已知 $U = 220~\text{V}$，$I = 2~\text{A}$，$R_1 = 50~\Omega$，电路的有功功率 $P = 400~\text{W}$，求 R_2、X_L、U_2、$\cos\phi_{BC}$、$\cos\phi_{总}$，并绘出电路电流、电压矢量图。

解 因为 $P = I^2(R_1 + R_2)$，所以有

$$R_2 = \frac{P}{I^2} - R_1 = \frac{400}{4} - 50 = 50~\Omega$$

电路总阻抗为 $\qquad Z = \dfrac{U}{I} = \dfrac{220}{2} = 110~\Omega$

感抗为 $\qquad X_L = \sqrt{Z^2 - (R_1 + R_2)^2} = \sqrt{110^2 - 100^2} \approx 45.8~\Omega$

电路总功率因数为 $\qquad \cos\phi_{总} = \dfrac{R_1 + R_2}{Z} = \dfrac{100}{110} \approx 0.91$

BC 段阻抗为 $\qquad Z = \sqrt{R_2^2 + X_L^2} = \sqrt{50^2 \times 45.8^2} \approx 67.8~\Omega$

BC 段电压为　　　　　　　　　$U_2 = IZ_2 = 2 \times 67.8\ \Omega$

BC 段功率因数为　　　　　　　$\cos\phi_{BC} = \dfrac{R_2}{Z_2} = \dfrac{50}{67.8} \approx 0.737$

电流和电压的矢量图如图 2.15 所示。

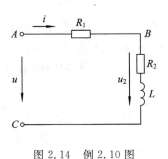 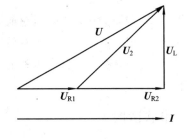

图 2.14　例 2.10 图　　　　　　　　　　图 2.15　电流电压矢量图

2.4　电阻、电感、电容串联电路及串联谐振

2.4.1　电路分析

　　电阻、电感、电容器三种元件组成的串联电路如图 2.16 所示。

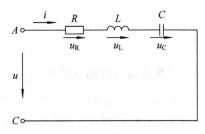

图 2.16　RLC 串联电路

　　若电路中流过正弦电流 $i = \sqrt{2}\,I\,\sin\omega t$，则各元件上对应的电压有效值为

$$U_R = IR,\ U_L = IX_L,\ U_C = IX_C$$

总电压的有效值矢量应为各段电压有效值矢量之和：

$$\boldsymbol{U} = \boldsymbol{U}_R + \boldsymbol{U}_L + \boldsymbol{U}_C$$

　　且 $\boldsymbol{U}_R$ 与电流 $\boldsymbol{I}$ 同相，$\boldsymbol{U}_L$ 超前于 $\boldsymbol{I}$ 90°，$\boldsymbol{U}_C$ 滞后于 $\boldsymbol{I}$ 90°，电压、电流矢量图如图 2.17 所示。

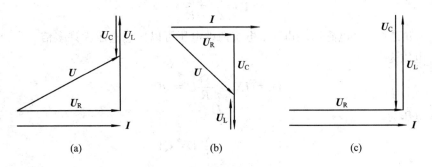

(a)　　　　　　　　　(b)　　　　　　　　　(c)

图 2.17　RLC 串联电路电流电压矢量图

从矢量图可得总电压有效值为

$$\sqrt{U_R^2 + (U_L - U_C)^2} = I\sqrt{R^2 + (X_L - X_C)^2} = IZ$$

　　式(2-17)中，$Z = \sqrt{R^2 + (X_L - X_C)^2} = \sqrt{R^2 + X^2}$，称为电路阻抗；$X = X_L - X_C$，称为

电路的电抗。阻抗和电抗的单位都是 Ω。

电路中总电压和电流的相位差为

$$\phi = \arctan \frac{U_\mathrm{L} - U_\mathrm{C}}{U_\mathrm{R}} = \arctan \frac{X_\mathrm{L} - X_\mathrm{C}}{R} \qquad (2-17)$$

从式(2-17)可以看出：

当 $X_\mathrm{L} > X_\mathrm{C}$ 时，$\phi > 0$，总电压超前于电流(见图2.17(a))，电路属感性电路。

当 $X_\mathrm{L} < X_\mathrm{C}$ 时，$\phi < 0$，总电压滞后于电流(见图2.17(b))，电路属容性电路。

当 $X_\mathrm{L} = X_\mathrm{C}$ 时，$\phi = 0$，总电压和电流同相位(见图2.17(c))，电路属阻性电路，这种现象称为谐振。

2.4.2 串联谐振

1. 谐振条件和谐振频率

如上所述，在 R、L、C 串联电路中，当 $X_\mathrm{L} = X_\mathrm{C}$ 时，电路中总电压和电流同相位，这时电路中产生谐振现象，所以，$X_\mathrm{L} = X_\mathrm{C}$ 便是产生谐振的条件。

因为 $X_\mathrm{L} = X_\mathrm{C}$，又知 $X_\mathrm{L} = 2\pi fL$，$X_\mathrm{C} = \dfrac{1}{2\pi fC}$，故 $2\pi f_0 L = \dfrac{1}{2\pi f_0 C}$，所以谐振时的频率 f_0 为

$$f_0 = \frac{1}{2\pi \sqrt{LC}}$$

2. 串联谐振时的电路特点

(1) 总电压和电流同相位，电路呈电阻性。

(2) 串联谐振时电路阻抗最小，电路中的电流最大。

串联谐振时电路阻抗为

$$Z_0 = \sqrt{R^2 + (X_\mathrm{L} - X_\mathrm{C})^2} = R$$

串联谐振时的电流为

$$I_0 = \frac{U}{Z_0} = \frac{U}{R}$$

(3) 串联谐振时，电感两端电压、电容两端电压可以比总电压大许多倍。

电感电压为

$$U_\mathrm{L} = I X_\mathrm{L} = \frac{X_\mathrm{L}}{R} U = QU$$

电容电压为

$$U_\mathrm{C} = I X_\mathrm{C} = \frac{X_\mathrm{C}}{R} U = QU$$

可见，谐振时电感(或电容)两端的电压是总电压的 Q 倍，Q 称为电路的品质因数。

$$Q = \frac{X_\mathrm{L}}{R} = \frac{X_\mathrm{C}}{R} = \frac{\omega_0 L}{R} = \frac{1}{\omega_0 CR}$$

在电子电路中经常用到串联谐振，例如收音机的接收回路常用到串联谐振。在电力线路中应尽量防止谐振发生，因为谐振时电容、电感两端出现的电压会使电器损坏。

2.5 感性负载和电容器的并联电路——功率因数的补偿

2.5.1 电路的功率因数

功率因数是用电设备的一个重要技术指标。电路的功率因数由负载中包含的电阻与电抗的相对大小决定。纯电阻负载 $\cos\phi=1$；纯电抗负载 $\cos\phi=0$；一般负载的功率因数在 0~1 之间，而且多为感性负载。例如常用的交流电动机便是一个感性负载，满载时功率因数为 0.7~0.9，而空载或轻载时功率因数较低。

功率因数过低，会使供电设备的利用率降低，输电线路上的功率损失与电源损失增加。下面通过实例来说明这个问题。

例 2.7 某供电变压器额定电压 $U_e=220$ V，额定电流 $I_e=100$ A，视在功率 $S=22$ kWA。现变压器对一批功率为 $P=4$ W，$\cos\phi=0.6$ 的电动机供电，问变压器能对几台电动机供电？若 $\cos\phi$ 提高到 0.9，问变压器又能对几台电动机供电？

解 当 $\cos\phi=0.6$ 时，每台电动机取用的电流为

$$I'=\frac{P}{U\cos\phi}=\frac{4\times10^3}{220\times0.6}\approx30 \text{ A}$$

因而可供电动机的台数为 $I_e/I'=100/30\approx3.3$，即可给三台电动机供电。

若 $\cos\phi=0.9$，每台电动机取用的电流为

$$I'=\frac{P}{U\cos\phi}=\frac{4\times10^3}{220\times0.9}=20 \text{ A}$$

则可供电动机的台数为 $I_e/I'=100/20=5$ 台。

可见，当功率因数提高后，每台电动机取用的电流变小，变压器可供电的电机台数增加，使变压器的容量得到充分的利用。

例 2.8 某厂供电变压器至发电厂之间输电线的电阻是 5 Ω，发电厂以 10^4 V 的电压输送 500 kW 的功率。当功率因数为 0.6，问输电线上的功率损失是多大？若将功率因数提高到 0.9，每年可节约多少电？

解 当 $\cos\phi=0.6$ 时，输电线上的电流为

$$I=\frac{P}{U\cos\phi}=\frac{500\times10^3}{10^4\times0.6}\approx83 \text{ A}$$

输电线上的功率损失为

$$P_{损}=I^2r=83^2\times5\approx34.5 \text{ kW}$$

当 $\cos\phi=0.9$ 时，输电线上的电流为

$$I'=\frac{P}{U\cos\phi}=\frac{500\times10^3}{10^4\times0.9}\approx55.6 \text{ A}$$

输电线上的功率损失为

$$P'_{损}=I^2r=55.6^2\times5\approx15.5 \text{ kW}$$

一年共有 $365\times24=8760$ 小时，当 $\cos\phi$ 从 0.6 提高到 0.9 后，节约的电能为

$$W=(P_{损}-P'_{损})\times8760=(34.5-15.5)\times8760\approx166\,440 \text{ kW} \cdot \text{h}$$

即每年可节约用电 16.6 万度。

从以上两例可见，提高功率因数，可以充分利用供电设备的容量，而且可以减少输电线路上的损失。下面介绍提高功率因数的方法。

2.5.2 感性负载和电容器的并联电路

常用的提高功率因数的方法是在感性负载两端并联容量合适的电容。这种方法不会改变负载原有的工作状态，但负载的无功功率从电容支路得到了补偿，从而提高了功率因数。感性负载和电容器的并联电路如图 2.18 所示。

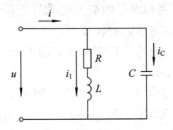

图 2.18　感性负载和电容的并联电路

由图（2.18）可知：

$$Z_1 = \sqrt{R^2 + X_L^2}$$

Z_1 支路上的电流为

$$I_1 = \frac{U}{Z_1} = \frac{U}{\sqrt{R^2 + X_L^2}}$$

i_1 滞后于总电压 u 的电角为 $\phi_1 = \arctan \dfrac{R}{Z_1}$，电容 C 支路的电流为 $I_C = \dfrac{U}{X_C}$，电路总电流为 $I = I_1 + I_C$。

值得注意的是：由于相位不同，故总电流 I 的有效值应从 I_1 和 I_C 的矢量和求得。根据电流矢量式画出该电路电流、电压矢量图，如图 2.19 所示，并联电路取总电压为参考矢量。

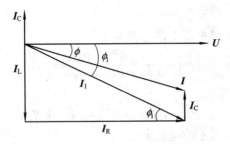

图 2.19　电流电压矢量图

图 2.19 感性负载中的电流 I_1 可以分解成两个分量，其中 I_R 与电压同相的称为有功分量。另一个滞后于电压 $\pi/2$ 电角的 I_L 称为无功分量，它们的大小分别为

$$I_R = I_1 \cos\phi_1, \qquad I_L = I_1 \cos\phi_1$$

从矢量图求出总电流的有效值为

$$I = \sqrt{I_R^2 + (I_L - I_C)^2}$$

总电流与电压的相位差为

$$\phi = \arctan \frac{I_L - I_C}{I_R}$$

根据矢量图,我们讨论以下几种情况:

(1) 当 $I_L > I_C$ 时,电路的总电流滞后于电压,此时电路呈感性。

(2) 当 $I_L < I_C$ 时,电路的总电流超前于电压,此时电路呈容性。

(3) 当 $I_L = I_C$ 时,电路的总电流与电压同相位,$\phi = 0$,此时电路呈电阻性。这种情况称为并联谐振(电流谐振)。并联谐振时,电路的阻抗最大,总电流最小。

例 2.9　如图 2.18 所示,已知电压 $U = 220$ V,电路频率 $f = 50$ Hz,电动机取用功率 $P = 4$ kW,其功率因数 $\cos\phi = 0.6$,并入电容 $C = 220$ μF 后,求总电流 I 和电路功率因数 $\cos\phi_总$。

解　电动机支路的电流为

$$I_1 = \frac{P}{U \cos\phi_1} = \frac{4000}{220 \times 0.6} \approx 30.3 \text{ A}$$

$$\cos\phi_1 = 0.6, \quad \phi_1 \approx 53°, \quad \sin\phi_1 \approx 0.8$$

电容支路的电流为

$$I_C = \frac{U}{X_C} = \frac{U}{\dfrac{1}{2\pi f C}} = U \cdot 2\pi f C = 220 \times 2\pi \times 50 \times 200 \times 10^{-6} \approx 13.8 \text{ A}$$

由图 2.23 的矢量图可知,总电流为

$$I = \sqrt{(I_1 \cos\phi_1)^2 + (I_1 \sin\phi_1 - I_C)^2} = \sqrt{18.2^2 + (24.2 - 13.8)^2} \approx 21 \text{ A}$$

电路的功率因数为

$$\cos\phi_总 = \frac{I_1 \cos\phi_1}{I} = \frac{30.3 \times 0.6}{21} \approx 0.866$$

2.6　三相交流电路

目前,电能的产生、运输和分配基本都是采用三相交流电路。三相交流电路就是由三个频率相同、最大值相等、相位上互差 120° 电角的正弦电动势组成的电路。这样的三个电动势称为三相对称电动势。

三相交流电路具有以下优点:

(1) 在相同体积下,三相发电机的输出功率比单相发电机大。

(2) 在输送功率相等、电压相同、输电距离和线路损耗相同的情况下,三相制输电比单相制输电节省输电材料,输电成本低。

(3) 与单相电动机相比,三相电动机结构简单,价格低廉,性能良好,维护使用方便。

2.6.1　三相交流电动势的产生

如图 2.20 所示,在三相交流发电机中,定子上嵌有三个具有相同匝数和尺寸的绕组 AX、BY、CZ。其中 A、B、C 分别为三个绕组的首端,X、Y、Z 分别为绕组的末端。绕组在空间的位置彼此相差 120°(两极电机)。

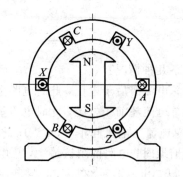

图 2.20　三相发电机工作原理

当转子磁场在空间按正弦规律分布、转子恒速旋转时，三相绕组中将感应出三相正弦电动势 e_A、e_B、e_C，分别称做 A 相电动势、B 相电动势和 C 相电动势。它们的频率相同，振幅相等，相位上互差 $120°$ 电角。

规定三相电动势的正方向是从绕组的末端指向首端。三相电动势的瞬时值为

$$e_A = E_m \sin\omega t$$

$$e_B = E_m \sin(\omega t - 120°)$$

$$e_C = E_m \sin(\omega t - 240°) = E_m \sin(\omega t + 120°)$$

波形图、矢量图分别如图 2.21(a)、(b)所示。任一瞬时，三相对称电动势之和为零，即

$$e_A + e_B + e_C = 0$$

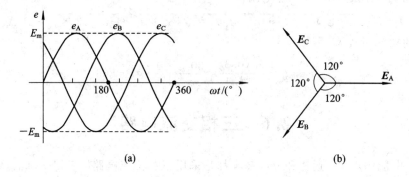

(a)　　　　　　　　　　　　　(b)

图 2.21　三相对称电动势的波形图、矢量图

2.6.2　三相电源的连接

三相发电机的三个绕组连接方式有两种，一种叫星形(Y)接法，另一种叫三角形(△)接法。

1. 星形(Y)接法

若将电源的三个绕组末端 X、Y、Z 连在一点 O，而将三个首端作为输出端，如图 2.22 所示，则这种连接方式称为星形接法。

在星形接法中，末端的连接点称为中点，中点的引出线称为中线(或零线)，三相绕组首端的引出线称为端线或相线(俗称火线)。这种从电源引出四根线的供电方式称为三相四线制。

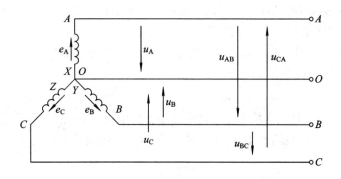

图 2.22　三相电源的星形接法

在三相四线制中，端线与中线之间的电压 u_A、u_B、u_C 称为相电压，它们的有效值用 U_A、U_B、U_C 或 $U_{相}$ 表示。当忽略电源内阻抗时，$U_A = E_A$，$U_B = E_B$，$U_C = E_C$，且相位上互差 $120°$ 电角。所以三相相电压是对称的。规定 $U_{相}$ 的正方向是从端线指向中线。

在三相四线制中，任一两个相线之间的电压 u_{AB}、u_{BC}、u_{CA} 称做线电压，其有效值用 U_{AB}、U_{BC}、U_{CA} 或 $U_{线}$ 表示，规定正方向由脚标字母的先后顺序表明。例如，线电压的正方向是由 A 指向 B，书写时顺序不能颠倒，否则相位上相差 $180°$。从接线图 2.22 中可得出线电压和相电压之间的关系，其对应的矢量式为

$$U_{AB} = U_A - U_B$$
$$U_{BC} = U_B - U_C$$
$$U_{CA} = U_C - U_A$$

根据矢量表示式可画出三相四线制的电压矢量图（见图 2.23）。

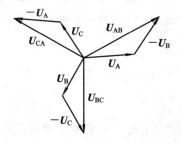

图 2.23　三相电源星形接法时的电压矢量图

从矢量图的几何关系可求得线电压有效值为

$$\begin{cases} U_{AB} = 2U_A\cos30° = \sqrt{3}U_A \\ U_{BC} = \sqrt{3}U_B \\ U_{CA} = \sqrt{3}U_C \end{cases}$$

或

$$U_{线} = \sqrt{3}U_{相}$$

式中：$U_{线}$ 为三相对称电源线电压；$U_{相}$ 为三相对称电源相电压。

从矢量图还可得出，三个线电压在相位上互差，故线电压也是对称的。

星形连接的三相电源，有时只引出三根端线，不引出中线。这种供电方式称为三相三线制。它只能提供线电压，主要在高压输电时采用。

例 2.10　已知三相交流电源相电压 $U_相＝220$ V，求线电压 $U_线$。

解　线电压为

$$U_线＝\sqrt{3}U_相＝\sqrt{3}×220≈380 \text{ V}$$

由此可见，我们平时所用的 220 V 的电压是指相电压，即火线和中线之间的电压，380 V 电压是指火线和火线之间的电压，即线电压。所以，三相四线制供电方式可给我们提供两种电压。

2. 三相电源的三角形连接（△）接法

除了星形连接以外，电源的三个绕组还可以连接成三角形。即把一相绕组的首端与另一相绕组的末端依次连接，再从三个接点处分别引出端线，如图 2.24 所示。

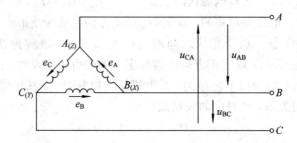

图 2.24　三相电源的三角形连接

按这种接法，在三相绕组闭合回路中，有 $e_A＋e_B＋e_C＝0$，所以回路中无环路电流。若有一相绕组首末端接错，则在三相绕组中将产生很大环流，致使发电机烧坏。

发电机绕组很少用三角形接法，但作为三相电源用的三相变压器绕组，星形和三角形两种接法都会用到。

2.6.3　三相负载的连接

1. 单相负载和三相负载

用电器按其对供电电源的要求，可分为单相负载和三相负载。工作时只需单相电源供电的用电器称为单相负载，例如照明灯、电视机、小功率电热器、电冰箱等。

需要三相电源供电才能正常工作的电器称为三相负载，例如三相异步电动机等。

若每相负载的电阻相等，电抗相等而且性质相同的三相负载称为三相对称负载，即 $Z_A＝Z_B＝Z_C$，$R_A＝R_B＝R_C$，$X_A＝X_B＝X_C$；否则称为三相不对称负载。

三相负载的连接方式也有两种，即星形连接和三角形连接。

2. 三相负载的星形连接

三相负载的星形连接如图 2.25 所示，每项负载的末端 x、y、z 接在一点 O'，并与电源中线相连；负载的另外三个端点 a、b、c 分别和三根相线 A、B、C 相连。

在星形的三相四线制中，我们把每相负载中的电流叫做相电流 $I_相$，每根相线（火线）上的电流叫做线电流 $I_线$。从如图 2.25 所示的三相负载星形连接图可以看出，三相负载星形连接时的特点是：① 各相负载承受的电压为对称电源的相电压；② 线电流 $I_线$ 等于负载相

电流 $I_相$。下面讨论各相负载中电流、功率的计算。

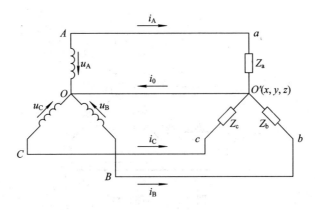

图 2.25　三相负载的星形接法

1) 三相不对称负载的星形连接

已知三相负载：

$$Z_a = \sqrt{R_a^2 + X_a^2}$$
$$Z_b = \sqrt{R_b^2 + X_b^2}$$
$$Z_c = \sqrt{R_c^2 + X_c^2}$$

则每相负载中的电流有效值为

$$\begin{cases} I_a = \dfrac{U_a}{Z_a} = \dfrac{U_相}{Z_a} = \dfrac{U_相}{\sqrt{3}\,Z_a} \\[2mm] I_b = \dfrac{U_b}{Z_b} = \dfrac{U_相}{Z_b} = \dfrac{U_线}{\sqrt{3}\,Z_b} \\[2mm] I_c = \dfrac{U_c}{Z_c} = \dfrac{U_相}{Z_c} = \dfrac{U_线}{\sqrt{3}\,Z_c} \end{cases}$$

各相负载的电流和电压的相位差为

$$\begin{cases} \phi_a = \arctan \dfrac{R_a}{Z_a} \\[2mm] \phi_b = \arctan \dfrac{R_b}{Z_b} \\[2mm] \phi_c = \arctan \dfrac{R_c}{Z_c} \end{cases}$$

中线电流瞬时值

$$i_0 = i_a + i_b + i_c$$

中线电流的有效值应从三相电流的矢量和求得，即

$$I_0 = I_a + I_b + I_c = 0$$

例 2.11　如图 2.26 所示的三相对称电源，$U_相 = 220$ V，将三盏额定电压 $U_N = 220$ V 的白炽灯分别接入 A、B、C 相，已知白炽灯的功率 $P_a = P_b = P = 60$ W，$P_c = 200$ W。

(1) 求各相电流及中线电流。

(2) 分析 B 相断路后各灯的工作情况。

（3）分析 B 相断开、中线也断开时各灯的工作情况。

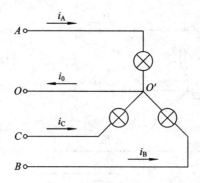

图 2.26　电路接线

解

（1）各相电流为

$$I_a = I_b = \frac{P}{U} = \frac{60}{220} \approx 0.27 \text{ A}$$

且分别与 u_A、u_B 同相位。

$$I_c = \frac{P_C}{U} = \frac{200}{220} \approx 0.9 \text{ A}$$

且与 u_C 同相位。电压、电流的矢量图如图 2.27 所示。

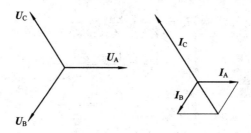

图 2.27　电压、电流矢量图

根据矢量图可得中线电流为

$$I_0 = 0.9 - 0.27 = 0.63 \text{ A}$$

（2）B 相断开，则 $I_b = 0$，B 灯不亮；A 灯两端电压和 C 灯两端电压仍是对称电源相电压，故 A 灯、B 灯正常工作。

（3）B 相断开且中线也断开时（如图 2.28 所示），A 灯和 C 灯之间串联，共同承受三相电源的线电压 380 V。因为各灯的电阻为

$$R_A = \frac{U^2}{P_A} = \frac{220^2}{60} \approx 807 \text{ } \Omega$$

$$R_C = \frac{U^2}{P_C} = \frac{220^2}{200} = 242 \text{ } \Omega$$

利用分压关系可计算出 60 W 的 A 灯两端电压是 292 V，大于额定电压；200 W 的 C 灯两端电压是 88 V，小于额定电压，故两灯都不能正常工作。

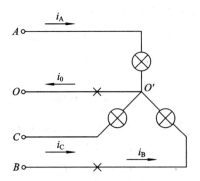

图 2.28　B 相与中线同时断开

上述例题说明：三相四线制供电时，中线的作用是很大的，中线使三相负载成为三个互不影响的独立回路，甚至在某一相发生故障时，其余两相仍能工作。

为了保证负载正常工作，规定中线上不能安装开关和熔丝，而且中线本身的机械强度要好，接头处必须连接牢固，以防断开。

2）三相对称负载的星形接法

三相对称负载为

$$Z_A = Z_B = Z_C = Z$$

$$\phi_a = \phi_b = \phi_c = \arctan \frac{X}{R}$$

且各相负载性质相同。

将三相对称负载在三相对称电源上作星形连接时，三个相电流对称，中线电流为零，即

$$I_a = I_b = I_c = \frac{U_{相}}{Z} = \frac{U_{线}}{\sqrt{3}\, Z}$$

$$I_0 = I_a + I_b + I_c = 0$$

在这种情况下，中线存在与否对系统工作没有影响。

3）三相对称负载的三角形连接

三相对称负载也可以接成如图 2.29（a）所示的三角形连接。这时，加在每相负载上的电压是对称电源的线电压。

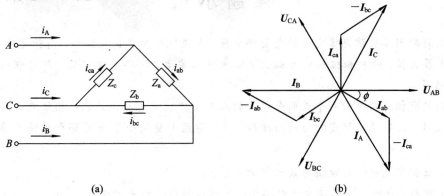

　　　　　　(a)　　　　　　　　　　　　　　　　　　　(b)

图 2.29　三相对称负载的三角形连接及矢量图

因为各相负载对称，故各相电流也对称，相电流为

$$I_{ab} = I_{bc} = I_{ca} = \frac{U_{线}}{Z}$$

每相电压、电流的相位差为

$$\phi_a = \phi_b = \phi_c = \arctan \frac{R}{X}$$

任一端线上的线电流，按基尔霍夫电流定律写出如下矢量式：

$$\begin{cases} \boldsymbol{I}_A = \boldsymbol{I}_{ab} - \boldsymbol{I}_{ca} \\ \boldsymbol{I}_B = \boldsymbol{I}_{bc} - \boldsymbol{I}_{ab} \\ \boldsymbol{I}_C = \boldsymbol{I}_{ca} - \boldsymbol{I}_{bc} \end{cases}$$

做出线电流、相电流的矢量图，如图 2.29(b)所示，从矢量图得

$$I_{线} = \sqrt{3}\, I_{相}$$

2.6.4　三相电功率

三相负载的功率等于三个单相负载的功率之和，即

$$P = P_a + P_b + P_c = U_A I_a \cos\phi_a + U_B I_b \cos\phi_b + U_C I_c \cos\phi_c$$

三相对称负载的三相总功率为

$$P = 3U_{相} I_{相} \cos\phi_{相}$$

在三相对称负载的星形接法中，有

$$I_{线} = I_{相}，U_{线} = \sqrt{3} U_{相}$$

在三相对称负载的三角形接法中，有

$$U_{线} = U_{相}，I_{线} = \sqrt{3} I_{相}$$

所以三相负载的三相总功率还可写成

$$P = \sqrt{3} U_{线}\, I_{线}\, \cos\phi_{相}$$

式中：$U_{线}$——线电压。

　　　$I_{线}$——线电流。

　　　$\cos\phi_{相}$——每相负载的功率因数。

课　题　小　结

（1）随时间按正弦规律变化的电动势电压、电流统称为正弦交流电，简称交流电。

（2）最大值、频率和初相称为正弦交流电的三要素，三要素决定后，即可唯一地确定一个正弦量。

（3）只有相同频率的两个或两个以上的正弦量才能进行相位比较。相位差是两正弦量的初相之差。比较两正弦量的超前与滞后，规定取两矢量间小于 π 的那个相位差作为判断的依据。

（4）正弦交流电的有效值与最大值的关系：$I_m = \sqrt{2}\, I$。

（5）电阻、电感和电容在交流电路中做不同连接时的特点列于表 2-1。

表 2-1　R、L、C 做不同连接时的电路特点

	电路	阻抗	电流电压有效值	有功功率	矢量图
纯 R 电路		$Z=R$	$I=\dfrac{U}{R}$	$P=I^2R$	
纯 L 电路		$Z=X_L$	$I=\dfrac{U}{X_L}$	$P=0$	
纯 C 电路		$Z=X_C$	$I=\dfrac{U}{X_C}$	$P=0$	
RL 串联电路		$Z=\sqrt{R^2+X_L^2}$	$U_R=IR$　$U_L=IX_L$　$U=\sqrt{U_R^2+U_L^2}$	$P=UI\cos\phi$	
RLC 串联电路		$Z=\sqrt{R^2+(X_L-X_C)^2}$	$U=\sqrt{U_R^2+(U_L-U_C)^2}$	$P=UI\cos\phi$	
感性负载和 C 的并联电路		$Z_1=\sqrt{R^2+X_L^2}$　$Z_2=X_C$	$I_1=\dfrac{U}{Z_1}$　$I_C=\dfrac{U}{Z_2}$　$I=I_1+I_C$	$P=UI\cos\phi$	

(6) 电路有功功率和视在功率的比值称为功率因数，即 $\cos\phi=\dfrac{P}{S}$。电路的功率因数过低，将使供电设备容量得不到充分利用，并使输电线路上功率和电压的损失增大。为此，对功率因数过低的电路需要进行补偿。由于绝大多数负载为感性负载，故补偿的方法是在感性负载两端并联适当的电容器，使 $\cos\phi$ 提高。

(7) 由三个频率相等、最大值相同、相位差互为 120° 电角的电动势组成的电源，称为对称三相交流电源。由三相对称交流电源供电的电路称为对称三相电路。

(8) 三相负载在电路中有两种连接方式，即星形接法和三角形接法。在对称负载星形接法的三相电路中，线电流就是相电流，线电压是相电压的 $\sqrt{3}$ 倍。在对称负载三角形接法的三相电路中，相电压就是线电压，线电流是相电流的 $\sqrt{3}$ 倍。

(9) 三相负载的总功率等于三个单相负载的功率之和。负载对称时，总功率为

$$P=\sqrt{3}U_{线}\,I_{线}\,\cos\phi_{相}=3U_{相}I_{相}\cos\phi_{相}$$

思考题与习题

2.1 电流 $i=10\,\sin\left(100\pi t-\dfrac{\pi}{3}\right)$A，试问它的三要素各为多少，并画出曲线矢量图。在交流电路中，有两个负载，已知它们的电压分别为

$$u_1=60\,\sin\left(314t-\dfrac{\pi}{6}\right)\text{V}$$

$$u_2=80\,\sin\left(314t+\dfrac{\pi}{3}\right)\text{V}$$

求总电压 u 的瞬时值表达式，并说明三者 u、u_1、u_2 的相位关系。

2.2 两个频率相同的正弦交流电，它们的有效值是：$I_1=8$ A，$I_2=6$ A，求在下面各种情况下合成电流的有效值。

(1) i_1 与 i_2 同相。

(2) i_1 与 i_2 反相。

(3) i_1 超前于 $i_2(\pi/2)$ 电角。

(4) i_1 滞后于 $i_2(\pi/3)$ 电角。

2.3 220 V、100 W 的烙铁接在 220 V 电源上，要求：

(1) 画出电路图并求电流有效值。

(2) 计算烙铁消耗的功率。

(3) 画出电流、电压矢量图。

2.4 把 $C=140\ \mu\text{F}$ 的电容器接在 $f=50$ Hz，$U=220$ V 的交流电路中，要求：

(1) 画出电路图。

(2) 计算 X_C 和 I。

(3) 画出电压、电流矢量图。

2.5 把 $L=51$ mH 的线圈（线圈电阻极小，可忽略不计）接在 $f=50$ Hz，$U=220$ V 的交流电路中，要求：

（1）画出电路图。

（2）计算 X_L 和 I。

（3）画出电压、电流矢量图。

2.6 有一线圈，接在电压为 48 V 的直流电源上，测得其电流为 8 A；然后再将这个线圈改接到 120 V/50 Hz 的交流电源上，测得电流为 12 A。试问线圈的电阻及电感各为多大？

2.7 如题 2.7 图所示的电路是一放大器的耦合电路。已知输入电压 $u_i = \sqrt{2}\ \sin\omega t$，频率 $f = 1200$ Hz，$C = 0.01\ \mu\text{F}$，$R = 5.1\ \text{k}\Omega$。

（1）求输出电压。

（2）求输出电压和输入电压的相位差。

（3）画出电路中电压、电流矢量图。

2.8 接在 50 Hz/220 V 交流电路上的三个元件，如题 2.8 图所示。已知：$R = X_L = X_C = 110\ \Omega$，求图中各电流表的读数，并画出矢量图。

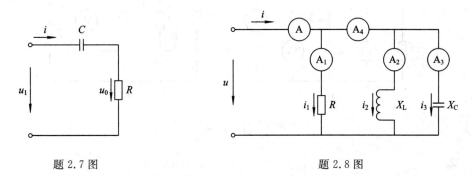

题 2.7 图　　　　　　　　　　　题 2.8 图

2.9 在题 2.9 图所示电路中，已知 $R_1 = 9\ \Omega$，$X_L = 12\ \Omega$，$R_2 = 15\ \Omega$，$X_C = 20\ \Omega$，电源电压 $U = 120$ V。

（1）求各支路电流及功率（S、P、Q）。

（2）求总电流及总功率。

（3）画出电路中电流、电压矢量图。

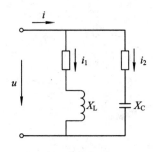

题 2.9 图

2.10 在题 2.10 图所示的电路中，已知：线电压为 380 V，其中 $R_1 = X_{L1} = X_{C1} = 220\ \Omega$，$R_2 = X_{L2} = X_{C2} = 380\ \Omega$，求线电流、中线电流及相电流，并画出矢量图。

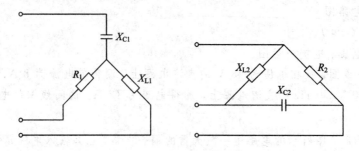

题 2.10 图

2.11 三相对称负载，每相阻抗 $Z = 380\ \Omega$，接入线电压为 380 V 的电路中，如题 2.11 图所示，试求电路中各电流表和电压表的读数。

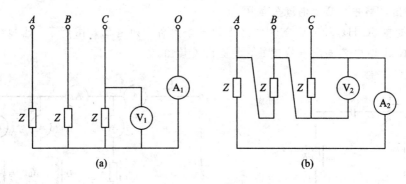

题 2.11 图

课题3　常用电器设备

3.1　磁　路

3.1.1　磁场的基本物理量

1. 磁通 Φ

通过物理课程的学习，我们已经了解到，在永久磁场可用磁力线来描述磁场。磁通是指垂直于磁场的某一面积 A 上所穿过的磁力线的数目，如图 3.1 所示。

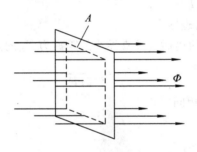

图 3.1　磁通

磁通用 Φ 表示，单位是 Wb（韦伯）。实用中还用麦克斯韦（简称麦，Mx）作为磁通的单位。它们之间的关系是：1 Mx＝10^{-8} Wb。

2. 磁感应强度 B

磁感应强度 B 是一个表示磁场中各点的磁场强弱和方向的物理量。在均匀磁场中，磁感应强度等于垂直穿过单位面积的磁力线数目，即

$$B = \frac{\Phi}{A} \tag{3-1}$$

在式（3-1）中，Φ 的单位是 Wb，A 的单位是 m^2，磁感应强度 B 的单位是 T（特斯拉），即 1 T＝1 Wb/m^2。

工程中常用一个较小的单位 Gs（高斯）来表示磁感应强度，1 Gs＝10^{-4} T。

3. 磁导率 μ

（1）磁导率。实验证明，在通电线圈中放入铁、钴、镍等物质后，通电线圈周围的磁场将大为增强，磁感应强度 B 增大；但是放入铜、铝、木材等物质，通电线圈周围的磁场几乎没有什么变化。这个现象表明，磁感应强度 B 与磁场中的介质的导磁性质有关。

我们用磁导率 μ 来表示物质的导磁性能。μ 的单位是 H/m（亨/米）。

磁导率值大的材料，导磁性能好。所谓的导磁性能好，指的是这类材料被磁化后能产生很大的附加磁场。这类物质有铁、钴、镍及其合金。通常把这类物质叫做铁磁性物质或磁性物质。

（2）相对磁导率。实验测得真空中的磁导率为 $\mu_0 = 4\pi \times 10^7 \text{ H/m}$。

空气、木材、纸、铝等非磁性材料的磁导率与真空磁导率近似相等，即 $\mu \approx u_0$。

某物质的磁导率 μ 与真空磁导率 μ_0 的比值称做该物质的相对磁导率，用 μ_r 表示，即 $\mu_r = \mu / \mu_0$。由此可知，非磁性材料的 $\mu_r \approx 1$。

4. 磁场强度 H

当我们对通电导体周围的磁场进行磁感应强度 B 的计算时，磁感应强度 B 的大小与磁场周围介质的磁导率 μ 有关。

例如，在如图 3.2 所示半径为 R 的通电的环形线圈上，各点的磁感应强度为

$$B = \mu \frac{NI}{2\pi R} = \mu \frac{NI}{L} \tag{3-2}$$

式中：N——线圈的匝数。

I——线圈中电流。

L——闭合回线长度，$L = 2\pi R$。

μ——线圈心子材料的磁导率。

又例如，在图 3.3 所示的离通电长直导线的距离为 R_A 的点 A 的磁感应强度 B 为

$$B = \mu \frac{I}{2\pi R_A} \tag{3-3}$$

式中各物理量与式（3-2）的相同。

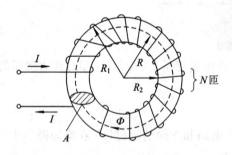

图 3.2 通电的环形线圈

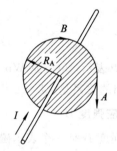

图 3.3 通电的长直导线

式（3-2）、式（3-3）说明，磁场中某点的磁感应强度不仅和电流导体的几何形状以及位置等有关，而且还和物质的导磁性能有关。这就使得磁场的计算变得比较复杂。

为了便于计算，我们引入了一个计算磁场的物理量，称为磁场强度，用 H 表示。它与磁感应强度的关系是

$$B = \mu H \qquad H = \frac{B}{\mu} \tag{3-4}$$

这样，式（3-2）、式（3-3）就变为如下形式：

环形线圈半径为 R 的闭合回线上各点的磁场强度为

$$H = \frac{NI}{2\pi R} = \frac{NI}{L} \tag{3-5}$$

通电长直导线周围点 A 的磁场强度为

$$H = \frac{I}{2\pi R_A} \qquad\qquad (3-6)$$

式(3-5)、式(3-6)表明,磁场强度的大小只取决于励磁电流以及导线的几何形状、匝数及位置,而与磁介质的性质无关。

磁场强度 H 是矢量,单位是 A/m（安/米）。

3.1.2 铁磁材料的磁性能

铁磁材料具有以下磁性能。

1. 高导磁性

铁磁材料的磁导率远大于非磁性材料的磁导率。且铁磁材料的磁导率 μ 值不是常数,随磁场强度 H 的大小而改变。

2. 磁饱和性

铁磁材料的磁感应强度 B 有一个饱和值 B_m。磁饱和是指磁性物质或亚铁性物质处于磁极化强度不随磁场强度的增加而显著增大的状态。

磁饱和是铁磁性材料的物理特性。由于导磁材料物理结构的限制,通过的磁通量是不可以无限增大的。通过一定体积导磁材料的磁通量增大到一定数量后将不再增加,这时就达到饱和了。

3. 磁滞性

在铁磁材料的反复磁化过程中,B 的变化总是落后于 H 的变化,这就是铁磁材料的磁滞性。剩磁现象就是铁磁材料磁滞性的表现。

4. 磁滞损耗

铁磁材料在反复磁化过程中,磁畴来回翻转,必然克服阻力做功,铁心发热。这种在反复磁化过程中的能量损失叫做磁滞损耗。铁磁材料根据磁滞回线的不同形状,铁磁材料基本上分为软磁材料和硬磁材料两大类。

软磁材料的特点是矫顽磁力和剩磁都比较小,且撤去外磁场后,磁性大部分消失。这种材料的磁滞回线所包围的面积小,磁滞回线狭长,在交变磁场作用下,磁滞损耗小,所以适用于交变磁场下工作的电器。例如一些电子设备中的电感元件,或变压器、电动机、发电机的铁心都必须用软磁材料制造,交流电磁铁、继电器、接触器也必须用软磁材料,以使在切断电流后没有剩磁。

硬磁材料的特点是矫顽磁力大,剩磁也大,磁滞回线较宽,必须用较强的外加磁场,才能使它磁化,而且一经磁化,磁性不易消失。这类材料适用于制造永久磁铁。

此外,还有一种矩磁材料,其磁滞回线近似于一个矩形,用于计算机存储器的磁心。

3.1.3 磁路

1. 磁路

在电气设备中,为了增强磁场,常把线圈绕在铁心上,当线圈通电后产生很强的磁场,并且大部分磁通(磁力线)集中在铁心中形成闭合回路。这个闭合回路称做磁路。图3.4所示的磁路便是由铁心、空气隙组成的。

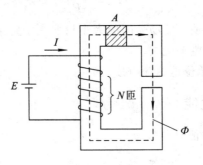

图 3.4　磁路

2. 磁动势

要使磁路中建立一定大小的磁通 Φ，就必须在具有一定匝数 N 的线圈中通入一定大小的电流 I。实验证明，增大电流 I 或增加线圈匝数 N，都可以达到增大磁通 Φ 的目的。可见，NI 乃是建立磁通的根源。所以把乘积 NI 称做磁路的磁动势，简称磁势。磁势的单位是 A(安)。

3. 均匀磁路和不均匀磁路

图3.5就是单相变压器的一种磁路。它由同一种材料组成，且各段铁心的横截面积相等，这种磁路称为均匀磁路。计算这种磁路时，$\Phi = NI/R_M$，其中 R_M 为均匀磁路的磁阻。

如图3.6所示，假若磁路中有一很短的空气隙 L_0，于是磁路就由铁心和空气隙两种物质组成，这种磁路称为不均匀磁路。

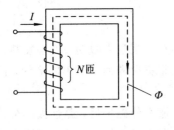

图 3.5　均匀磁路

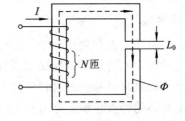

图 3.6　不均匀磁路

计算不均匀磁路时，先将磁路分段：铁心部分和空气隙部分各成为一段磁路，这两段磁路的磁阻分别是 $R_{M铁}$、$R_{M气}$。若用磁路欧姆定律表示这种不均匀磁路的磁通，则有

$$\Phi = \frac{NI}{R_{M气} + R_{M铁}}$$

$R_{M气}$ 为气隙磁阻，它比铁心的磁阻大很多倍。显然，要在图3.6磁路中产生和图3.5磁路中相同的磁通，则需要很大的磁动势。

4. 涡流

当线圈中通过变化的电流 i 时，在铁心中穿过的磁通也是变化的。由于构成磁路的铁心是导体，于是在铁心中将产生感应电流，如图3.7(a)中的虚线所示。由于这种感应电流是一种自成闭合回路的环流，故称为涡流。

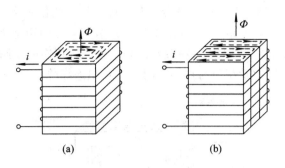

图 3.7 涡流

在电机和电器铁心中的涡流是有害的。因为它不仅消耗电能，使电气设备效率降低，而且涡流损耗转变为热量，使设备温度升高，严重时将影响设备正常运行。在这种情况下，要尽量减小涡流。

减小涡流的方法是采用表面彼此相互绝缘的硅钢片叠合，做成电器设备的铁心，如图3.7(b)所示。这样，一方面把产生涡流的区域划小，另一方面增加涡流的路径总长度，相当于增大涡流路径的电阻，因而可以减小涡流。

涡流虽然在很多电器中会引起不良后果，但在另一些场合下，人们却利用涡流为生产、生活服务。例如工业上利用涡流产生热量来熔化金属，日常生活中的电磁灶也是利用涡流的原理制成的，它给人们的生活带来很大的便利。

3.2 变 压 器

变压器是一种常见的电气设备，可用来把某种数值的交变电压变换为同频率的另一数值的交变电压。

发电厂欲将 $P=3UI\cos\phi$ 的电功率输送到用电的区域，在 P、$\cos\phi$ 为一定值时，若采用的电压愈高，则输电线路中的电流愈小，因而可以减少输电线路上的损耗，节约导电材料。所以远距离输电采用高电压是最为经济的。

目前，我国交流输电的电压最高已达 500 kV。这样高的电压，无论从发电机的安全运行或是从制造成本方面考虑，都不允许由发电机直接生产。

发电机的输出电压一般有 3.15 kV、6.3 kV、10.5 kV、15.75 kV 等几种，因此必须用升压变压器将电压升高才能远距离输送。

电能输送到用电区域后，为了适应用电设备的电压要求，还需通过各级变电站(所)利用变压器将电压降低为各类电器所需要的电压值。

在用电方面，多数用电器所需电压是 380 V、220 V 或 36 V，少数电机也采用 3 kV、6 kV 等。

变压器的种类很多，按其用途不同，有电源变压器、控制变压器、电焊变压器、自耦变压器、仪用互感器等。变压器的种类虽多，但基本原理和结构是一样的。

3.2.1 变压器的基本结构

变压器由套在一个闭合铁心上的两个或多个线圈(绕组)构成，结构如图 3.8 所示。

铁心和线圈是变压器的基本组成部分。为了减少磁通变化时所引起的涡流损失，变压器的铁心要用厚度为 0.35 mm～0.5 mm 的硅钢片叠成，片间用绝缘漆隔开。变压器和电源相连的线圈称为原绕组（或原边，或初级绕组），和负载相连的线圈称为副绕组（或副边，或次级绕组）。绕组与绕组及绕组与铁心之间都是互相绝缘的。

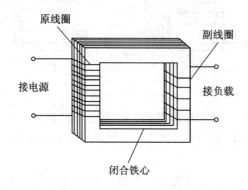

图 3.8 变压器结构示意图

3.2.2 变压器的工作原理

1. 变压器的空载运行

变压器原线圈接上额定的交变电压，副线圈开路不接负载，称为空载运行，如图 3.9 所示。

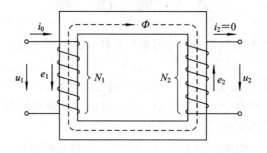

图 3.9 空载时的变压器

1）空载电流 I_0

在外加正弦电压 u_1 的作用下，线圈内有交变电流 i_0 流过。这时原线圈内的电流称为变压器的空载电流，又称激磁电流。它与原线圈匝数 N_1 的乘积 $i_0 N_1$ 称为激磁磁势。

由于铁心的磁导率远大于空气的磁导率，所以激磁磁势产生的磁通绝大部分集中在铁心里，沿铁心而闭合，该磁通称做主磁通（或工作磁通），用 Φ 表示。

空载电流（激磁电流）的有效值 I_0 一般都很小，约为额定电流的 3%～8%。

2）原、副绕组中的感应电动势

设主磁通按正弦规律变化，即

$$\Phi = \Phi_m \sin\omega t$$

则原线圈中的感应电动势为

$$e_1 = -N_1 \frac{\mathrm{d}\phi}{\mathrm{d}t} = -N_1 \omega \Phi_m \cos\omega t = N_1 \omega \Phi_m \sin\left(\omega t - \frac{\pi}{2}\right)$$

上式表明，e_1 按正弦规律变化，且在相位上滞后于主磁通 $\pi/2$。

感应电动势的最大值为

$$E_{1m} = N_1 \omega \Phi_m = 2\pi f N_1 \Phi_m$$

感应电动势的有效值为

$$E_1 = \frac{E_{1m}}{\sqrt{2}} \approx 4.44 f N_1 \Phi_m \tag{3-7}$$

同理，副线圈中感应电动势的有效值为

$$E_2 = \frac{E_{2m}}{\sqrt{2}} \approx 4.44 f N_2 \Phi_m \tag{3-8}$$

式中，Φ_m 为交变磁通的最大值，N_2 为副线圈匝数，f 为交流电频率。由式（3-7）、式（3-8）可得

$$\frac{E_1}{E_2} = \frac{N_1}{N_2}$$

3）电压平衡方程、电压比

空载时变压器的原绕组电路是一个含有铁心线圈的交流电路，在工程计算中常忽略原绕组中的阻抗不计，所以原绕组一侧的电压平衡方程可简化为

$$u_1 \approx -e_1 \tag{3-9}$$

这说明，在变压器原线圈中，自感电动势和电源电压几乎相等，但相位相反。由此可得 u_1 的有效值为

$$U_1 \approx E_1 = 4.44 f N_1 \Phi_m \tag{3-10}$$

式（3-10）表明，当电源频率和原线圈匝数一定时，铁心中主磁通的大小基本上由电源电压决定。当电源电压不变时，变压器铁心中的主磁通基本上是个常数。

由于空载时变压器副线圈是开路的，$i_2 = 0$，副线圈的端电压为 $u_2 \approx e_2$，有效值为

$$U_2 \approx E_2 = 4.44 f N_2 \Phi_m \tag{3-11}$$

从式（3-10）、式（3-11）可以得到

$$\frac{U_1}{U_2} \approx \frac{E_1}{E_2} = \frac{N_1}{N_2} = K_u$$

式中，K_u 称为变压器的变压比，简称变比，表明变压器空载时，原、副边端电压之比等于原、副线圈的匝数之比，匝数多的一边电压高，匝数少的一边电压低。

$K_u > 1$，是降压变压器；$K_u < 1$，是升压变压器。

例 3.1 低压照明变压器一次绕组匝数 $N_1 = 600$ 匝，一次绕组电压 $U_1 = 220$ V，现要求二次绕组输出电压 $U_2 = 36$ V，求二次绕组 N_2 匝数及变比 K_u。

解 由公式 $\dfrac{U_1}{U_2} \approx \dfrac{E_1}{E_2} = \dfrac{N_1}{N_2} = K_u$ 得

$$N_2 = \frac{U_2}{U_1} N_1 = \frac{36}{220} \times 600 = 108（匝）$$

$$K_u = \frac{U_1}{U_2} = \frac{220}{36} = 6.1$$

2. 变压器的负载运行

变压器一次绕组接额定电压，二次绕组与负载相连的运行状态称为变压器的负载运

行。变压器副边接上负载阻抗 Z 后，副线圈中通过电流 i_2，如图 3.10 所示。

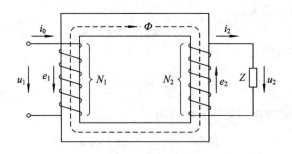

图 3.10 有载时的变压器

前面已指出，当电源电压 U 不变时，铁心中的主磁通 Φ 也基本不变。

因此，当变压器带上负载后，原边磁动势 i_1N_1 和副边磁动势 i_2N_2 共同产生的磁通，与变压器空载时的激磁磁势 i_0N_1 所产生的磁通也应基本相等，用数学式表示为

$$i_1N_1 + i_2N_2 = i_0N_1 \qquad (3-12)$$

矢量式为

$$\boldsymbol{I}_1N_1 + \boldsymbol{I}_2N_2 = \boldsymbol{I}_0N_1 \qquad (3-13)$$

式（3-13）称为变压器负载运行时的磁势平衡方程式。它说明，变压器带载时，原边与副边磁动势的矢量和，与空载时的磁动势相等。

因为 $\boldsymbol{I}_0$ 很小，当变压器在满载（额定负载）或接近于满载的情况下运行时，激磁磁势 $\boldsymbol{I}_0N_1$ 比原边磁势 $\boldsymbol{I}_1N_1$ 或副边磁势 $\boldsymbol{I}_2N_2$ 小得多，可以忽略不计，故式（3-13）可简化为

$$\boldsymbol{I}_1N_1 + \boldsymbol{I}_2N_2 \approx 0$$

或

$$\boldsymbol{I}_1N_1 \approx -\boldsymbol{I}_2N_2 \qquad (3-14)$$

式（3-14）中的负号表明，变压器负载运行时，副边磁势与原边磁势的相位相反，副边磁势对原边磁势起去磁作用，原边电流和副边电流在相位上几乎相差 180°。

当副边电流 i_2 增大时，副边磁势 i_2N_2 也增大。这时，原边电流 i_1 和原边磁势 i_1N_1 也随之增大，以抵消 i_2N_2 的去磁作用，保证 i_0N_1 基本不变，即铁心中的主磁通不变。

这就表明，变压器带载后，原边电流是由副边电流决定的，若只考虑其量值，从式（3-14）可得

$$\boldsymbol{I}_1N_1 \approx \boldsymbol{I}_2N_2$$

$$\frac{\boldsymbol{I}_1}{\boldsymbol{I}_2} \approx \frac{N_2}{N_1} = \frac{1}{K_u} = K_i$$

式中，K_i 称为变压器的变流比，表示原、副绕组内的电流大小与线圈匝数成反比。

结合式（3-14）还可得出

$$\frac{U_1}{U_2} \approx \frac{I_2}{I_1} \quad 或 \quad U_1I_1 \approx U_2I_2 \qquad (3-15)$$

式（3-15）表明，在不考虑变压器本身损耗的情况下（理想状态），变压器原绕组输入的功率等于副绕组输出的功率。这也说明变压器是一种把电能转换为"高压小电流"或"低压大电流"的电器设备，起着传递能量的作用。

3. 变压器的阻抗变换作用

变压器不但具有变换电压和电流的作用,还具有阻抗变换的作用。若在变压器副边接一电阻 R,如图 3.11 所示,那么从原边两端来看,等效电阻为

$$R' = \frac{U_1}{I_1} = \frac{N_1 U_2 / N_2}{N_2 I_2 / N_1} = \left(\frac{N_1}{N_2}\right)^2 \cdot \frac{U_2}{I_2}$$

因为 $U_2 / I_2 = R$,所以

$$R' = \left(\frac{N_1}{N_2}\right) \cdot R \qquad\qquad (3-16)$$

式中, R' 称为折算电阻。式(3-16)表明折算电阻是原电阻 R 的 N_1/N_2 倍,说明变压器起到了阻抗变换作用。

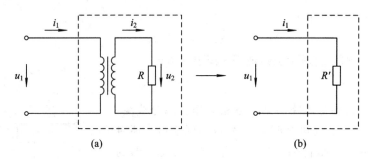

图 3.11　变压器的阻抗变换

3.2.3　其他变压器

1. 三相变压器

电力工业中,输/配电都采用三相制。变换三相交流电电压则用三相变压器。

可以设想,如图 3.12(a)所示,把三个单相变压器拼合在一起,便组成了一个三相变压器,如图 3.12(b)所示,各相磁通都经过中间铁心。

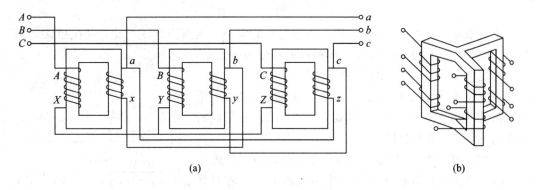

图 3.12　三相变压器

(a) 三个单相变压器的组合;(b) 由三个单相变压器合成一个三相变压器

由于三相磁通对称(各相磁通幅值相等,相位互差 120°),所以通过中间铁心的总磁通为零,故中间铁心柱可以取消。这样,实际制作时,通常把三个铁心柱排列在同一平面,如图 3.13 所示。这种三相变压器比三个单相变压器组合效率高,成本低,体积小,因此应用广泛。

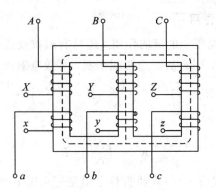

图 3.13　三相变压器

三相变压器的额定容量为

$$S_e = \sqrt{3} U_{2e} I_{2e}$$

式中，U_{2e}、I_{2e} 分别为副边额定线电压、额定线电流。

2. 自耦变压器

自耦变压器的原边电路与副边电路共用一部分线圈，如图 3.14 所示。原、副边之间除了有磁的联系外，还有直接的电的联系。这是自耦变压器区别于一般变压器的特点。

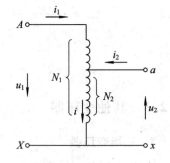

从图 3.14 中看出，当原边加上额定电压后，若不考虑电阻的压降和漏感电势，则有

$$\frac{U_1}{U_2} \approx \frac{N_1}{N_2} = K$$

式中，K 为自耦变压器的变压比。

图 3.14　自耦变压器

当自耦变压器接上负载，副边有电流 i_2 输出时，有

$$i_1 \approx -\frac{N_2}{N_1} i_2 = -\frac{1}{K} i_2$$

上式表明，自耦变压器中，原、副边电流的大小与线圈匝数成反比，且在相位上相差 $180°$。因此，自耦变压器中，原、副边共同部分的电流为 $i = i_1 + i_2$。

考虑到 i_1 与 i_2 相位相反，故 $I = I_2 - I_1$。

当变比 K 接近 1 时，由于 i_1 与 i_2 数值相差不大，所以线圈公共部分电流 I 很小。因此，这部分线圈可用截面较小的导线，以节省材料。

自耦变压器的优点是：结构简单，节省材料，效率高。但这些优点只有在变压器变比不大的情况下才有意义。它的缺点是副线圈和原线圈有电的联系，不能用于变比较大的场合（一般不大于 2）。这是因为当副线圈断开时，高电压就串入低压网络，容易发生事故。

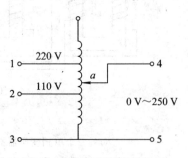

图 3.15　调压变压器原理图

实验室常用的调压器就是一种副线圈匝数可变的自耦变压器，如图 3.15 所示。

这种调压器端点可以滑动，所以能均匀地调节电压。该调压器还可以做成三相的，容量一般为几千伏安,电压为几百伏。

3. 电焊变压器

普通变压器漏磁小,负载电流变化时,副边电压变化不大。如图 3.16 中的曲线 Ⅰ 所示。

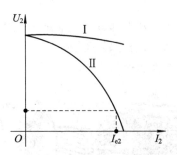

图 3.16 普通变压器和电焊变压器外特性

电焊变压器是一种特殊变压器,在其空载时,要有足够的引弧电压(约 60 V～80 V), 而电弧形成后,输出电压应迅速降低。副边即使短路(焊条碰在工件上),副边电流也不应 过大,即电焊变压器应具有陡峭的外特性,如图 3.16 中的曲线 Ⅱ 所示。这样,当电弧电压 变化时,焊接电流的变化并不显著,电焊比较稳定。

为了得到这种外特性,就要人为地增加它的漏磁通。因此,电焊变压器的原、副边不 是同心地套在一起,而是分装在两个铁心柱上。有的在副边电路中串联一个铁心电抗器, 如图 3.17 所示。改变电抗器的感抗(调节电抗器的空隙长度或其线圈匝数),即可得到不同 的焊接电流。

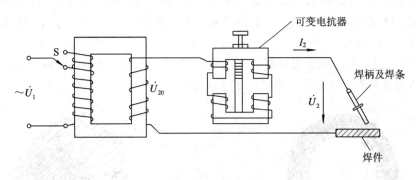

图 3.17 串联可变电抗电焊变压器

3.3 三相异步电动机

根据电磁感应原理,进行机械能与电能互换的旋转机械称为电机。其中将机械能转换 为电能的电机称为发电机,将电能转换为机械能的电机称为电动机。由于生产过程的机械 化,电动机作为拖动生产机械的原动机,在现代生产中有着广泛的应用。

电动机可分为交流电动机和直流电动机两大类。交流电动机又可分为异步电动机(或 称感应电动机)和同步电动机。异步电动机有单相和三相两种。单相电动机一般为 1 kW 以下的小容量电机,在实验室和日常生活中应用较多。三相异步电动机因为具有构造简单、价格低廉、工作可靠、易于控制及使用维护方便等突出优点,在工农业生产中应用很广。如工业生产中的轧钢机、起重机、机床、鼓风机等,均用三相异步电动机来拖动。

3.3.1　三相异步电动机的构造

异步电动机由定子和转子两个基本部分组成。定子是固定部分,转子是转动部分。为了使转子能够在定子中自由转动,定子、转子之间有 0.2 mm～2 mm 的空气隙。图 3.18 是鼠笼式异步电动机拆开后各个部件的形状。

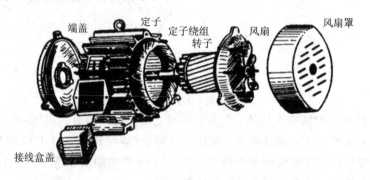

图 3.18　鼠笼式异步电动机的各部件

1. 定子

定子主要用来产生旋转磁场,它由定子铁心、定子绕组、机壳等组成。

(1)定子铁心。定子铁心是磁路的一部分,为了降低铁心损耗,采用 0.5 mm 厚的硅钢片叠压而成,硅钢片间彼此绝缘。铁心内圆周上分布有若干均匀的平行槽,用来嵌放定子绕组,如图 3.19 所示。

(2)定子绕组。定子绕组是电机定子的电路部分,应用绝缘铜线或铝线绕制而成。三相绕组对称地嵌放在定子槽内,如图 3.20 所示。

图 3.19　定子的硅钢片

图 3.20　装有三相绕组的定子

三相异步电动机定子绕组的三个首端 U_1、V_1、W_1 和三个末端 U_2、V_2、W_2,都从机座上的接线盒中引出,如图 3.21 所示。图(a)为定子绕组的星形接法;图(b)为定子绕组的三角形接法。三相绕组具体采用何种接法,应视电力网的线电压和各相绕组的工作电压而定。目前我国生产的三相异步电动机,功率在 4 kW 以下者一般采用星形接法;在 4 kW 以上者采用三角形接法。

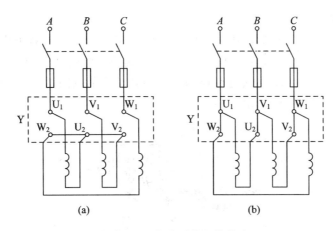

图 3.21　三相定子绕组的接法

（a）定子绕组的星形接法；（b）定子绕组的三角形接法

（3）机壳。机壳包括端盖和机座，其作用是支承定子铁心和固定整个电机。中小型电机机座一般采用铸铁铸造，大型电机机座用钢板焊接而成。端盖多用铸铁铸成，用螺栓固定在机座两端。

2. 转子

转子主要用来产生旋转力矩，拖动生产机械旋转。转子由转轴、转子铁心、转子绕组构成。

1）转轴

转轴用来固定转子铁心和传递功率，一般用中碳钢制成。

2）转子铁心

转子铁心也属于磁路的一部分，也用 0.5 mm 的硅钢片叠压而成，如图 3.22 所示。转子铁心固定在转轴上，其外圆均匀分布的槽是用来放置转子绕组的。

3）转子绕组

三相异步电动机的转子绕组分为鼠笼式和绕线式两种。

（1）鼠笼式转子。

图 3.22　转子的硅钢片

鼠笼式转子是由安放在转子铁心槽内的裸导体和两端的短路环连接而成的。转子绕组就像一个鼠笼形状，故称其为鼠笼式转子，如图 3.23 所示。

目前，100 kW 以下的鼠笼式电动机一般采用铸铝绕组。这种转子是将熔化了的铝液直接浇注在转子槽内，并连同两端的短路环和风扇浇注在一起。该鼠笼式转子也称为铸铝转子，如图 3.24 所示。

图 3.23　鼠笼式转子

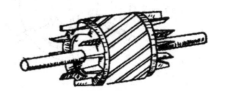

图 3.24　铸铝转子

（2）绕线式转子。

绕线式转子绕组与定子绕组相似，也为三相对称绕组，嵌放在转子槽内。三相转子绕组通常连接成星形，即三个末端连在一起，三个首端分别与转轴上的三个滑环（滑环与轴绝缘且滑环间相互绝缘）相连，通过滑环和电刷接到外部的变阻器上，以便改善电动机的起动和调速性能，如图 3.25 所示。

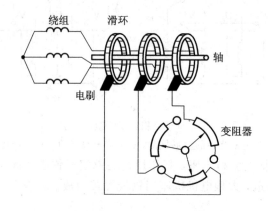

图 3.25　绕线式转子绕组与外接变阻器的连接

具有绕线式转子的电动机称为绕线式电动机。绕线式电动机起动时，为改善起动性能，使转子绕组与外部变阻器相连；而在正常运转时，将外部变阻器调到零位或直接使三首端短接。绕线式电动机由于结构复杂、价格较贵，仅适用于要求有较大起动转矩及有调速要求的场合。而鼠笼式电动机由于结构简单、价格低廉、性能可靠及使用维护方便，在生产实际中的应用很广泛。

3.3.2　三相异步电动机的基本原理

三相异步电动机是根据磁场与载流导体相互作用产生电磁力的原理而制成的。要了解其作用原理，必须首先理解旋转磁场的产生及其性质。

1. 旋转磁场

1）旋转磁场的产生

图 3.26 为最简单的三相异步电动机的定子。三相定子绕组对称放置在定子槽中，即三相绕组首端 U_1、V_1、W_1（或末端 U_2、V_2、W_2）的空间位置互差 $120°$。

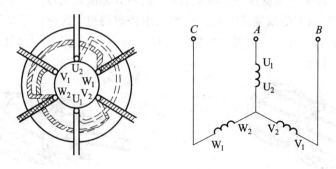

图 3.26　三相定子绕组作星形连接

若三相绕组连接成星形，末端 U_2、V_2、W_2 相连，首端 U_1、V_1、W_1 接到三相对称电源上，则在定子绕组中通过三相对称的电流 i_U、i_V、i_W（习惯规定电流参考方向由首端指向末端），其波形如图 3.27 所示。

$$i_U = I_m \sin\omega t$$

$$i_V = I_m \sin(\omega t - 120°)$$

$$i_W = I_m \sin(\omega t + 120°)$$

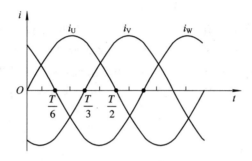

图 3.27　三相电流的波形

当三相电流流入定子绕组时，各相电流的磁场为交变、脉动的磁场，而三相电流的合成磁场则是一旋转磁场。为了说明问题，在图 3.27 中选择几个不同瞬间，来分析旋转磁场的形成。

（1）$t = 0$ 瞬间（$i_U = 0$，i_V 为负值，i_W 为正值）：此时，U 相绕组（U_1U_2 绕组）内没有电流；V 相绕组（V_1V_2 绕组）电流为负值，说明电流由 V_2 流进，由 V_1 流出；而 W 相绕组（W_1W_2 绕组）电流为正，说明电流由 W_1 流进，由 W_2 流出。运用右手螺旋定则，可以确定这一瞬间的合成磁场如图 3.28(a)所示，为一对极（两极）磁场。

（2）$t = T/6$ 瞬间（i_U 为正值；i_V 为负值；$i_W = 0$）：U 相绕组电流为正，电流由 U_1 流进，由 U_2 流出；V 相绕组电流未变；W 相绕组内没有电流。合成磁场如图 3.28(b)所示，同 $t = 0$ 瞬间相比，合成磁场沿顺时针方向旋转了 60°。

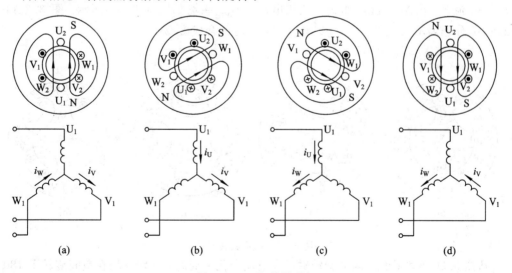

图 3.28　两极旋转磁场

（3）$t=T/3$ 瞬间（i_U 为正值；$i_V=0$；i_W 为负值）：合成磁场沿顺时针方向又旋转了 60°，如图 3.28(c) 所示。

（4）$t=T/2$ 瞬间（$i_U=0$；i_V 为正值；i_W 为负值）：与 $t=0$ 瞬间相比，合成磁场共旋转了 180°。

由此可见，随着定子绕组中三相对称电流的不断变化，所产生的合成磁场也在空间不断地旋转。由上述两极旋转磁场可以看出，电流变化一周，合成磁场在空间旋转 360°（一转），且旋转方向与线圈中电流的相序一致。

以上分析的是每相绕组只有一个线圈的情况，产生的旋转磁场具有一对磁极。旋转磁场的极数与定子绕组的排列有关。如果每相定子绕组分别由两个线圈串联而成，如图 3.29 所示，其中，U 相绕组由线圈 U_1U_2 和 $U_1'U_2'$ 串联组成，V 相绕组由 V_1V_2 和 $V_1'V_2'$ 串联组成，W 相绕组由 W_1W_2 和 $W_1'W_2'$ 串联组成，当三相对称电流通过这些线圈时，便能产生两对极旋转磁场（四极）。

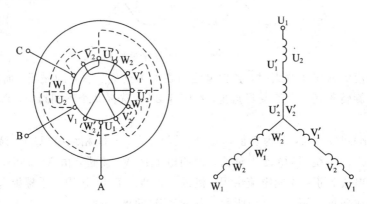

图 3.29　四极定子绕组

当 $t=0$ 时，$i_U=0$，i_V 为负值，i_W 为正值，即 U 相绕组内没有电流；V 相绕组电流由 V_2' 流进，由 V_1' 流出，再由 V_2 流进，由 V_1 流出；W 相绕组电流由 W_1 流进，由 W_2 流出，再由 W_1' 流进，由 W_2' 流出。此时，三相电流的合成磁场如图 3.30(a) 所示。图 3.30(b)、(c)、(d) 分别表示当 $t=T/6$、$t=T/3$、$t=T/2$ 时的合成磁场。

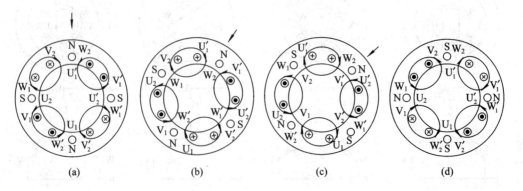

(a)　　　　　　(b)　　　　　　(c)　　　　　　(d)

图 3.30　四极旋转磁场

从图 3.30 不难看出，四极旋转磁场在电流变化一周时，旋转磁场在空间旋转了 180°。

2）旋转磁场的转速

由以上分析可以看出，旋转磁场的转速与磁极对数、定子电流的频率之间存在着一定的关系。一对极的旋转磁场，电流变化一周时，磁场在空间转过 360°（一转）；两对极的旋转磁场，电流变化一周时，磁场在空间转过 180°（1/2 转）；由此类推，当旋转磁场具有 p 对磁极时，电流变化一周，其旋转磁场就在空间转过 $1/p$ 转。

转速常常是以每分钟的转数来表示的，所以旋转磁场转速的计算公式为

$$n_1 = \frac{60 f_1}{p} \tag{3-17}$$

式中：n_1 为旋转磁场的转速，又称同步转速，单位为 r/min。f_1 为定子电流的频率，单位为 Hz。p 为旋转磁场的磁极对数。

例 3.2　三相异步电动机定子绕组中的交流电频率为 $f_1 = 50$ Hz，试分别求电动机磁极对数 $p=1$，$p=2$，$p=3$ 及 $p=4$ 时旋转磁场的转速 n_1。

解　当 $p=1$ 时，有

$$n_1 = \frac{60 f_1}{p} = \frac{60 \times 50}{1} = 3000 \text{ r/min}$$

当 $p=2$ 时，有

$$n_1 = \frac{60 f_1}{p} = \frac{60 \times 50}{2} = 1500 \text{ r/min}$$

同理，当 $p=3$ 时，$n_1 = 1000$ r/min；当 $p=4$ 时，$n_1 = 750$ r/min。

国产的异步电动机，定子绕组的电流频率为 50 Hz，所以不同极对数的异步电动机所对应的旋转磁场的转速也就不同（如表 3.1 所示）。

表 3.1　异步电动机转速和极对数的对应关系

p	1	2	3	4
$n_1 /(\text{r} \cdot \text{min}^{-1})$	3000	1500	1000	750

3）旋转磁场的方向

旋转磁场的转向与电流的相序一致，例如图 3.27 和图 3.29 中电流的相序为 U—V—W，则磁场旋转的方向为顺时针。必须指出，电动机三相绕组的任一相都可以是 U 相（或 V 相、W 相），而电源的相序总是固定的（正）。因此，如果我们将三根电源线中的任意两根（如 U 和 V）对调，也就是说，电源的 U 相接到 V 相绕组上，电源的 V 相接到 U 相绕组上，在 V 相绕组中，流过的电流是 U 相电流 i_U，而在 U 相绕组中，流过的是 V 相电流 i_V，这时，三相对称的定子绕组中电流的相序为 U—W—V（逆时针），所以旋转磁场的转向也变为逆时针了。

2. 三相异步电动机的工作原理

当电动机的定子绕组通以三相交流电时，便在气隙中产生旋转磁场。设旋转磁场以 n_1 的速度顺时针旋转，则静止的转子绕组同旋转磁场就有了相对运动，从而在转子导体中产生了感应电动势，其方向可根据右手定则判断（假定磁场不动，导体以相反的方向切割磁力线）。如图 3.31 所示，可以确定出上半部导体的感应电动势垂直纸面向外，下半部导体的感应电动势垂直于纸面向里。由于转子电路为闭合电路，在感应电动势的作用下，产生

了感应电流。

由于载流导体在磁场中要受到力的作用，因此，可以用左手定则确定转子导体所受电磁力的方向，如图 3.31 所示。这些电磁力对转轴形成一电磁转矩，其作用方向同旋转磁场的旋转方向一致。这样，转子便以一定的速度沿旋转磁场的旋转方向转动起来。

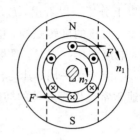

图 3.31　异步电动机的工作原理

从上面的分析可以知道，异步电动机电磁转矩的产生必须具备下列条件：

(1) 气隙中有旋转磁场。

(2) 转子导体中有感应电流。

不难知道，在三相对称的定子绕组中通以三相对称的电流就能产生旋转磁场，而闭合的转子绕组在感应电动势的作用下能够形成感应电流，从而产生相应的电磁力矩。如果旋转磁场反转，则转子的旋转方向也随之改变。

电动机不带机械负载的状态称为空载。这时负载转矩是由轴与轴承之间的摩擦力及风阻力等造成的，称为空载转矩，其值很小。这时电动机的电磁转矩也很小，但其转速 n_0（称为空载转速）很高，接近于同步转速。

异步电动机的工作原理与变压器有许多相似之处，如二者都是依靠工作磁通为媒介来传递能量的；异步电动机每相定子绕组的感应电动势 E_1 也近似与外加电源电压 U_1 平衡，即

$$U_1 \approx E_1 = 4.44 f_1 N_1 \Phi_m K_1 \tag{3-18}$$

式中，K_1 为定子绕组系数，与电动机的结构有关；Φ_m 为旋转磁场的每极最大磁通。

同样，异步电动机定子电路与转子电路的电流也满足磁势平衡关系，即

$$i_1 N_1 + i_2 N_2 = i_0 N_1 \tag{3-19}$$

由式（3-19）可知，当异步电动机的负载增大时，转子电流增大，在外加电压不变时，定子绕组电流也增大，从而抵消转子磁势对旋转磁通的影响。可见，与变压器类似，定子绕组电流是由转子电流来决定的。

当然，异步电动机与变压器也有许多不同之处。如变压器是静止的，而异步电动机是旋转的；异步电动机的负载是机械负载，输出为机械功率，而变压器的负载为电负载，输出为电功率；此外，异步电动机的定子与转子之间有空气隙，所以它的空载电流较大（约为额定电流的 20%～40%）；异步电动机的定子电流频率与转子电流频率一般是不同的。

3. 转差率

异步电动机的转子转速 n 低于同步转速 n_1，两者的差值（$n_1 - n$）称为转差。转差就是转子与旋转磁场之间的相对转速。

转差率就是相对转速（即转差）与同步转速之比，用 s 表示，即

$$s = \frac{n_1 - n}{n_1} \tag{3-20}$$

转差率是分析异步电动机运转特性的一个重要参数。在电动机起动瞬间，转子转速 $n=0$，$s=1$；当电动机转速达到同步转速（为理想空载转速，电动机实际运行中不可能达到）时，$n=n_1$，$s=0$。由此可见，异步电动机在运行状态下，转差率的范围为 $0 < s < 1$；在

额定状态下运行时，$s = 0.02 \sim 0.06$。由式（3-17）和式（3-20）可得

$$n = (1-s)n_1 = (1-s)\frac{60f_1}{p} \tag{3-21}$$

例 3.3　一台三相四极 50 Hz 的异步电动机，已知额定转速为 1440 r/min，求额定转差率 s_N。

解　该电动机的同步转速为

$$n_1 = \frac{60f_1}{p} = \frac{60 \times 50}{2} = 1500 \text{ r/min}$$

因而电动机的额定转差率为

$$s_N = \frac{n_1 - n}{n_1} = \frac{1500 - 1440}{1500} = 0.04$$

3.3.3　异步电动机的工作特性

如上所述，异步电动机之所以能够转动，是因为转子绕组中产生感应电动势，从而产生转子电流，此电流同旋转磁场的磁通作用产生电磁转矩之故。因此，在讨论电动机的转矩之前，必须弄清楚转子电路的各物理量及其它们之间的关系。

1. 旋转磁场对转子绕组的作用

1）转子感应电动势及电流频率

转子以转速 n 旋转后，转子导体切割定子旋转磁场的相对转速为 $(n_1 - n)$，因此在转子中感应出电动势和电流的频率 f_2 为

$$f_2 = \frac{p(n_1 - n)}{60} = \frac{p(n_1 - n)n_1}{60n_1} = sf_1 \tag{3-22}$$

由式（3-22）可知，转子电流频率与转差率有关，也就是与转速 n 有关。在电动机起动瞬间，即 $n = 0$，则 $s = 1$，$f_2 = f_1$；在额定负载下，$s = 0.02 \sim 0.06$，当 $f_1 = 50$ Hz 时，转子电流频率约为 1 Hz～3 Hz。

与变压器类似，转子绕组中感应电动势 E_2 的有效值为

$$E_2 = 4.44f_2N_2\Phi_m K_2 \tag{3-23}$$

式中：f_2 为转子电流频率；K_2 为转子绕组系数；N_2 为转子每相绕组的匝数。

将式（3-22）代入式（3-23）可得

$$E_2 = 4.44sf_1N_2\Phi_m K_2 = sE_{20} \tag{3-24}$$

式中，$E_{20} = 4.44f_1N_2\Phi_m K_2$，为转子静止时（起动瞬间 $s=1$）的感应电动势。式（3-24）表明，转子电动势与转差率成正比，即转子旋转得越快，s 越小，E_2 也越小。

2）转子电抗

转子电抗是由转子漏磁通引起的，其值为

$$X_2 = 2\pi f_2 L_2 = 2\pi sf_1 L_2 = sX_{20} \tag{3-25}$$

式中：X_2 为转子每相绕组的漏电抗，单位为 Ω；L_2 为转子每相绕组的漏电感，单位为 H；X_{20} 为转子静止时每相绕组的电抗，单位为 Ω，$X_{20} = 2\pi f_1 L_2$。

3）转子阻抗

转子每相绕组的电阻为 R_2，电抗为 X_2，故其阻抗为

$$Z_2 = \sqrt{R_2{}^2 + (sX_{20})^2}$$

转子绕组的阻抗在电动机起动瞬间最大，随转速的增加（s 下降）而减小。

4）转子电流

$$I_2 = \frac{E_2}{Z_2} = \frac{sE_{20}}{\sqrt{R_2{}^2 + (sX_{20})^2}} \tag{3-26}$$

式（3-26）表明，转子电流随转差率的增大而增大。其变化规律如图 3.32 中的 I 所示。

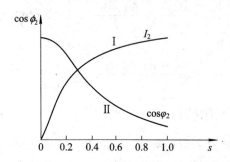

图 3.32　I_2 和 $\cos\phi_2$ 与转差率 s 的关系

5）转子功率因数

转子电路为感性电路，其转子电流总是滞后于转子电势 ϕ_2 角度，所以转子电路的功率因数为

$$\cos\phi_2 = \frac{R_2}{Z_2} = \frac{R_2}{\sqrt{R_2{}^2 + (sX_{20})^2}} \tag{3-27}$$

式（3-27）说明，转子电路的功率因数随转差率的增大而下降。其变化规律如图 3.32 中的 II 所示。

2. 三相异步电动机的功率和转矩

1）功率及效率

任何机械在实现能量的转换过程中总有损耗存在，因此异步电动机输出的机械功率 P_2 总是小于其从电网输入的功率 P_1，下面举例加以说明。

例 3.4　Y2-160M-4 三相异步电动机的输出功率 $P_2 = 11$ kW，额定电压 $U_1 = 380$ V，额定电流 $I_1 = 22.3$ A，电动机功率因数 $\lambda = \cos\phi_1 = 0.85$，求额定输入功率 P_1 及效率 η。

解　由三相交流电路的功率公式可知

$$P_1 = \sqrt{3}U_1 I_1 \cos\phi_1 = \sqrt{3} \times 380 \times 22.3 \times 0.85 = 12\ 480 \text{ W} = 12.48 \text{ kW}$$

$$\eta = \frac{p_2}{p_1} \times 100\% = \frac{11}{12.48} \times 100\% = 88\%$$

电动机在运行中的功率损耗为

$$\sum P = P_1 - P_2$$

电动机的效率为

$$\eta = \frac{p_2}{p_1} \times 100\% = \frac{P_1 - \sum P}{P_1} \times 100\%$$

2) 电磁转矩

电磁转矩是三相电动机最重要的物理量之一。电磁转矩的存在是异步电动机工作的先决条件，分析异步电动机的机械特性离不开它。

由三相异步电动机的工作原理分析可知，电磁转矩 T 是由转子电流与旋转磁场相互作用而产生的，所以电磁转矩 T 的大小与旋转磁通 Φ_m 及转子电流 I_2 的乘积成正比。转子电路既有电阻又有漏电抗，所以转子电流 I_2 可以分解为有功分量 $I_2 \cos\phi_2$ 和无功分量 $I_2 \sin\phi_2$ 两部分。因为电磁转矩决定了电动机的输出功率（有功功率）的大小，所以只有电流的有功分量 $I_2 \cos\phi_2$ 才能产生电磁转矩，故异步电动机的电磁转矩为

$$T = C_T \Phi_m I_2 \cos\phi_2 \tag{3-28}$$

式中：T 为电磁转矩，单位为 N·m；C_T 为异步电动机的转矩常数，与电动机自身的结构有关；Φ_m 为旋转磁场每极磁通最大值，单位为 Wb；I_2 为转子每相绕组中的电流，单位为 A；$\cos\phi_2$ 为转子每相电路的功率因数。

式(3-28)在实际应用或分析中不太方便，可将式(3-18)、式(3-26)、式(3-27)代入式(3-28)，经整理后得

$$T = CU_1^2 \frac{sR_2}{R_2^2 + (sX_{20})^2} \tag{3-29}$$

式中：T 为电磁转矩，可近似看做电动机的输出转矩，单位为 N·m；C 为与电机结构有关的常数，$C = \dfrac{C_T N_2 K_2}{4.44 f_1 N_1^2 K_1^2}$；$U_1$ 为电动机定子每相绕组上的电压，单位为 V；s 为电动机的转差率；R_2 为电动机转子每相绕组的电阻，单位为 Ω；X_{20} 为转子静止时的每相绕组的电抗，单位为 Ω；f_1 为交流电源的频率，单位为 Hz。

因为 C、R_2 为常量，而电磁转矩与电源电压的平方成正比，所以，电源电压的波动对异步电动机的转矩影响很大。

3) 转矩特性曲线

对一台电动机而言，它的结构常数和转子参数 C、R_2 及 X_{20} 是固定不变的，当电源电压和频率一定时，由式(3-29)可看出，电磁转矩 T 仅与转差率 s 有关。在应用中常用 T 与 s 间的关系曲线 $T = f(s)$ 来描述，称为异步电动机的转矩特性曲线，如图 3.33 所示。

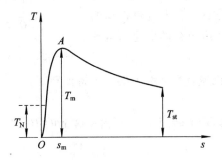

图 3.33　异步电动机的转矩特性曲线

从图 3.33 可以看出，电磁转矩的最大值为 T_m，最大转矩时的转差率为 s_m。s_m 称临界转差率。利用数学分析，取 $\dfrac{\mathrm{d}T}{\mathrm{d}s} = 0$，即可求出

$$s_m = \frac{R_2}{X_{20}} \tag{3-30}$$

$$T_m = \frac{CU_1^2}{f_1(2X_{20})} \tag{3-31}$$

由式(3-30)可知，因鼠笼式电动机的转子电阻 R_2 很小，所以 s_m 也很小。对于绕线式电动机，由于可以外接电阻，因而可以改变转子回路电阻，从而改变 s_m，如图 3.34 所示。利用这一原理可以调节绕线式电动机的转速。

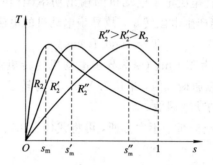

图 3.34 不同转子电阻时的转矩曲线

式(3-31)表明，在电机结构一定时，最大转矩 T_m 只与电源电压有关。

3. 三相异步电动机的机械特性

电力拖动系统中，为了便于分析，通常将 $T=f(s)$ 曲线改画成 $n=f(T)$ 曲线，后者称为电动机的机械特性曲线，所以，电动机的机械特性就是指电动机的转速和电动机的电磁转矩之间的关系。

参照图 3.33，将曲线 $T=f(s)$ 中的 s 坐标换成转子的转速 n，并按顺时针方向转过 90°，再将表示 T 的横轴下移，即可得异步电动机的机械特性曲线。如图 3.35 所示。

研究机械特性的目的是为了分析电动机的运行性能。图 3.35 中，AB 为稳定运行区，BC 为不稳定运行阶段。在稳定区，若电动机拖动的负载发生变化，电动机能适应负载的变化而自动调节达到稳定运行。

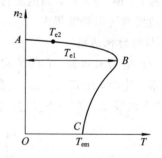

图 3.35 三相异步电动机的机械特性曲线

下面介绍异步电动机机械特性曲线上的三个特征转矩。

1）额定转矩 T_N

电动机在额定状态下运行的转矩 T_N，可由铭牌上的 P_N 和 n_N 求得

$$T_N = 9550 \frac{P_N}{n_N} \tag{3-32}$$

式中，P_N 的单位为 kW，n_N 的单位为 r/min，T_N 的单位为 N·m。

2）最大转矩 T_m

由式(3-31)可以确定最大转矩。应当注意，当电动机的负载转矩大于最大转矩时，电动机就要停转，所以最大转矩也称为停转转矩。此时，电动机的电流可达额定电流的 3～5

倍,电机会因严重过热而烧坏绕组。

最大转矩对电动机的稳定运行有重要意义。当电动机负载增大而过载时,电磁转矩接近于最大转矩,此时应当保证电动机稳定运行,不因短时过载而停转(但长时间过载也会造成电机过热损坏)。因此,要求电动机要有一定的过载能力。电动机的过载能力可用下式表示:

$$\lambda_T = \frac{T_m}{T_N}$$

式中,λ_T 为电动机的过载能力。一般三相异步电动机的过载能力在 1.8～2.2 范围内。

3) 起动转矩 T_{st}

起动转矩为电动机起动瞬间($n=0$,$s=1$)的转矩。只有在起动转矩大于负载转矩时,异步电动机才能起动。起动转矩大,起动迅速。因此,应用起动转矩倍数 K_{st} 来反映异步电动机的起动能力。

$$K_{st} = T_{st} T_N \tag{3-33}$$

一般三相异步电动机的 $K_{st}=1.0～2.2$。

综上所述,三相交流异步电动机有如下主要特点:异步电动机有较硬的机械特性,即随着负载的变化而转速变化较小;异步电动机有较大的过载能力和起动能力;电源电压的波动对异步电动机的工作影响较大。

3.3.4　三相异步电动机的起动、调速和制动

一般而言,对异步电动机的工作特性有很多要求,如要求起动转矩足够大,起动电流不能太大,同时要有一定的调速范围等。

1. 三相异步电动机的起动

从异步电动机接入电源,转子开始转动到稳定运转的过程,称为起动。在起动开始的瞬间($n=0$,$s=1$),转子和定子绕组中都有很大的起动电流。

一般中、小型鼠笼式电动机的定子起动电流(线电流)大约是额定电流的 4～7 倍。过大的起动电流会造成输电线路的电压降增大,容易对处在同一电网中的其他电器设备的工作造成危害,例如,使照明灯的亮度减弱,使邻近异步电动机的转矩减小等。另外,虽然转子电流较大,但由于转子电路的功率因数 $\cos\phi_2$ 很低,起动转矩并不是很大。

为了改善电动机的起动过程,要求电动机在起动时既要把起动电流限制在一定数值内,同时要有足够大的起动转矩,以便缩短起动过程,提高生产率。

下面分别介绍鼠笼式电动机和绕线式电动机的起动方法。

1) 鼠笼式电动机的起动

鼠笼式电动机的起动方法有直接起动和降压起动两种。

(1) 直接起动。

直接起动就是利用闸刀开关将电动机直接接入电网使其在额定电压下起动,如图 3.36 所示。

这种方法最简单,设备少,投资小,起动时间短,但起动电流大,起动转矩小,一般只适用于小容量电动机(7.5 kW 以下)的起动。较大容量的电动机,在电源容量也较大的情况下,可参考以下经验公式确定能否直接起动:

$$\frac{I_{st}}{I_N} \leqslant \frac{3}{4} + \frac{供电变压器容量(kVA)}{4 \times 电动机容量(kW)} \qquad (3-34)$$

式(3-34)的左边为电动机的起动电流倍数，右边为电源允许的起动电流倍数。只有满足该条件，方可采用直接起动。

(2) 降压起动。

降压起动的主要目的是为了限制起动电流，但同时也限制了起动转矩，因此，这种方法只适用于轻载或空载情况下起动。常用的降压起动方法有下列几种：

① 定子电路中串电抗器起动。

这种起动方法是在电动机定子绕组的电路中串入一个三相电抗器，其接线如图 3.37 所示。

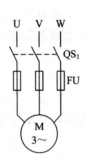

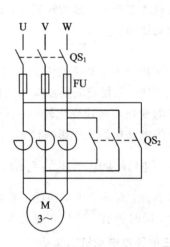

图 3.36　直接起动线路　　　　　图 3.37　串电抗器起动

② Y-△起动。

这种方法只适用于正常运转时定子绕组作三角形连接的电动机。起动时，先将定子绕组改接成星形，使加在每相绕组上的电压降低到额定电压的 1/3，从而降低了起动电流；待电动机转速升高后，再将绕组接成三角形，使其在额定电压下运行。Y-△起动线路如图 3.38 所示。

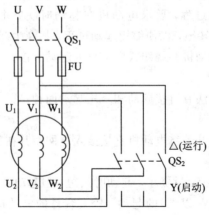

图 3.38　Y-△起动线路图

可以证明，星形起动时的起动电流(线电流)仅为三角形直接起动时电流(线电流)的 1/3，即 $I_{Yst} = \frac{1}{3} I_{\triangle st}$；其起动转矩也为后者的 1/3，即 $T_{Yst} = \frac{1}{3} T_{\triangle st}$。

　　Y-△起动的优点是起动设备简单，成本低，能量损失小。目前，4 kW～100 kW 的电动机均设计成 380 V 三角形连接，所以，这种方法有很广泛的应用意义。

　　③ 自耦变压器降压起动。

　　对容量较大或正常运行时作星形连接的电动机，可应用自耦变压器降压起动。

　　自耦变压器上备有抽头，以便根据所要求的起动转矩来选择不同的电压。如 QJ3 型的抽头比(U_2/U_1)为 40%、60%、80%。同样可以证明，自耦变压器降压起动电流为直接起动电流的 $1/K^2$；其起动转矩也为后者的 $1/K^2$。这里，K 为变压器的变压比($K = U_1/U_2$)。

　　自耦变压器降压起动的优点是不受电动机绕组接线方法的限制，可按照允许的起动电流和所需的起动转矩选择不同的抽头，常用于起动容量较大的电动机。其缺点是设备费用高，不宜频繁起动。

　　例 3.5　一台三角形连接的三相鼠笼式异步电动机，已知 $P_N = 10$ kW，$U_N = 380$ V，$I_N = 20$ A，$n_N = 1450$ r/min，由手册查得 $I_{st}/I_N = 7$，$T_{st}/T = 1.4$，拟半载起动，电源容量为 200 kVA，试选择适当的起动方法，并求此时的起动电流和起动转矩。

　　解　① 直接起动：

根据式(3-33)可得

$$\frac{I_{st}}{I_N} = 7 > \frac{3}{4} + \frac{200}{4 \times 10} = 5.75$$

所以不能采用直接起动。

　　② Y-△起动：

$$T_{Yst} = \frac{1}{3} T_{st} = \frac{1}{3} \times 1.4 T_N = 0.47 T_N$$

所以也不能采用 Y-△起动。

　　③ 自耦变压器降压起动：

　　由题意知 $T_{st} = 1.4 T_N$，半载起动 $T'_{st} = 0.5 T_N$。由 $T'_{st} = \frac{T_{st}}{K^2}$ 可得 $K = 1.67$，即 $1/K = 0.6$，故将变压器抽头置于 60% 位置，可用该方法起动。此时，有

$$T_N = 9550 \frac{P_N}{n_N} = 9550 \times \frac{10}{1450} \approx 65.86 \text{ N} \cdot \text{m}$$

$$I'_{st} = \frac{1}{K^2} I_{st} = 0.6^2 \times 7 \times 20 = 50.4 \text{ A}$$

$$T'_{st} = \frac{1}{K^2} T_{st} = 0.6^2 \times 1.4 \times 65.86 \approx 33.2 \text{ N} \cdot \text{m}$$

　　2) 绕线式电动机的起动

　　绕线式电动机是在转子电路中接入电阻来起动的，如图 3.39 所示。

　　起动时，先将起动变阻器调到最大值，使转子电路电阻最大，从而降低起动电流和提高起动转矩。随着转子转速的升高，逐步减小变阻器电阻。起动完毕时，去除起动电阻。

　　绕线式电动机常用于要求起动转矩较大的生产机械上，如卷扬机、锻压机、起重机及

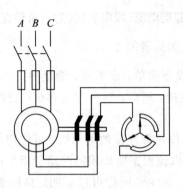

图 3.39 绕线式电动机的起动线路

转炉等。绕线式电动机还有另一种起动方法，是在转子回路中串联一个频敏变阻器，具体电路原理可参阅有关资料。

2. 三相异步电动机的反转

根据电动机的转动原理，如果旋转磁场反转，则转子的转向也随之改变。改变三相电源的相序（即把任意两相线对调），就可改变旋转磁场的方向。

3. 三相异步电动机的调速

由式（3-21）可知，改变电动机的转速可有三种方式，即改变电源频率 f_1、极对数 p 和转差率 s。

（1）变频调速。近年来，交流变频调速在国内外的发展非常迅速。由于晶闸管变流技术的日趋成熟和完善，变频调速在生产实际中的应用非常普遍，它打破了直流拖动在调速领域中的统治地位。交流变频调速需要有一套专门的变频设备，所以价格较高。但由于其调速范围大，平滑性好，适应面广，能做到无级调速，因此它的应用将日益广泛。

（2）变极调速。改变磁极对数，可有级地改变电动机的转速。增加磁极对数，可以降低电动机的转速，但磁极对数只能成整数倍地变化，因此，该调速方法无法做到平滑调速。

因为变极调速经济、简便，因而在金属切削机床中经常应用。

（3）变转差率调速。在绕线式电动机的转子电路中，接入调速变阻器，改变转子回路电阻，即可实现调速。这种调速方法也能平滑地调节电动机的转速，但能耗较大，效率低，目前主要应用在起重设备中。

4. 三相异步电动机的制动

由于电动机转动部分有惯性，所以电动机脱离电源后，还会继续转动一段时间才能停止。为了提高生产率，保障安全，某些生产机械要求电动机能迅速停转，这就需要对电动机进行制动。制动的方法较多，如机械制动、电气制动等。以下仅对常见的电气制动作一简要的介绍。

（1）能耗制动。这种制动方法是在电动机脱离三相电源的同时，将定子绕组接入直流电源，从而在电动机中产生一个不旋转的直流磁场，如图 3.40 所示。

此时，由于转子的惯性而继续旋转，根据右手定则和左手定则不难确定，转子感应电流和直流磁场相互作用所产生的电磁转矩与转子转动方向相反，称为制动转矩，电动机在制动转矩的作用下就很快停止。由于该制动方法是把电动机的旋转动能转变为电能消耗在

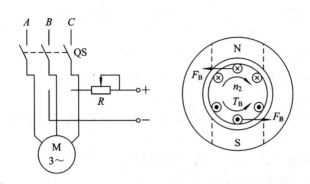

图 3.40　能耗制动

转子电阻上,故称能耗制动。能耗制动能量消耗小,制动平稳,无冲击,但需要直流电源,主要应用于要求平稳、准确停车的场合。

　　(2)反接制动。在电动机停车时,可将三相电源中的任意两相电源接线对调,此时旋转磁场便反向旋转,转子绕组中的感应电流及电磁转矩方向改变,与转子转动方向相反,因而成为制动转矩。

　　在制动转矩的作用下,电动机的转速很快下降到零。应当注意,当电动机的转速接近于零时,应及时切断电源,以防电动机反转。反接制动的电路原理如图 3.41 所示。

　　反接制动线路简单,制动力大,制动效果好,但由于制动过程中冲击大,制动电流大,不宜在频繁制动的场合下使用。

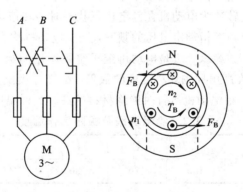

图 3.41　反接制动

3.3.5　三相异步电动机的铭牌和选择

1. 三相异步电动机的铭牌

某三相异步电动机铭牌如下,现对铭牌的各项数据作些简要介绍。

三相异步电动机		
型号 Y160M - 6	功率 7.5 kW	频率 50 Hz
电压 380 V	电流 17 A	接法 △
转速 970 r/min	绝缘等级 B	工作方式 连续
年　　月	编号	×××电机厂

（1）型号。型号用来表示电动机的种类和形式，由汉语拼音字母、国际通用符号和阿拉伯数字组成。

如 Y160M-6 中：

Y——产品代号，三相异步电动机。

160——机座中心高 160 mm。

M——机座长度代号（M 表示中机座，S 表示短机座，L 表示长机座）。

6——磁极数。

各类常见电动机的产品名称代号及其意义如下：

YR——绕线型三相异步电动机。

YB——防爆型异步电动机。

YZ——起重、冶金用异步电动机。

YQ——高起动转矩异步电动机。

YD——多速三相异步电动机。

（2）额定功率。额定功率为电动机在额定状态下运行时，转子轴上输出的机械功率，单位为 kW。

（3）额定电压和接法。额定电压指定子绕组按铭牌上规定的接法连接时应加的线电压值。

Y 系列电动机功率在 4 kW 以上均采用三角形连接，以便采用 Y-△接法。

（4）额定电流。额定电流指电动机在额定运行情况下，定子绕组取用的线电流值。

（5）额定转速。额定转速为电动机在额定运行状态时的转速，单位为 r/min。

（6）额定频率。额定频率指额定电压的频率，国产电动机均为 50 Hz。

（7）温升及绝缘等级。绝缘等级是电动机定子绕组所用的绝缘材料的等级。温升是电动机运行时绕组温度允许高出周围环境温度的数值。绝缘等级及极限工作温度列于表 3.2 中。表中极限工作温度是指电动机运行时绝缘材料的最高允许温度。

表 3.2 绝缘等级及极限工作温度

绝缘等级	A	E	B	F	H	C
极限工作温度/℃	105	120	130	155	180	>180

（8）工作方式。工作方式即电动机的运行方式。按负载持续时间的不同，国家标准把电动机分成三种工作方式：连续工作制、短时工作制和断续周期工作制。

除了铭牌数据外，还可以根据有关产品目录或电工手册查出电动机的其他一些技术数据。

2. 三相异步电动机的选择

（1）功率选择。功率选择的原则是根据拖动的负载，最经济、合理地确定电动机的功率。要防止选择的功率过大，避免出现"大马拉小车"现象，既浪费能源，又增加了投资；同时也应当防止选择的功率过小，电动机可能在过载状态下工作，很容易烧坏定子绕组。电动机的功率选择，一般按电动机的工作方式通过计算确定。详细的计算方法可参阅有关电机手册。

实践证明，电动机在接近额定状态下工作时，定子电路的功率因数最高。

（2）类型的选择。电动机的类型选择应根据生产机械的要求，从技术和经济方面全面考虑进行选择。生产机械不带负载起动的，通常采用鼠笼式异步电动机，如一般机床、水泵等；若要带一定大小的负载起动，可采用高起动转矩电动机；若起动、制动频繁，且要求起动转矩大，可选用绕线型异步电动机，如起重机、轧钢机等。

（3）结构形式的选择。为使电动机在不同的环境中安全可靠地工作，防止电动机可能对环境造成灾害，必须根据不同的环境要求选用适当的防护形式。常见的防护形式有开启式、防护式、封闭式和防爆式四种。

（4）转速选择。电动机的额定转速应根据生产机械的要求选定。转速高的电动机，体积小，价格便宜；而转速低的电动机，体积大，价格贵。应当本着经济的目的，结合生产机械传动机构的成本选择合适转速的电动机。

（5）电压的选择。电压选择主要依据电动机运行场所供电网的电压等级，同时还应兼顾电动机的类型和功率。小容量的电动机额定电压均为 380 V，大容量的电动机有时采用 3 kV 和 6 kV 的高压电动机。

例 3.6　一台三相异步电动机的额定功率为 8 kW，额定电压为 380 V，额定效率为 83％，额定功率因数为 0.89。试求 P_N 和 I_N。

解　由于

$$P_N = \sqrt{3}\,U_N I_N \eta \cos\varphi = 8 \times 10^3 \text{ W}$$

故

$$I_N = \frac{P_N}{\sqrt{3}\,U_N \eta \cos\varphi} = \frac{8 \times 10^3}{\sqrt{3} \times 380 \times 0.83 \times 0.89} \approx 16 \text{ A}$$

3.3.6　其他用途的电动机

1. 单相异步电动机

由单相电源供电的异步电动机称为单相异步电动机。其基本原理建立在三相异步电动机的基础上，但在结构、特性等方面与三相异步电动机有很大的差别。

1）单相异步电动机的工作原理

单相异步电动机的定子绕组为单相交流绕组，转子绕组为鼠笼式绕组。图 3.42 为最简单的单相异步电动机的结构与磁场。

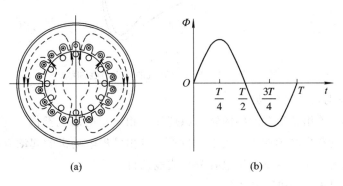

图 3.42　单相电动机的结构和磁场

当定子绕组中通入单相正弦交流电流时，电动机中将产生一个随时间按正弦规律变化的脉动磁场，磁感应强度可表示为

$$B = B_{\mathrm{m}} \sin\omega t \tag{3-35}$$

这个脉动磁场可分解为两个旋转磁场，这两个旋转磁场转速相等、方向相反，且每个旋转磁场的磁感应强度的最大值为脉动磁场磁感应强度最大值的一半，即

$$B_{1\mathrm{m}} = B_{2\mathrm{m}} = \frac{1}{2}B_{\mathrm{m}} \tag{3-36}$$

在任何瞬间，这两个旋转磁场的合成磁感应强度始终等于脉动磁场的瞬时值。转子不动时，上述两个旋转磁场将分别在转子中产生大小相等、方向相反的电磁转矩，转子上的合成转矩为零，电动机无起动转矩，不能起动。

但是，如果用某种方法使电动机的转子向某方向转动一下，那么电动机就会沿着某方向持续转动下去。这就说明此时两个反向旋转磁场产生的合成转矩不为零。其原因如下：若外力作用使转子顺正向旋转磁场方向（假定为顺时针）转动，此时转子和正向旋转磁场的相对速度变小，其转差率 s^+ 变小（小于 1）；而和反向旋转磁场（假定为逆时针）的相对速度变大，转差率 s^- 大于 1，即

$$s^+ = \frac{n_1 - n}{n_1} < 1 \tag{3-37}$$

$$s^- = \frac{-n_1 - n}{-n_1} = \frac{n_1 + n}{n_1} = \frac{n_1 + n_1(1 + s^+)}{n_1} = 2 - s^+ > 1 \tag{3-38}$$

同三相异步电动机一样，正向旋转磁场产生正向转矩，反向旋转磁场产生反向转矩，其转矩特性曲线如图 3.43 所示。图中 $M = f(s)$ 是合成转矩的特性曲线。同理，若推动转子逆时针转动，电动机就沿着逆时针方向持续旋转。

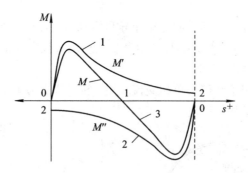

图 3.43 单相异步电动机的转矩特性曲线

2) 单相异步电动机的起动方法

从上述可知，单相异步电动机的转动原理和三相异步电动机类似，但单相异步电动机无起动转矩，所以首先必须解决它的起动问题。单相异步电动机的起动方法通常有分相起动和罩极起动两种。这里主要介绍电容分相式电动机。

(1) 电容分相式电动机的基本结构。

在单相异步电动机的定子槽中，除嵌有一套主绕组外，还增加了一套起动绕组。图

3.44 所示为一台最简单的带有起动绕组的单相异步电动机结构。在起动绕组中串联的电容器称分相电容。

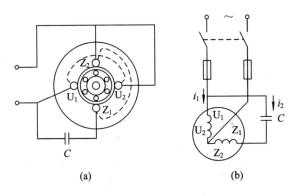

(a)　　　　　(b)

图 3.44　电容分相式单相异步电动机

（2）电容分相式电动机的工作原理。

由于起动绕组中串接了电容器，所以在同一单相交流电源中，起动绕组中通过的电流与主绕组通过的电流是不同相位的。起动绕组的电流超前于主绕组电流某一角度。若电容器的容量合适，则起动绕组的电流超前于主绕组电流约 90°相位角，如图 3.45 所示。

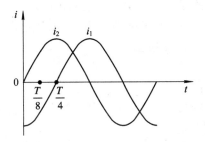

图 3.45　两相电流波形

因为这种电动机将单相电流分为两相电流，故称为分相式电动机。因此，在两相电流的作用下，这种电动机便可产生两相旋转磁场，如图 3.46 所示，原理分析同三相异步电动机。

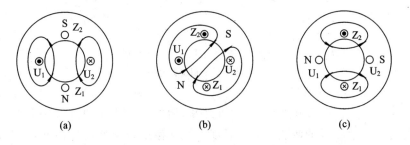

(a)　　　　　(b)　　　　　(c)

图 3.46　单相电动机的旋转磁场

应当指出，单相电动机在起动以后，若将起动绕组断开，电动机仍能维持旋转。与此类似的是三相电动机在运行过程中，如一相断开，则电动机成为单相运行，虽仍能旋转，但很容易造成损坏。

单相异步电动机的效率、功率因数、过载能力都较低，但因为它能在单相电路中运行，所以也有一定的应用场合，如家用电器、医疗器械及许多电动工具中常采用单相异步电动机。

2. 同步电动机

同步电动机是一种交流电动机，它的主要特点是转子转速等于同步转速，即

$$n = n_1 = \frac{60f_1}{p} \tag{3-39}$$

同步发电机在电力工业中有着很广泛的应用。火力发电、水力发电、原子能发电等，几乎全部应用三相同步发电机。

同步电动机虽然不像异步电动机那样应用广泛，但由于它的功率因数可以调节，并且大多调节在容性状态下运行，这样可以补偿采用异步电动机所需的感性电流，从而提高电力网的功率因数。同步电动机常用在中等功率(50 kW)以上，不需调速且转速要求恒定的生产机械中，如大型的空压机、水压机等。

1) 同步电动机的基本结构

同步电动机按其结构可分为旋转电枢式和旋转磁极式两种。旋转磁极式电动机由于特点突出，在生产实际中有着广泛的应用。

旋转磁极式同步电动机的定子与三相异步电动机的定子相似，而其转子为磁极，在磁极的铁心上绕有激磁绕组，该绕组通过电刷、滑环与直流电源相连。转子有两种结构形式，分别为凸极式和隐极式，如图 3.47 所示。

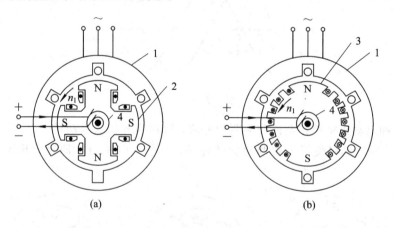

图 3.47 旋转磁极式同步电动机

(a) 凸极式；(b) 隐极式

2) 同步电动机的基本原理

当定子绕组中通入三相电流后，便产生了旋转磁场，其转速为 n_1。旋转磁场的磁极对转子的异性磁极产生较强的吸力，吸住转子，使其按旋转磁场的转向并以同步转速而旋转。在规定的负载范围内，同步电动机的转速为恒定值。

同步电动机还有一个突出的特点，即功率因数可调。如在一定的负载下，调节直流激磁电流时，可以引起定子电流的相位和大小发生变化，所以，同步电动机的功率因数可以用调节激磁电流大小的方法来调节。有时，同步电动机不带负载，专门用来改善电网的功

率因数，这样运行的同步电动机称为同步补偿机。

同步电动机的缺点是它没有起动转矩，所以在其转子上要增加一套起动绕组。由于同步电动机结构复杂，价格较贵，所以，在能采用异步电动机的场合下一般不采用同步电动机。

课 题 小 结

(1) 磁场在空间的分布情况，可以用磁力线来表示。我们用磁通 Φ 来表示垂直于磁场的某一面积 A 上所穿过的磁力线数。

(2) 磁感应强度 B 是一个表示磁场中各点磁场强弱和方向的物理量。在均匀磁场中，磁感应强度 B 等于垂直穿过单位面积的磁力线数，即 $B=\dfrac{\Phi}{A}$。

(3) 磁导率 μ 用来表示物质的导磁性能。和其他物质相比，铁磁物质的磁导率大，导磁性能好，因为这类物质被磁化后能产生很大的附加磁场。

(4) 铁磁材料的磁性能有高导磁性、磁饱和性和磁滞性。

(5) 变压器是利用两个线圈之间的互感原理进行工作的。它的基本结构是在一个闭合铁心上绕两个线圈，原线圈接电源，副线圈接负载，两个线圈通过磁路来耦合。

(6) 变压器有变换电压的作用，有变换电流的作用，也有变换阻抗的作用。

(7) 三相异步电动机的结构。定子由机座、定子铁心、定子三相绕组组成。转子有鼠笼式转子和绕线式转子两种绕组。

(8) 三相异步电动机的工作原理。为了了解异步电动机的工作原理，应掌握以下有关的重要概念：旋转磁场的产生；同步转速 $n_1=\dfrac{60f_1}{p}$；转子绕组中的感应电流、电磁力、电磁转矩的产生；转差率 $s=\dfrac{n_1-n}{n_1}$。

(9) 三相异步电动机的转矩特性和机械特性。转子电路各量与转差率有关。

电磁转矩：$T=C_T\Phi_m I_2\cos\phi_2$。

机械特性：$n=f(T)$

异步电动机有较硬的机械特性，即随着负载的变化而转速变化较小；异步电动机具有较大的过载能力和起动能力；电源电压的波动对异步电动机的工作影响较大。

(10) 三相异步电动机的起动、调速和制动。鼠笼式电动机的起动方法有直接起动和降压起动两种；线绕式电动机是在转子电路中接入电阻来起动的；常见调速方法有变频调速、变极调速、改变转差率调速；常见电气制动有能耗制动、反接制动。

(11) 铭牌上标有电动机的型号、额定值和有关技术数据。电动机的选择就是根据生产机械的要求，最合理、最经济地确定电动机的类型、功率、转速及其他各项指标。

(12) 单向异步电动机的转动原理和三相异步电动机的类似，但单相异步电动机无起动转矩。单相异步电动机的起动方法常用电容分相式起动。同步电动机经常用于改善电路的功率因数。

思考题与习题

3.1　几何形状、匝数和心子尺寸完全相等的两个环形线圈，其中一个用木心，另一个用铁心。当这两个线圈通入等值的电流时，两线圈心子中的 Φ、B、μ 值是否相等？为什么？

3.2　说明变压器的工作原理。在变压器中能量是如何传递的？

3.3　变压器能否用来变换直流电压？为什么？如果把一台 220 V/36 V 的变压器接在 220 V 的直流电压上，会有什么后果？

3.4　要制作一台 220 V/110 V 的单相变压器，能否原绕组只有两匝副绕组只绕一匝？为什么？

3.5　为什么变压器的铁心要用硅钢片叠成？能否用整块的铁心？

3.6　晶体管收音机的输出端要求最佳负载阻抗为 450 Ω，即可输出最大功率。现负载是阻抗为 8 Ω 的扬声器，求输出变压器变比。

3.7　一台变压器的原边电压为 36 V，副边电压为 400 V。已知副线圈的匝数是 30，求变压比及原线圈的匝数。

3.8　某单相变压器的容量是 1.5 kV·A，电压是 220 V/110 V。试求原、副边的额定电流。若副边电流是 10 A，则原边电流是多少？

3.9　三相异步电动机只接两根电源线能否产生旋转磁场？

3.10　绕线式电动机转子电路断开时，电动机能否旋转？为什么？

3.11　如何根据转差率的大小来判别电动机的运行情况？

3.12　当异步电动机的定子绕组与电源接通后，若转子被阻，长时间不能转动，对电动机有何危害？如遇到这种情况，应采取何措施？

3.13　当取出异步电动机的转子进行修理时，如果在定子绕组上误加额定电压，将会产生什么后果？为什么？

3.14　有一台三相异步电动机，铭牌标明 380 V/220 V，Y/△。试问当电动机接成 Y 和△起动时，起动电流和起动转矩是否一样大？当电源电压为 380 V 时，能否用 Y -△起动？

3.15　绕线式电动机和鼠笼式电动机在结构上有什么异同？

3.16　电动机功率选择太大有什么不好？在什么情况下，电动机的功率因数和效率较高？

3.17　有一台三相异步电动机，$f = 50$ Hz，$n_N = 960$ r/min，试确定该电动机的磁极对数、额定转差率及额定转速时转子电流的频率。

课题 4　三相异步电动机控制

4.1　常用低压电器

用于手动或自动接通和断开电路,对电路和电气设备进行切换、控制、检测、保护和调节的电工器件统称为电器。工作在交流额定电压 1200 V 及以下、直流额定电压 1500 V 及以下的电器称为低压电器。低压电器的种类很多,根据低压电器的用途和所控制的对象,可分为低压配电电器和低压控制电器。低压配电电器主要用于供配电系统中实现对电能的输送、分配和保护,例如刀开关、组合开关、熔断器、断路器等。低压控制电器主要用于生产设备自动控制系统中对设备进行控制、监测和保护,例如接触器、继电器、按钮、电磁阀等。本节主要介绍以下几种广泛应用于输配电系统和电力拖动系统中的低压电器。

4.1.1　刀开关

刀开关是一种结构最简单且应用最广泛的手控低压电器,主要用来接通和切断长期工作设备的电源,广泛用在照明电路和小容量、不频繁起动的动力电路的控制中。刀开关种类很多,根据通路的数量可分为单极、双极和三极。一般刀开关的额定电压不超过 500 V,额定电流有 10 A 到上千安培等多种等级。通常将刀开关和熔断器组合成具有一定接通分断能力和短路保护能力的组合式电器。刀开关安装时,底座应与地面垂直,手柄向上,不得倒装或平装,以免手柄因震动或自重落下引起误合闸,分闸时可能电弧灼手。电力设备控制系统中使用最为广泛的有开启式负荷开关、封闭式负荷开关和组合开关。常见的刀开关形状如图 4.1 所示。

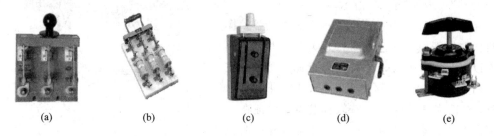

图 4.1　常见刀开关

（a）无熔断器刀开关；（b）熔断器式刀开关；（c）瓷底胶盖刀开关；（d）铁壳开关；（e）组合开关

1. 开启式负荷开关

开启式负荷开关又称瓷底胶盖刀开关,简称闸刀开关。生产中常用的 HK 系列负荷开关由刀开关和熔断器组合而成,其结构如图 4.2 所示。

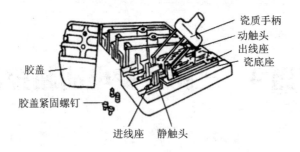

图 4.2　开启式负荷开关

开关的磁底座上装有进线座、静触头、熔体、出线座和带瓷质手柄的刀式动触头，上胶盖遮护以防止操作时触及带电体或分断时产生的电弧伤人。开启式负荷开关结构简单，价格便宜，适用于一般的照明、电热设备及 5.5 kW 小容量电动机控制线路中。闸刀开关没有专门的灭弧装置，刀式静触头和静夹座易被电弧灼伤引起接触不良，因此不宜用于操作频繁的电路。

在电气控制线路图中，刀开关的图形和文字符号如图 4.3 和图 4.4 所示。

图 4.3　一般三极刀开关符号

图 4.4　带熔断器三极刀开关符号

2. 封闭式负荷开关

封闭式负荷开关是在开启式负荷开关的基础上改进设计的一种开关，其灭弧性能、操作性能、通断能力和安全防护性都优于开启式负荷开关。因其外壳多为铸铁或用薄钢板冲压而成，俗称铁壳开关。其结构如图 4.5 所示。

封闭式负荷开关主要由刀开关、熔断器、操作机构和外壳组成。它与闸刀开关基本相同，但又有以下特点：在铁壳开关内装有速断弹簧，它的作用是使闸刀快速接通和断开，以消除电弧。另外，在铁壳开关内还设有联锁装置，保证在合闸状态下开关盖不能开启，而当开关盖开启时也

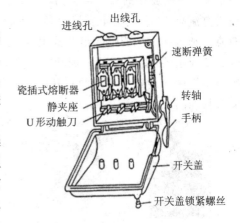

图 4.5　封闭式负荷开关

不能合闸，确保操作安全。常用的铁壳开关的型号有 HH3、HH4、HH10 和 HH11 等系列，主要用于配电电路，作电源开关、隔离开关和应急开关之用；在控制电路中，也可用于控制 15 kW 以下的交流电动机不频繁的直接起动和停止。

在电气控制线路图中，开启式负荷开关和封闭式负荷开关符号相同。

3. 组合开关

组合开关又称为转换开关，是刀开关的另一种结构形式，它的操作手柄平行于安装平面左右旋动。组合开关由静触点、动触点、绝缘方轴、手柄、定位机构和外壳组成。它的触点分别叠装在数层绝缘座内，动触点与方轴相连；当转动手柄时，每层的动触点与方轴一起转动，使动、静触点接通或断开。绝缘座的层数可以根据需要自由组合，最多可达六层。按不同方式配置动、静触点，可得到不同类型的组合开关，满足不同的控制需要。组合开关的型号有 HZ5、HZ10、HZ15 等系列。其中 HZ10 系列是全国统一设计产品，具有性能可靠、结构简单、组合性强、寿命长等优点。组合开关多用于机床电气控制线路中，作为电源的引入开关，也可用于不频繁接通和断开的电路，换接电源和负载以及控制 5 kW 以下的小容量电动机的正反转和 Y -△ 起动等。组合开关的通断能力较低，故不可用来分断故障电流。当用于电动机可逆控制时，必须在电动机完全停转后才允许反向接通。组合开关的外形和结构如图 4.6 所示。

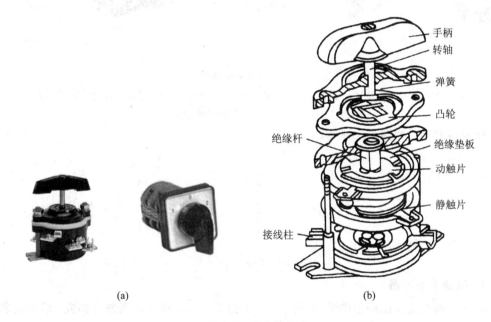

(a)　　　　　　　　　　　　　　(b)

图 4.6　组合开关
（a）外形；（b）结构

组合开关的符号如图 4.7 所示。

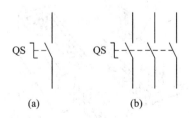

(a)　　　　　　　(b)

图 4.7　组合开关的符号
（a）单极；（b）三极

4.1.2 熔断器

熔断器俗称保险，主要由熔体(熔丝)和放置熔体的绝缘管或绝缘熔座两部分组成。熔体是熔断器的核心部分。熔体由金属材料及合金(铅、锡、锌、银、铜及合金)制成丝状或片状，俗称保险丝。工作中，熔断器应串接于被保护电路的首端，既是感测元件，又是执行元件；当电路发生短路或严重过载故障时，通过熔体的大电流使熔体发热，当达到熔点温度时，熔体某处自行熔断，从而分断故障电路。

熔断器可分为磁插式熔断器、螺旋式熔断器、管式熔断器。常见熔断器的外形如图4.8所示。

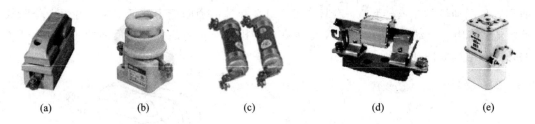

|(a)|(b)|(c)|(d)|(e)|

图 4.8　常见熔断器外形
(a) 瓷插式；(b) 螺旋式熔断器；(c) 无填料密封式熔断器；(d) 有填料封闭管式熔断器；
(e) 半导体器件保护熔断器

熔断器的符号如图4.9所示。

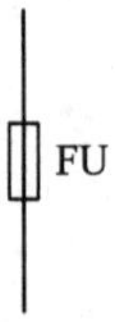

FU

图 4.9　熔断器的符号

1. 磁插式熔断器

磁插式熔断器的结构如图4.10所示。它由瓷质底座和瓷插件两部分构成，熔体安装在瓷插件内。熔体通常由铅锡合金或铅锑合金等制成。

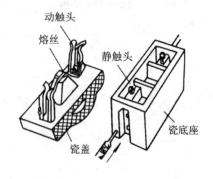

动触头
熔丝
静触头
瓷底座
瓷盖

图 4.10　磁插式熔断器的结构

　　因为磁插式熔断器具有结构简单、价格低廉、体积小、带电更换熔体方便，且具有较好的保护特性等优点，所以它被广泛地用于中小容量的控制系统中。常用的型号为 RC1A 系列，其额定电压为 380V，额定电流有 5 A、10 A、15 A、30 A、60 A、100 A、200 A 等 7 个等级。

2. 螺旋式熔断器

　　螺旋式熔断器的外形和结构如图 4.11 所示。

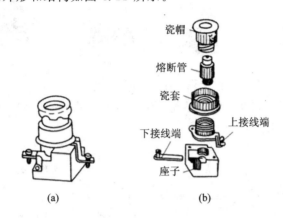

图 4.11　螺旋式熔断器的外形和结构

（a）外形；（b）构造

　　在熔断管内装有熔丝，并填充石英砂，作熄灭电弧之用。熔断管口有色标，以显示熔断信号。当熔断器熔断的时候，色标被反作用弹簧弹出后自动脱落，通过瓷帽上的玻璃窗口可看见。螺旋式熔断器的型号有 RL1、RL7 等系列。

3. 管式熔断器

　　管式熔断器分为有填料式和无填料式两类。无填料管式熔断器的结构如图 4.12 所示。有填料管式熔断器的结构如图 4.13 所示。

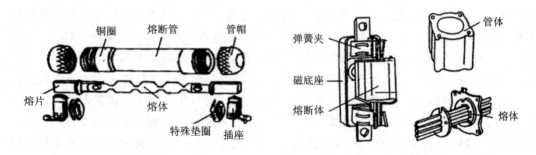

图 4.12　无填料管式熔断器的结构　　　　图 4.13　有填料管式熔断器的结构

　　有填料管式熔断器是一种分断能力较大的熔断器，主要用于要求分断较大电流的场合。常用的型号有 RT12、RT14、RT15、RT17 等系列。

4.1.3　自动空气开关

　　自动空气开关也称为低压断路器，可用来接通和分断负载电路，也可用来控制不频繁起动的电动机。它功能相当于闸刀开关、过电流继电器、失压继电器、热继电器及漏电保护器等电器部分或全部的功能总和，是低压配电网中一种重要的保护电器。

自动空气开关具有过载、短路、欠电压等多种保护功能、动作值可调、分断能力高、操作方便、安全等优点，所以目前被广泛应用。自动空气开关的外形如图 4.14 所示。

图 4.14 自动空气开关的外形

自动空气开关由操作机构、触点系统、保护装置（各种脱扣器）、灭弧系统等组成。其构造原理图如图 4.15 所示。

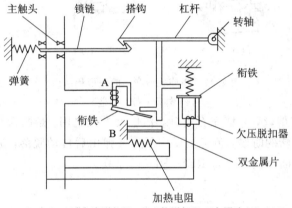

A—过电流脱扣器；B—热脱扣器双金属片

图 4.15 自动空气开关的构造原理

自动空气开关的主触点是靠手动操作或电动合闸的。主触点闭合后，自由脱扣机构将主触点锁在合闸位置上。过电流脱扣器的线圈和热脱扣器的热元件与主电路串联，欠电压脱扣器的线圈和电源并联。当电路发生短路或严重过载时，过电流脱扣器的衔铁吸合，使自由脱扣机构动作，主触点断开主电路。当电路过载时，热脱扣器的热元件发热使双金属片上弯曲，推动自由脱扣机构动作。当电路欠电压时，欠电压脱扣器的衔铁释放，也使自由脱扣机构动作。分励脱扣器则作为远距离控制用，在正常工作时，其线圈是断电的，在需要距离控制时，按下起动按钮，使线圈通电，衔铁带动自由脱扣机构动作，使主触点断开。自动空气开关的符号如图 4.16 所示。

图 4.16 自动空气开关的符号

4.1.4　按钮

　　按钮是一种手动操作接通或断开控制电路的主令电器。它主要控制接触器和继电器，也可作为电路中的电气联锁。按钮的外形和结构如图 4.17 所示。

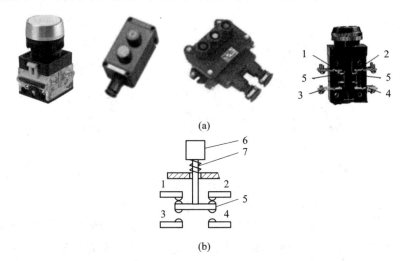

(a)

(b)

1、2、3、4—静触点；5—桥式动触点；6—按钮帽；7—复位弹簧

图 4.17　按钮的外形和结构图

（a）外形；（b）结构图

　　常态(未受外力)时，静触点 1、2 通过桥式动触点 5 闭合，所以称 1、2 为常闭触点。静触点 3、4 分断，所以称之为常开触点。当按下按钮帽 6 时，桥式动触点在外力的作用下向下运动，使 1、2 分断，3、4 闭合。此时，复位弹簧 7 为受压状态。当外力撤消后，桥式动触点在弹簧的作用下回到原位，静触点 1、2 和 3、4 也随之恢复到原位，此过程称为复位。

　　按钮的种类较多。按钮按触头的分合状况，可分为常开按钮(或起动按钮)、常闭按钮(或停止按钮)和复合按钮。按钮可以做成单个的(称单联按钮)、两个的(称双联按钮)和多个的。按钮的型号有 LA10、LA20、LA25 等系列。按钮的符号如图 4.18 所示。

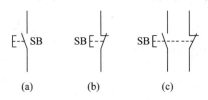

(a)　　　　　　(b)　　　　　　(c)

图 4.18　按钮的符号

（a）常开按钮；（b）常闭按钮；（c）复合按钮

4.1.5　行程开关

　　行程开关又称限位开关，动作原理与按钮相似，二者的区别在于：按钮是用手来操作的，而行程开关是利用生产机械某些运动部件的碰撞来发出控制指令实现其动作的。行程开关主要用于机械设备运动部件的位置检测，限制机械运动的位置，同时还能使机械实现自动停止、反向、变速或自动往复等运动。

行程开关按其结构可分为按钮式和旋转式，旋转式又可分为单轮旋转式和双轮旋转式两种，它们的外形分别如图 4.19 所示。型号有 JLXK、LX19 等系列。

行程开关从结构上可分为操作机构、触头系统和外壳三部分。图 4.20 为单滚轮式行程开关的结构原理图。

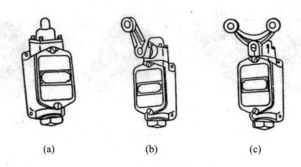

(a)　　　　　　(b)　　　　　　(c)

图 4.19　行程开关的外形

(a) 直动式；(b) 单轮旋转式；(c) 双轮旋转式

当生产机械撞块碰撞推杆或滚轮时，传动杠杆和转轴一起传动，转轴上的凸轮推杆通过内部传动机构使微动开关触头动作，使常开、常闭触点状态发生改变，从而实现对电路的控制作用。单轮和径向传动杆式行程开关可自动复位，而双轮行程开关则不能自动复位。

电气控制电路图中，行程开关的符号如图4.21 所示。

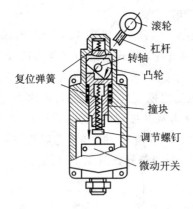

图 4.20　单滚轮式行程开关的结构原理图

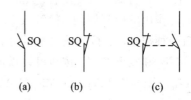

(a)　　　　　(b)　　　　　(c)

图 4.21　行程开关的符号

(a) 常开触头；(b) 常闭触头；(c) 复合触头

4.1.6　接触器

接触器是用来频繁接通和断开电路的自动切换电器，它具有手动切换电器所不能实现的遥控功能，同时还具有欠电压、失电压保护的功能，但却不具备短路保护和过载保护功能。接触器的主要控制对象是电动机。

接触器触头按通断能力，可分为主触头和辅助触头。主触头主要用于通断较大电流的电路(此电路称主电路)，它的体积较大，一般由三对常开触头组成。辅助触头主要用于通断较小电流的电路(此电路称控制电路)，它的体积较小，有常开触头和常闭触头之分。接触器按接入电流类型的不同可分为交流接触器和直流接触器。交流接触器的外形和内部结构图如图 4.22 所示。

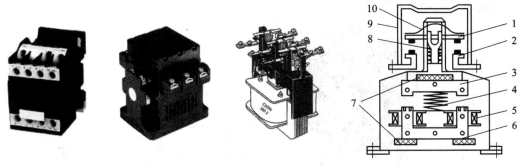

1—动触头桥；2—静触头桥；3—衔铁；4—缓冲弹簧；5—线圈；6—铁心；7—热毡；
8—触头弹簧；9—灭弧罩；10—触头压力簧片

图 4.22　交流接触器的外形和内部结构图

当给交流接触器的线圈 5 通入交流电时，在铁心 6 上会产生电磁吸力，克服缓冲弹簧 4 的反作用力，将衔铁 3 吸合，衔铁的动作带动动触头桥 1 的运动，使静触头桥 2 闭合。当电磁线圈断电后，铁心上的电磁吸力消失，衔铁在弹簧的作用下回到原位，各触点也随之回到原始状态。交流接触器的型号有 CJ0、CJ12、CJ20 等系列。

接触器的符号如图 4.23 所示。

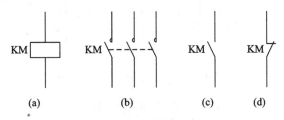

图 4.23　交流接触器的符号

（a）线圈；（b）主触点；（c）常开辅助触点；（d）常闭辅助触点

4.1.7　继电器

继电器是一种根据外界电信号（电流、电压）或非电量（时间、速度、温度、压力等）的变化接通或断开电路，以实现对电路的控制和保护作用的自动切换电器。继电器一般不直接控制主电路，而反映的是控制信号。继电器的种类很多，根据不同用途可分为控制继电器和保护继电器；根据反映的不同信号可分为电压继电器、电流继电器、中间继电器、时间继电器、热继电器、速度继电器、温度继电器和压力继电器等。以下介绍其中常见的几种。

1. 热继电器

热继电器是利用发热元件感受到的热量而动作的一种保护继电器，主要对电动机实现过载保护、断相保护、电流不平衡运行保护。常见热继电器的外形如图 4.24 所示。

图 4.24　热继电器的外形

热继电器的构造和原理如图 4.25 所示。

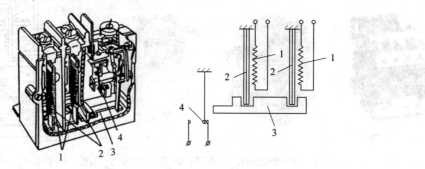

1—发热元件；2—双金属片；3—动作机构；4—触点

图 4.25　热继电器的构造与原理图

发热元件 1 绕在双金属片 2 上，当电动机过载时，过大的电流产生热量，使双金属片 2 弯曲，再通过动作机构 3，使常闭触点 4 断开，从而断开控制电路，达到保护的目的。热继电器的型号有 JR0、JR15、JR20 等系列。

热继电器的符号如图 4.26 所示。

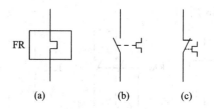

图 4.26　热继电器的符号

（a）发热元件；（b）常开触点；（c）常闭触点

2. 时间继电器

时间继电器是在感受到外界信号后，其执行部分需要延迟一定时间才动作的一种继电器。常用的时间继电器主要有直流电磁式、电子式、空气阻尼式、晶体管式等。其外形见图 4.27。

图 4.27　常见时间继电器的外形

（a）直流电磁式；（b）空气阻尼式；（c）电子式；（d）晶体管式；（e）JSZ8 电子式；

（f）JSZ9 系列电子式；（g）MT5CR 数字式；（h）ST3P 系列超级时间继电器

　　目前在电力拖动线路中应用最多的是空气阻尼式时间继电器。随着电子技术的发展，晶体管式时间继电器的应用也日益广泛。

　　空气阻尼式时间继电器又称气囊式时间继电器，它主要由电磁系统、触头系统、空气室、传动机构、基座等组成，是利用气囊中的空气通过小孔节流的原理来获得延时动作的。根据触头延时方式，空气阻尼式时间继电器可分为通电延时动作型和断电延时复位型两种。JS7 - A 系列时间继电器的结构如图 4.28 所示。

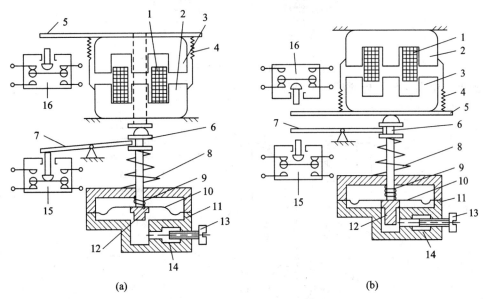

(a)　　　　　　　　　　　　　　(b)

1—线圈；2—铁心；3—衔铁；4—反作用力弹簧；5—推板；6—活塞杆；7—杠杆；8—塔形弹簧；9—弱弹簧；
10—橡皮膜；11—空气室壁；12—活塞；13—调节螺钉；14—进气孔；15—延时开关；16—微动开关

图 4.28　JS7 - A 系列时间继电器的结构
（a）通电延时型；（b）断电延时型

　　时间继电器的文字符号为 KT，在电路图中的符号如图 4.29 所示。

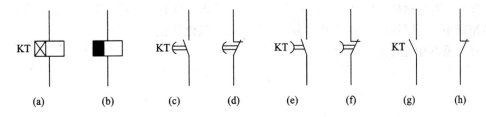

(a)　　(b)　　(c)　　(d)　　(e)　　(f)　　(g)　　(h)

图 4.29　时间继电器的图形和文字符号
（a）通电延时线圈；（b）断电延时线圈；（c）通电延时闭合（常开）触点；
（d）通电延时断开（常闭）触点；（e）断电延时断开（常开）触点；
（f）断电延时闭合（常闭）触点；（g）瞬时闭合常开触点 ；（h）瞬时断开常闭触点

3. 速度继电器

　　速度继电器也称转速继电器，是一种用来反映转速和转向变化的继电器。它的工作方式是依靠电动机转速的快慢作为输入信号，通过触点的动作信号传递给接触器，再通过接触器实现对电动机的控制。它主要用于反接制动电路中，其外形和结构如图 4.30 所示。

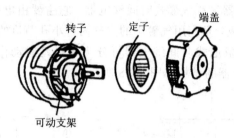

图 4.30 速度继电器的外形和结构

速度继电器是根据电磁感应原理制成的，其结构示意图如图 4.31 所示。

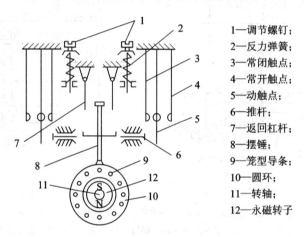

1—调节螺钉；
2—反力弹簧；
3—常闭触点；
4—常开触点；
5—动触点；
6—推杆；
7—返回杠杆；
8—摆锤；
9—笼型导条；
10—圆环；
11—转轴；
12—永磁转子

图 4.31 速度继电器的结构示意图

当电动机顺时针旋转时，与电动机同轴的速度继电器转子也随之旋转，此时笼型导条 9 就会产生感应电动势和电流，此电流与磁场作用产生电磁转矩，圆环 10 带动摆锤 8 在此电磁转矩的作用下顺时针偏转一定角度。这样，使速度继电器的常闭触点 3 断开，常开触点 4 闭合。当电动机反转时，就会使另一对触点动作。当电机转速下降到一定数值时，电磁转矩减小，返回杠杆 7 使摆锤 8 复位，各触点也随之复位。

在电路图中速度继电器的符号如图 4.32 所示。

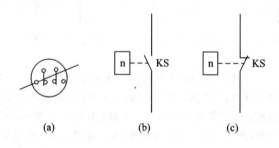

图 4.32 速度继电器的符号

（a）转子；（b）常开动合触头；（c）常闭动断触头

4.2　三相异步电动机起动控制电路

电能利用的一个主要方面是用作动力,电动机是将电能转换成动力(机械能)的装置。三相鼠笼式异步电动机结构简单,价格便宜,维修和维护都较为方便,所以在生产机械中应用得较为广泛。在生产中,用电动机拖动各种机械设备工作,为了使电动机能够按照设备的要求运转,需要对电动机进行控制。传统的控制系统主要由各种低压电器组成,称为继电器-接触器控制系统。在生产实践中,一台生产机械的控制线路可以比较简单,也可以相当复杂,但任何复杂的控制线路总是由一些基本控制线路有机地组合起来的。电动机常见的基本控制电路有:点动控制、正反转控制、位置控制、顺序控制、多地控制、降压起动控制、调速控制和制动控制等。本节主要介绍电动机的起动控制。

电动机接通电源后由静止状态逐渐加速到稳定运行状态的过程,称为电动机的起动。

4.2.1　直接起动

电动机直接在额定电压下进行起动,也称全压起动,优点是电气设备少,线路简单,安装维护方便。一般电动机的额定功率在 10 kW 以下,均可以采用直接起动。常用的直接起动控制电路有手动控制和自动控制两类。

1. 手动控制直接起动电路

手动控制可使用刀开关、低压断路器、转换开关和组合开关等。

刀开关控制的单向控制电路如图 4.33 所示。

图中 QS 为刀开关,M 为三相鼠笼式异步电动机,FU 为三相熔断器,L_1、L_2、L_3 为三相电源。当合上 QS 时,三相电源与电动机接通,电机开始旋转。当断开 QS 时,三相电动机因断电而停止。

上述控制所用的电器元件较少,电路也比较简单,但操作人员是通过手动电器直接对主电路进行接通和断开操作,不方便、不安全,也不能实现失压、欠压和过载保护。所以,此电路只适用于不频繁起动的小容量电动机。当电动机容量超过 10 kW 和操作频繁时,实际应用较多的是用接触器控制的电路。

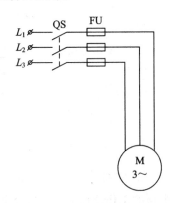

图 4.33　刀开关控制的单向控制电路

2. 接触器控制的直接起动电路

1) 点动控制电路

所谓点动控制,就是指按下按钮,电动机因通电而运转;松开按钮,电动机因断电停止运转。某些生产机械中,除了要求电动机正常连续运转外,还需要作点动控制,比如机床的刀架调整、试车、电动葫芦的起重电机控制等。

点动控制电路如图 4.34 所示。

它的工作过程较为简单:合上刀开关 QS,按下点动按钮 SB,KM 的线圈通电,三相主

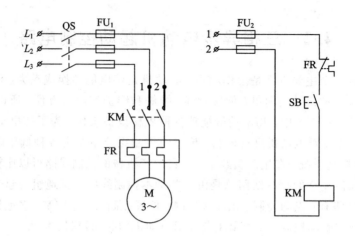

图 4.34　点动控制电路

触点闭合，电动机运行。当松开点动按钮 SB 时，KM 线圈断电，三相主触点断开，电动机断电，停止运转。

2）接触器自锁长动控制电路

为实现电动机起动后连续运转，可采用如图 4.35 所示的接触器自锁长动控制电路。

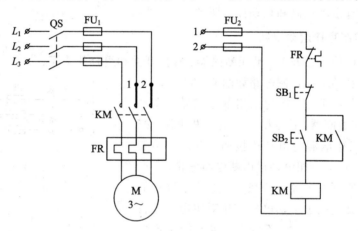

图 4.35　接触器自锁长动控制电路

电路的工作原理如下：当合上刀开关 QS，按下起动按钮 SB_2 时，KM 的线圈通电，其三相主触点闭合，使电动机通入三相电源而运转。同时，与起动按钮 SB_2 并联的 KM 常开辅助触点也闭合，此时，若放开 SB_2，KM 线圈仍保持通电状态。这种依靠接触器自身的常开辅助触点使自身的线圈保持通电的电路，称为自锁电路。辅助常开触点称为自锁点。当电动机需要停止时，按下停止按钮 SB_1，KM 线圈断电，使它的三相主触点断开，电动机断电停止。同时，KM 的常开辅助触点也断开。此时，放开停止按钮 SB_1，KM 的线圈也不会通电，电动机不能自行起动。

此电路具有短路保护、过载保护、失压和欠压保护的功能。

4.2.2　降压起动控制

全压起动是一种简单、可靠、经济的起动方法。但是全压起动电流很大，可达到电动机额定电流的 4～7 倍，在电源变压器容量不够大而电动机功率较大的情况下，直接起动将导致电源变压器输出电压下降，不仅减小电动机本身的起动转矩，而且会影响在同一电网工作的其他设备的稳定运行，甚至使其他电动机停转或无法起动。因此，直接起动电动机的容量受到一定限制，电动机能否实现直接起动，可根据起动次数、电动机容量、供电变压器容量和机械设备是否允许来分析，也可由下面的经验公式来确定：

$$\frac{I_{st}}{I_N} \leqslant \frac{3}{4} + \frac{S}{4P_N}$$

式中：I_{st}——电动机起动电流，单位为 A。

　　　I_N——电动机额定电流，单位为 A。

　　　S——电源容量，单位为 kVA。

　　　P_N——电动机额定功率，单位为 kW。

　　不能满足上述公式时，往往要采用降压起动。降压起动方法的实质就是在电源电压不变的情况下，起动时降低加在定子绕组上的电压，待电动机起动运转后，再使其电压恢复到额定值正常运转。由于电流随电压的降低而减小，所以降压起动达到了减小起动电流的目的。但是，由于电动机转矩与电压的平方成正比，所以降压起动也导致电动机的起动转矩大为降低。因此，降压起动需要在空载或轻载下起动。在起动完成后，电动机定子绕组上的电压应恢复到额定值，否则，会使电动机损坏。

　　常用的降压起动方式有以下四种：定子绕组串接电阻降压起动、Y-△降压起动、自耦变压器降压起动、延边三角形降压起动等方法。这里只介绍前两种方式。

1. 定子绕组串接电阻降压起动

1）手动控制

手动控制的定子绕组串接电阻降压起动控制电路如图 4.36 所示。

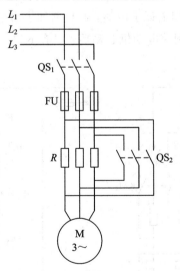

图 4.36　手动控制的定子绕组串接电阻降压起动控制电路

　　其工作原理如下：先合上电源开关 QS₁，电源电压通过串联电阻 R 分压后加到电动机定子绕组上进行降压起动；当电动机的转速升高到一定值时，再合上 QS₂，电阻被短路，电源电压直接加到电动机定子绕组上，使电动机在额定电压下正常运转。

2）时间继电器控制

时间继电器控制的定子绕组串接电阻降压起动控制电路如图 4.37 所示。

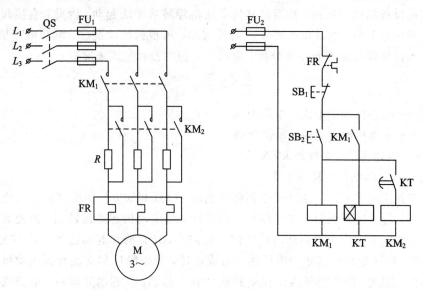

图 4.37 定子绕组串接电阻降压起动控制电路之一

电路工作原理：合上 QS，按下起动按钮 SB_2，接触器 KM_1 通电并自锁，电动机定子绕组串入电阻 R 进行降压起动。经一段时间延时后，时间继电器 KT 的常开延时触点闭合，接触器 KM_2 通电，三对主触点将主电路中的起动电阻 R 短接，电动机进入全电压运行。KT 的延时长短根据电动机起动时间的长短来调整。

该电路起动完成后，在全压下正常运行时，不仅时间继电器 KT、接触器 KM_2 工作，接触器 KM_1 也必须工作，不但消耗了电能，而且增加了出现故障的可能性。若在电路中做适当修改，如图 4.38 所示，则使电动机起动后，只有 KM_2 工作，KM_1、KT 均断电，可以达到减少回路损耗的目的。

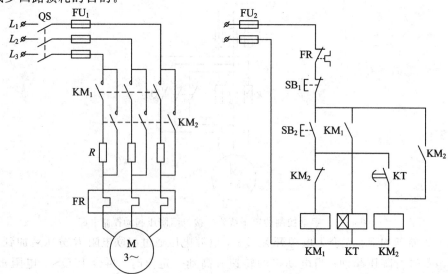

图 4.38 定子绕组串接电阻降压起动控制电路之二

图 4.38 中，电动机起动时，接触器 KM_1 工作，而运行时，接触器 KM_2 的主触点将起动电阻 R 和接触器 KM_1 的主触点均短接，那么，起动时接触器 KM_1 工作，运行时只有接触器 KM_2 工作，由 KM_2 自身的常开触点实现 KM_2 的自锁，而 KM_2 的常闭触点切断 KM_1 线圈的回路，进而切断时间继电器 KT 线圈的回路，使接触器 KM_1 和时间继电器 KT 在全压运行时都不工作，从而减少了电路的损耗。

2. Y-△ 降压起动

Y-△ 降压起动是指电动机起动时，把定子绕组接成星形，以降低起动电压，限制起动电流。待电动机起动后，再把定子绕组改成三角形，使电动机全压运行。凡在正常运行时定子绕组作三角形连接的异步电动机，均可采用这种降压起动方法。

星形连接和三角形连接的原理如图 4.39 所示。

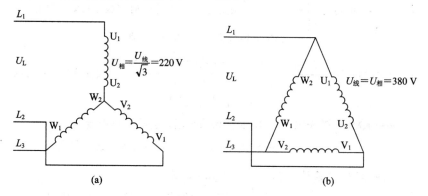

图 4.39 星形连接和三角形连接的原理

（a）星形连接；（b）三角形连接

时间继电器通电延时 Y-△ 降压起动控制电路如图 4.40 所示。

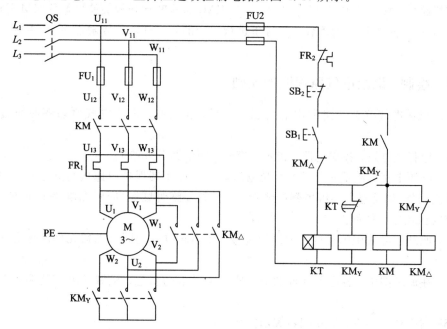

图 4.40 通电延时 Y-△ 降压起动控制电路

该线路由三个接触器、一个热继电器、一个时间继电器和两个按钮组成。接触器 KM 做引入电源用，接触器 KM_Y 和 $KM_\triangle$ 分别作星形降压起动和三角形运行用，时间继电器 KT 用作控制星形降压起动时间和完成 Y-$\triangle$ 自动切换。SB_1 是起动按钮，SB_2 是停止按钮，FU_1 作主电路的短路保护，FU_2 作控制电路的短路保护，FR 作过载保护。

线路的工作原理如下：

(1) 合上电源开关 QS。

(2) 起动、运行。

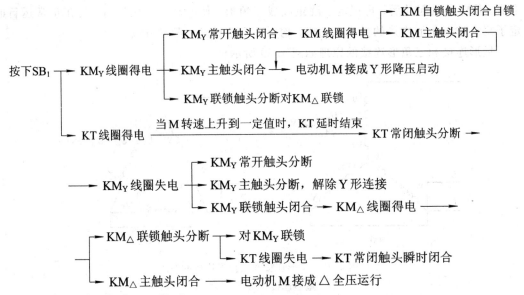

(3) 停止时，按下 SB_2 即可。

该线路中，接触器 KM_Y 得电以后，通过 KM_Y 的辅助常开触头使接触器 KM 得电动作，这样 KM_Y 的主触头是在无负载的条件下进行闭合的，故可延长接触器 KM_Y 主触头的使用寿命。

4.2.3 绘制、识读电气原理图的原则

生产机械电气控制线路常用电路图来表示，在绘制、识读电气原理图时应遵循下述原则：

(1) 应将主电路、控制电路、指示电路、照明电路分开绘制。

(2) 电源电路应绘成水平线，而受电的动力装置及其保护电路应垂直绘出。控制电路中的耗能元件(如接触器和继电器的线圈、信号灯、照明灯等)应画在电路的下方，而电器触点应放在耗能元件的上方。

(3) 原理图应采用国家规定的国标符号。在不同位置的同一电器元件应标有相同的文字符号。

(4) 在原理图中，各电器元件的触点应是未通电的状态，机械开关应是循环开始前的状态。

(5) 图中从上到下，从左到右表示操作顺序。

(6) 在原理图中，若有交叉导线连接点，要用小黑圆点表示，无直接电联系的交叉导

线则不画出小黑圆点。在电路图中,应尽量减少或避免导线的交叉。

4.3　三相异步电动机正反转控制电路

生产机械的运动部件除了单方向运转之外,往往还需要做正、反两个方向的运动。如车床主轴的正转和反转,工作台的前进和后退等,这就要求拖动生产机械的电动机具有正、反转控制。若要实现电动机反向运转,只需将电源的三根相线任意对调两根(称换相)即可。对电动机正反转的控制方式一般有倒顺开关控制和接触器控制两种。本节主要介绍接触器控制的正反转控制电路。

4.3.1　无联锁的正反转控制电路

用接触器控制的无联锁的正反转控制电路如图 4.41 所示。电路中采用了两个接触器 KM_1、KM_2,分别控制电动机的正反转。

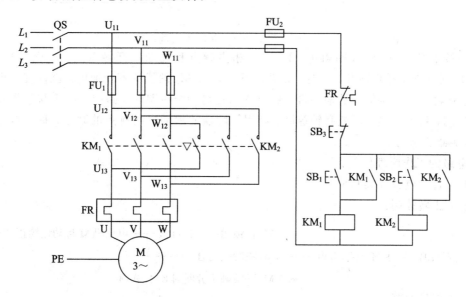

图 4.41　无联锁的正反转控制电路

当合上刀开关 QS,按下正转按钮 SB_1 时,KM_1 线圈通电,KM_1 三相主触点闭合,电动机运转。同时,KM_1 辅助常开触点闭合自锁。若要电动机反转时,按下反转按钮 SB_2,KM_2 线圈通电,KM_2 的三相主触点闭合,电源 L_1 和 L_3 对调,实现换相,此时电动机为反转。此电路存在的问题是:当正转 KM_1 通电时,若再按下 SB_2,KM_2 也通电,在主电路中会发生电源直接短路的故障。因此,此电路在实际中不能采用。

4.3.2　有联锁的正反转控制电路

1.接触器联锁正反转控制电路

为了克服上述电路的缺点,常用具有联锁的控制电路。接触器联锁正反转控制电路如图 4.42 所示。

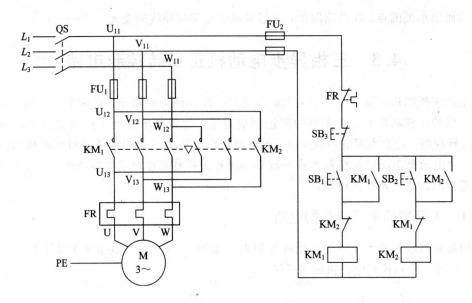

图 4.42　接触器联锁正反转控制电路

当按下 SB_1，KM_1 线圈得电，KM_1 三相主触点和辅助常开触点闭合，电动机运转，KM_1 的辅助常闭触点断开，这时，如果按下 SB_2，KM_2 的线圈不会通电，就保证了电路的安全。这种将一个接触器的辅助常闭触点串联在另一个线圈的电路中使两个接触器相互制约的控制，称为互锁控制或联锁控制。利用接触器的辅助常闭触点的联锁，称为电气联锁（或接触器联锁）。

电路的工作原理如下：

（1）合上电源开关 QS。

（2）正转控制：

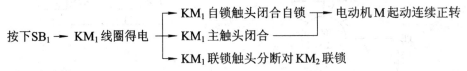

按下SB_1 ⟶ KM_1 线圈得电 ⟶ {　KM_1 自锁触头闭合自锁 ⟶ 电动机 M 起动连续正转
　KM_1 主触头闭合
　KM_1 联锁触头分断对 KM_2 联锁}

（3）反转控制：

先按下SB_3 ⟶ KM_1 线圈失电 ⟶ {　KM_1 自锁触头分断解除自锁 ⟶ 电动机 M 失电停转
　KM_1 主触头分断
　KM_1 联锁触头恢复闭合，解除对 KM_2 联锁}

再按下SB_2 ⟶ KM_2 线圈得电 ⟶ {　KM_2 自锁触头闭合自锁 ⟶ 电动机 M 起动连续反转
　KM_2 主触头闭合
　KM_2 联锁触头分断对 KM_1 联锁}

（4）停止：按下 SB_3，整个控制电路失电，主触头分断，电动机 M 失电停转。

接触器联锁正反转控制线路的优点是工作安全可靠，缺点是操作不便。因为电动机从正转变为反转时，必须先按下停止按钮后，才能按反转起动按钮，否则由于接触器的联锁作用，不能实现反转。为克服此线路的不足，可采用按钮连锁或按钮和接触器双重连锁的正反转控制线路。

2. 按钮联锁正反转控制电路

在正反转控制电路中，除采用电气联锁外，还可采用机械联锁，按钮联锁正反转控制电路如图 4.43 所示。

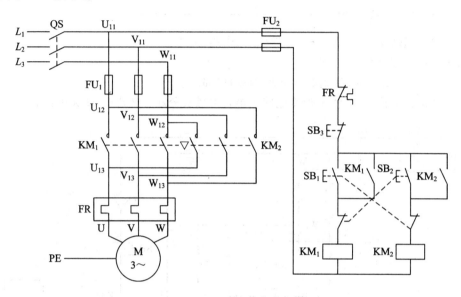

图 4.43　按钮联锁正反转控制电路

按钮 SB_1 和 SB_2 的常闭触点串联在对方的常开触点电路中，正转(反转)起动时断开反转(正转)起动线路。这种利用按钮的常开、常闭触点，在电路中互相牵制的接法，称为机械联锁(或按钮联锁)。这种线路的优点是操作方便，缺点是容易产生电源两相短路故障。例如当正转接触器 KM_1 发生主触头熔焊或被杂物卡住等故障时，即使 KM_1 线圈失电，主触头也分断不开，这时若再按下反转按钮 SB_2，KM_2 得电动作，KM_2 主触头闭合，必然造成电源两相短路故障。所以采用此线路工作有一定不安全隐患。在实际工作中，经常采用按钮、接触器双重联锁的正反转控制线路。

3. 双重联锁正反转控制电路

具有电气、机械双重联锁的控制电路在电路中较为常见，该线路兼有以上两种联锁控制线路的优点，操作方便，也是最可靠的正反转控制电路。它能实现由正转直接到反转，或由反转直接到正转的控制。双重联锁正反转控制电路如图 4.44 所示。

电路控制原理：

(1) 合上电源开关 QS。

(2) 正转控制：

（3）反转控制：

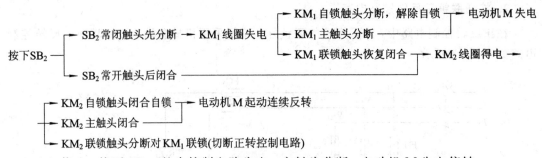

（4）停止：按下 SB_3，整个控制电路失电，主触头分断，电动机 M 失电停转。

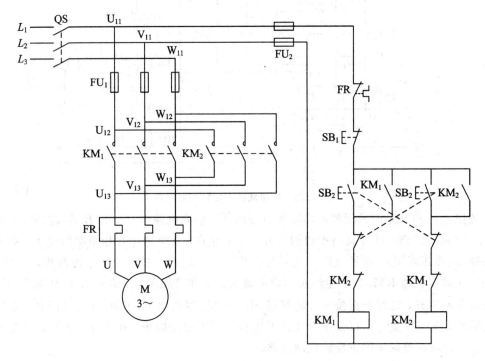

图 4.44 双重联锁正反转控制电路

4.3.3 位置控制与自动循环控制线路

1. 位置控制线路

位置控制就是利用生产机械运动部件上的挡铁与行程开关碰撞，使其触头动作，来接通或断开电路，以实现对生产机械运动部件的位置或行程的自动控制。

位置控制电路如图 4.45 所示。它是在正反转控制电路的基础上增加了两个行程开关 SQ_1 和 SQ_2。工厂车间里的行车巡航就采用这种线路，图 4.46 是行车运动的示意图。行车的两头终点处各安装一个行程开关 SQ_1 和 SQ_2，将两个行程开关的常闭触头分别串接在正转控制电路和反转控制电路中，行车前后各装有挡铁 1 和挡铁 2，行车的行程和位置可通过移动行程开关的安装位置来调节。

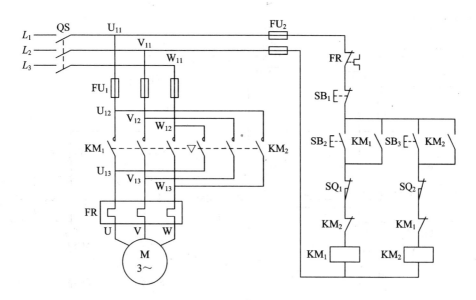

图 4.45　位置控制电路图

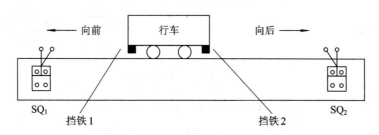

图 4.46　行车运动示意图

　　按下正转按钮 SB_2，KM_1 通电，电动机正转，拖动工作台向前（向左）运行。当达到极限位置，挡铁 1 碰撞 SQ_1 时，使 SQ_1 的常闭触点断开，KM_1 线圈断电，电动机因断电自动停止。此时，即使再按 SB_2，由于 SQ_1 常闭已经分断，接触器 KM_1 线圈也不会得电，保证了行车不会超过 SQ_1 所在的位置，从而达到保护的目的。同理，按下反转按钮 SB_3，KM_2 通电，电动机反转，拖动工作台向后（向右）运行，到达极限位置，挡铁 2 碰撞 SQ_2 时，使 SQ_2 的常闭触点断开，KM_2 线圈断电，电动机因断电而自动停止。

2. 自动往返控制线路

　　有些生产机械，要求工作台在一定的行程内能自动往返运动，以便实现对工件的连续加工。工厂车间里的铣床、导轨磨床、龙门刨床上常采用这种线路。工作台自动往返控制线路如图 4.47 所示。为了使电动机的正反转控制与工作台的左右运动相配合，在控制线路中设置了四个行程开关 SQ_1、SQ_2、SQ_3 和 SQ_4，并把它们安装在工作台需要限位的地方。其中 SQ_1、SQ_2 被用来自动转换接电动机正反转控制电路，实现工作台的自动往返行程控制；SQ_3、SQ_4 被用作终端保护，以防止 SQ_1、SQ_2 失灵，工作台越过限定位置而造成事故。在工作台的 T 形槽中装有两块挡铁，挡铁 1 只能和 SQ_1、SQ_3 相碰撞，挡铁 2 只能和 SQ_2、SQ_4 相碰撞。当工作台运动到所限位置时，挡铁碰撞行程开关，使其触头动作，自动换接电动机正反转控制，拉开两块挡铁间的距离，行程就短，反之则长。图 4.48 是工作台自动往返运动的示意。

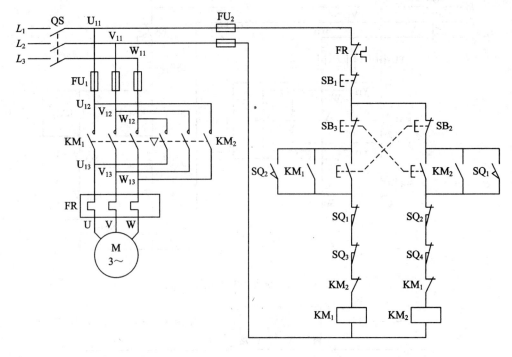

图 4.47　自动往返控制电路

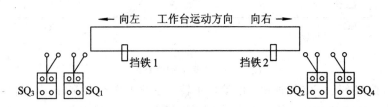

图 4.48　工作台自动往返示意图

电路的工作原理如下：

(1) 合上开关 QS，接通三相电源。

(2) 按下正向起动按钮 SB_2，接触器 KM_1 线圈通电吸合并自锁，KM_1 主触头闭合接通电动机电源，电动机正向运行带动机械部件运动。

(3) 电动机拖动的机械部件向前运动（设左为正向），当运动到预定位置，挡铁 1 碰撞行程开关 SQ_1，SQ_1 的常闭触点断开，接触器 KM_1 线圈断电，主触头释放，电动机断电。与此同时 SQ_1 的常开触点闭合，使接触器 KM_2 线圈通电吸合并自锁，其主触头使电动机电源相序改变而反转。电动机拖动运动部件向后运动（设右为反向）。

(4) 在运动部件向右运动过程中，挡铁 1 使 SQ_1 复位为下次 KM_1 动作做好准备。当机械部件向右运动到预定位置时，挡铁 2 碰撞行程开关 SQ_2，SQ_2 的常闭触点断开，接触器 KM_2 线圈断电，主触头释放，电动机断电停止向右运动。与此同时 SQ_2 的常开触点闭合，使 KM_1 线圈通电并自锁，KM_1 主触头闭合接通电动机电源，电动机正向运行带动机械部件运动，并重复以上的过程。

(5) 电路中的互锁环节：接触器互锁由 KM_1（或 KM_2）的辅助常闭触点互锁；按钮互锁

由 SB_2（或 SB_3）完成。

（6）电路中的自锁环节：由 KM_1（或 KM_2）的辅助常开触点并联 SB_2（或 SB_3）的常开触点实现自锁。

（7）若想使电动机停转，按停止按钮 SB_1，则全部控制电路断电，接触器主触头释放，电动机断开电源停止运行。

4.4　三相异步电动机的制动控制

三相异步电动机切断电源后，因为惯性总要转动一段时间才能停下来。这样往往不能满足某些生产机械的工艺要求，如起重机的吊钩或卷扬机的吊篮要求准确定位；万能铣床的主轴要求能迅速停下来。所以有必要采用一些使电动机在切断电源后能迅速停车的制动措施。所谓制动，就是给电动机一个与转动方向相反的转矩使它迅速停转。制动的方法有机械制动和电气制动两种。其中，电气制动又包括反接制动、能耗制动、再生制动。本节主要介绍电磁抱闸机械制动、单向起动反接制动控制和 Y-△降压起动停车反接制动控制。

4.4.1　机械制动控制

机械制动是利用机械装置使电动机在断电后迅速停止的方式，最常用的是电磁抱闸。

1. 电磁抱闸结构

电磁抱闸的结构如图 4.49 所示。

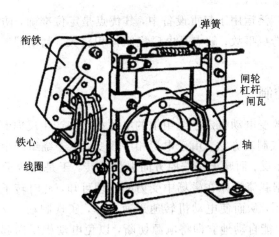

图 4.49　电磁抱闸的结构

电磁抱闸由两部分组成：制动电磁铁和闸瓦制动器。制动电磁铁由铁心、衔铁和线圈三部分组成；闸瓦制动器包括闸轮、闸瓦和弹簧等。闸轮与电动机装在同一根转轴上。

电磁抱闸分为断电制动和通电制动两种。通电制动是指线圈通电时，闸瓦紧紧抱住闸轮，实现制动；而断电制动是指当线圈断电时，闸瓦紧紧抱住闸轮，实现制动。实际工作中多用断电制动。

2. 电磁抱闸制动控制

电磁抱闸断电制动控制电路如图 4.50 所示。

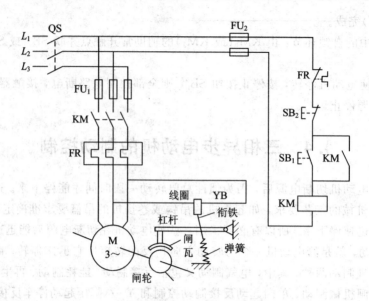

图 4.50　电磁抱闸断电制动控制电路

电路的工作原理如下：电路未通电时，闸瓦和闸轮紧紧抱住，电动机处于停止状态。按下起动按钮 SB_1，KM 线圈通电，主触点闭合，电磁铁 YB 通电，吸引衔铁克服弹簧力，使杠杆向上移动，闸瓦和闸轮分开，电动机起动运行。需要停止时，按下停止按钮 SB_2，KM 线圈断电，YB 断电，杠杆在弹簧作用下向上移动，闸瓦抱住闸轮，使电动机迅速停下来。

这种制动方法被广泛运用于起重设备中，其优点是定位准确，防止由于电动机突然断电使重物自行下落而造成事故；缺点是电磁抱闸体积较大，制动器磨损严重，快速制动时会产生振动。

4.4.2　反接制动控制

反接制动是利用改变电动机定子绕组上的电源相序来产生反向制动转矩，使电动机迅速停止转动的一种电气制动方法。由于电源相序改变，定子绕组产生的旋转磁场方向也发生改变，即与原方向相反。而转子仍按原方向惯性旋转，于是在转子电路中产生与原方向相反的感应电流，根据载流导体在磁场中受力的原理可知，此时转子要受到一个与原转动方向相反的力矩的作用，从而使电动机转速迅速下降，实现制动。反接制动的关键是，当电动机转速接近零时，能自动地立即将电源切断，以免电动机反向起动。为此采用按转速原则进行制动控制，即借助速度继电器来检测电动机速度变化，当制动到接近零速时（100 r/min），由速度继电器自动切断电源。

1. 单向起动停车反接制动

单向起动停车反接制动电路如图 4.51 所示。

电路的工作原理如下：合上刀开关 QS，按下起动按钮 SB_2 时，KM_1 线圈通电，KM_1 主触点闭合，KM_1 自锁点闭合，电动机开始旋转，KM_1 常闭触点打开，实现互锁。当电动机转速达到 120 r/min 时，速度继电器 KS 常开触点闭合，为反接制动做准备。当需要停止时，按下停止按钮 SB_1，SB_1 的常闭触点打开，使 KM_1 线圈断电；SB_1 的常开触点闭合，使

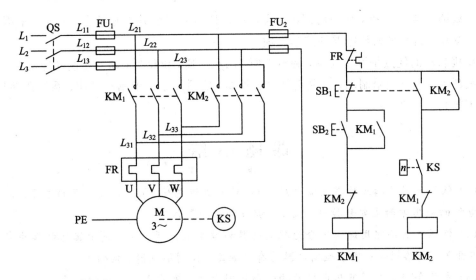

图 4.51　单向起动停车反接制动电路

KM$_2$ 线圈接通，电动机断开正向电，接通反向电，反向转矩使电动机的转速迅速下降。当电动机转速下降到 100 r/min 时，KS 的常开触点断开，使 KM$_2$ 线圈断电，电动机断电后自然停止。

＊2. Y-△降压起动反接制动控制

Y-△降压起动停车反接制动控制电路如图 4.52 所示。

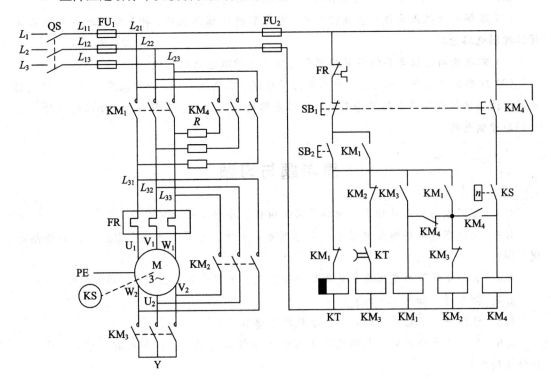

图 4.52　Y-△降压起动反接制动控制电路

该线路中应用了断电延时时间继电器的瞬时闭合延时断开常开触头，大家可根据以前所学的知识，自行分析该电路的控制原理。

反接制动的优点是设备简单，调整方便，制动迅速，价格低；缺点是制动冲击大，制动能量损耗大，不宜频繁制动，且制动准确度不高，它适用于要求制动迅速、系统惯性较大、制动不频繁的场合。

课 题 小 结

（1）低压电器是指工作在交流电压 1200 V 或直流电压 1500 V 及以下的电器。低压电器在电能的应用方面主要起控制、检测、调节和保护等作用。

（2）低压电器按照用途通常分为配电电器和控制电器两大类。属于配电电器的有熔断器、刀开关、断路器等；属于控制电器的有接触器、控制继电器、按钮等。

（3）本章介绍了常用低压电器的构造和控制原理以及在电路图中的符号。

（4）电气控制电路一般由主电路和控制电路组成，它们都用电器元件的图形和文字符号表示。

（5）对于容量不大的电动机，可以采用直接起动的方法进行起动。重点掌握点动控制、自锁长动控制电路的原理。

（6）理解降压起动的意义和方法。对于容量较大的异步电动机，应采用降压起动。重点掌握定子绕组串接电阻降压起动和 Y-△降压起动的控制原理。

（7）理解电动机正反转和联锁的意义。重点掌握接触器联锁、按钮联锁和双重联锁正反转控制电路原理。

（8）掌握应用行程开关的位置控制和自动往返控制电路的原理。

（9）理解制动的意义和方法。电动机为了快速、准确地停机，必须采用制动。掌握电磁抱闸机械制动控制和单向起动停车反接制动电路的控制原理。了解 Y-△降压起动停车反接制动控制电路。

思考题与习题

4.1　熔断器的作用是什么？由哪几部分组成？在电路中如何安装？

4.2　既然在电动机的主电路中装有熔断器，为什么还要装热继电器？它们的作用有何不同？

4.3　自动空气开关是哪几种元件的组合？它在电路中具有哪些保护作用？

4.4　接触器是如何工作的？

4.5　速度继电器触点的动作与电动机的转速有什么关系？

4.6　什么是点动控制？判断题图 4.6 中各图能否实现点动控制？若不能，电路会出现什么现象？

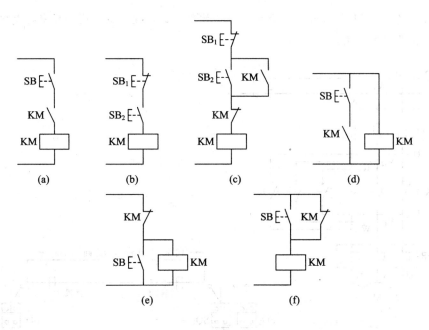

题图 4.6

4.7　什么是自锁控制？判断以下题图 4.7 中各控制线路能否实现自锁控制？若不能，试分析说明原因，并加以改正。

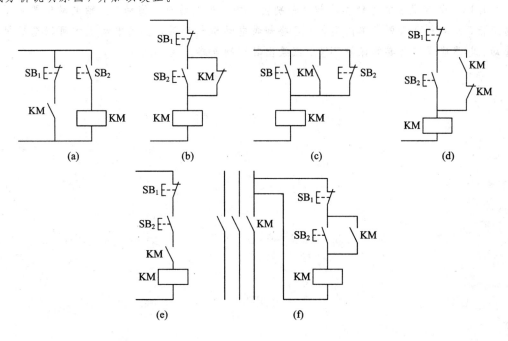

题图 4.7

4.8　设计一个既能点动又能自锁的控制线路，并且有短路、过载和欠压保护作用。

4.9　什么是"互锁"？在控制电路中互锁起什么作用？

4.10　什么叫降压起动？常用的降压起动方法有哪四种？

4.11　题图4.11所示为工作台自动往返控制电路的主电路,试补画出控制电路,并说明四个行程开关的作用。

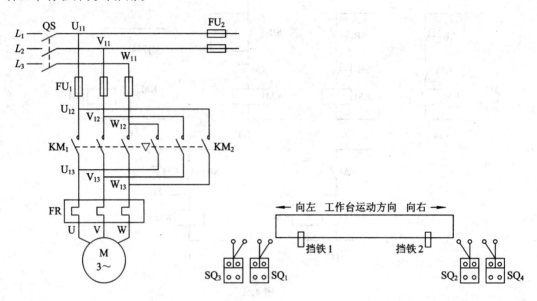

题图 4.11

4.12　什么叫制动?制动的方法有哪几类?

4.13　某台机床的主轴和冷却泵分别由三相异步电动机来拖动。主轴电动机要求正反转运行,而冷却泵只要求单向运行,且冷却泵电动机起动后,主轴电动机才可以选择是否起动,电路应具有必要的保护环节。试绘出其控制电路。

课题5　工厂供电与安全用电

5.1　工　厂　供　电

5.1.1　工厂供电的意义和要求

工厂接受从电力系统送来的电能，再把接受的电能进行降压后供应和分配到企业内部的供电系统，以保证企业生产和生活用电的需求，并做好节能工作。这些都需要有合理的供电系统，其特点如下：

(1) 安全：在电能的供应分配和使用中，不应发生人身和设备事故。

(2) 可靠：应满足电能用户对供电的可靠性要求。

(3) 优质：应满足电能用户对电压和频率的质量要求。

(4) 经济：供电系统投资要少，运行费用要低，并尽可能地节约电能和材料。

此外，在供电工作中，应合理地处理局部和全部、当前和长远的关系，既要照顾局部和当前利益，又要顾全大局，以适应发展要求。

5.1.2　工厂供电系统的组成

工厂供电系统由高压及低压两种配电线路、变电所(包括配电所)和用电设备组成。一般大、中型工厂均设有总降压变电所，把 35 kV～110 kV 电压降为 6 kV～10 kV 电压，向车间变电所或高压电动机和其他高压用电设备供电，总降压变电所通常设有一两台降压变压器。

在一个生产车间内，根据生产规模、用电设备的布局和用电量的大小等情况，可设立一个或几个车间变电所(包括配电所)，也可以几个相邻且用电量不大的车间共用一个车间变电所。车间变电所一般设置一两台变压器(最多不超过三台)，其单台容量一般为 1000 kVA 或 1000 kVA 以下(最大不超过 1800 kVA)，将 6 kV～10 kV 电压降为 220 V/380 V 电压，对低压用电设备供电。一般大、中型工厂的供电系统如图 5.1 所示。

小型工厂所需容量一般为 1000 kVA 或稍多，因此，只需设一个降压变电所，由电力网以 6 kV～10 kV 电压供电，其供电系统如图 5.2 所示。

变电所中的主要电气设备是降压变压器和受电、配电设备及装置。用来接受和分配电能的电气装置称为配电装置，其中包括开关设备、母线、保护电器、测量仪表及其他电气设备等。对于 10 kV 及 10 kV 以下系统，为了安装和维护方便，总是将受电、配电设备及装置做成成套的开关柜。

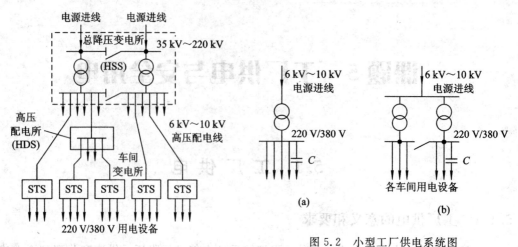

图 5.1　大、中型工厂供电系统图

图 5.2　小型工厂供电系统图
（a）装有一台变压器；（b）装有两台变压器

工业企业高压配电线路主要作为厂区内输送、分配电能之用。高压配电线路应尽可能采用架空线路，因为架空线路建设投资少且便于检修和维护。但在厂区内，由于对建筑物距离的要求和管线交叉、腐蚀性气体等因素的限制，不便于架设架空线路时，可以敷设地下电缆线路。

工业企业低压配电线路主要作为向低压用电设备输送、分配电能之用。户外低压配电线路一般采用架空线路，因为架空线路与电缆相比有较多优点，如成本低、投资少、安装容易、维护和维修方便、易于发现和排除故障。

电缆线路与架空线路相比，虽具有成本高、投资大、维修不便等缺点，但是它具有运行可靠、不易受外界影响、不需架设电杆、不占地面空间、不碍观瞻等优点，特别是在有腐蚀性气体和易燃、易爆场所，不宜采用架空线路时，只能敷设电缆线路。随着经济的发展，在现代化工厂中，电缆线路得到了越来越广泛的应用。在车间内部应根据具体情况，或用明敷配电线路，或用暗敷配电线路。

在工厂内，照明线路与电力线路一般是分开的，可采用 220 V/380 V 三相四线制，尽量由一台变压器供电。

5.2　安 全 用 电

电能在日常生活和工作生产中起着很重要的作用，但是如果使用不当，也会造成触电事故，烧毁设备，甚至引发火灾等，给我们的生产生活造成损失，所以必须懂得安全用电常识。安全用电是指在保证人身及设备安全的条件下应采取的科学措施和手段。通常从以下两方面着手。

5.2.1　建立、健全各种操作规程和安全管理制度

（1）安全用电，节约用电，自觉遵守供电部门制定的有关安全用电规定，做到安全、经济、不出事故。

（2）禁止私拉电网，禁用"一线一地"接照明灯。

（3）屋内配线，禁止使用裸导线或绝缘破损、老化的导线，对绝缘破损部分，要及时用绝缘胶皮缠好。发生电气故障和漏电起火事故时，要立即拉断电源开关。在未切断电源以前，不要用水或酸、碱泡沫灭火器灭火。

（4）电线断线落地时，不要靠近，对于 6 kV～10 kV 的高压线路，应离开落地点 10 m 远；更不能用手去捡电线，应派人看守，并赶快找电工停电修理。

（5）电气设备的金属外壳要接地；在未判明电气设备是否有电之前，应视为有电；移动和抢修电气设备时，均应停电进行；灯头、插座或其他家用电器破损后，应及时找电工更换，不能"带病"运行。

（6）用电要申请，安装、修理找电工。停电要有可靠联系方法和警告标志。

5.2.2　技术防护措施

为了防止人身触电事故，通常采用的技术防护措施有电气设备的接地和接零、安装低压触电保护器两种方式。下面介绍低压配电系统中电气装置的保护接地和保护接零及漏电保护基本概念和原理。

1. 保护接地的概念及原理

电气设备在使用中，若设备绝缘损坏或击穿而造成外壳带电，则人体触及外壳时有触电的可能。为此，电气设备必须与大地进行可靠的电气连接，即接地保护，使人体免受触电的危害。

1）保护接地的概念

按功能分，接地可分为工作接地和保护接地。工作接地是指电气设备（如变压器中性点）为保证其正常工作而进行的接地；保护接地是指为保证人身安全，防止人体接触设备外露部分而触电的一种接地形式。在中性点不接地系统中，设备外露部分（金属外壳或金属构架）必须与大地进行可靠电气连接，即保护接地。

接地装置由接地体和接地线组成，埋入地下直接与大地接触的金属导体，称为接地体，连接接地体和电气设备接地螺栓的金属导体称为接地线。接地体的对地电阻和接地线电阻的总和称为接地装置的接地电阻。

2）保护接地的原理

在中性点不接地系统中，设备外壳不接地且意外带电，外壳与大地间存在电压，当人体触及外壳时，将有电容电流流过人体，如图 5.3（a）所示，这样，人体就会遭受触电危害。如果将外壳接地，人体与接地体相当于电阻并联，流过每一通路的电流值将与其电阻的大小成反比。人体电阻比接地体电阻大得多，人体电阻通常为 600 Ω～1000 Ω，接地电阻通常小于 4 Ω，流过人体的电流很小，这样就完全能保证人体的安全，如图5.3（b）所示。

保护接地适用于中性点不接地的低压电网。在不接地电网中，由于单相对地电流较小，利用保护接地可使人体避免发生触电事故。但在中性点接地电网中，由于单相对地电流较大，保护接地就不能完全避免人体触电的危险，而要采用保护接零。

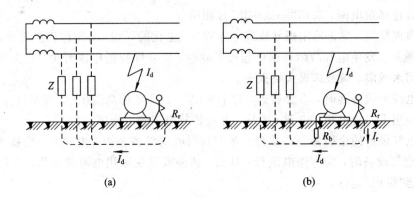

图 5.3 保护接地原理图
(a) 无接地；(b) 有接地

2. 保护接零的概念及原理

1）保护接零的概念

保护接零是指在电源中性点接地的系统中，将设备需要接地的外露部分与电源中性线直接连接，相当于设备外露部分与大地进行了电气连接。

2）保护接零的工作原理

当设备正常工作时，外露部分不带电，人体触及外壳相当于触及零线，无危险，如图 5.4 所示。采用保护接零时，应注意不宜将保护接地和保护接零混用，而且中性点工作接地必须可靠。

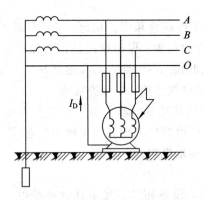

图 5.4 保护接零原理图

3）重复接地

在电源中性线做了工作接地的系统中，为确保保护接零的可靠，还需相隔一定距离将中性线或接地线重新接地，称为重复接地。

从图 5.5(a) 可以看出，一旦中性线断线，设备外露部分带电，人体触及同样会有触电的可能。而在重复接地的系统中，如图 5.5(b) 所示，即使出现中性线断线，但外露部分因重复接地而使其对地电压大大下降，对人体的危害也大大下降。不过应尽量避免中性线或接地线出现断线的现象。

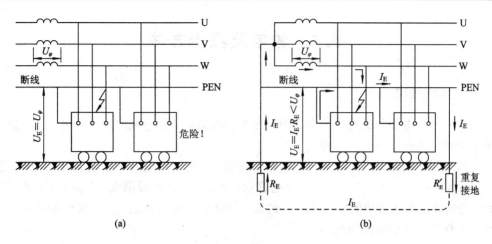

图 5.5　重复接地作用

3. 漏电保护

漏电保护是防止触电的保护装置。在电气设备中发生漏电或接地故障而人体尚未触及时，漏电保护装置已切断电源；或者在人体已触及带电体时，漏电保护器能在非常短的时间内切断电源，减轻对人体的危害。漏电保护器的种类很多，这里介绍目前应用较多的晶体管放大式漏电保护器。

晶体管放大式漏电保护器的组成及工作原理如图 5.6 所示，由零序电流互感器、输入电路、放大电路、执行电路、整流电源等构成。当人体触电或线路漏电时，零序电流互感器原边中有零序电流流过，在其副边产生感应电动势，加在输入电路上，放大管 V_1 得到输入电压后，进入动态放大工作区，V_1 管的集电极电流在 R_6 上产生压降，使执行管 V_2 的基极电流下降，V_2 管输入端正偏，V_2 管导通，继电器 KA 流过电流起动，其常闭触头断开，接触器 KM 线圈失电，切断电源。

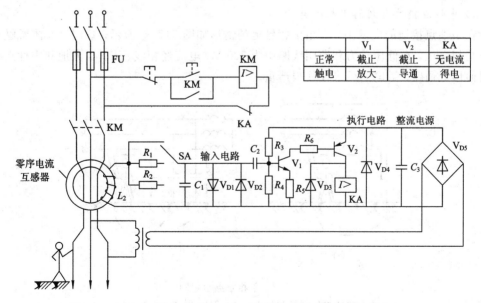

图 5.6　晶体管放大式漏电保护器原理图

5.3　触电及救治方法

5.3.1　预防触电

人体触及带电体承受过高的电压而导致死亡或局部受伤的现象称为触电。触电依伤害程度不同可分为电击和电伤两种。

电击是指电流触及人体而使内部器官受到损害，它是最危险的触电事故。当电流通过人体时，轻者使人体肌肉痉挛，产生麻电感觉，重者会造成呼吸困难，心脏麻痹，甚至导致死亡。电击多发生在对地电压为 220 V 的低压线路或带电设备上，因为这些带电体是在人们日常工作和生活中易接触到的。

电伤是由于电流的热效应、化学效应、机械效应以及在电流的作用下使熔化或蒸发的金属微粒等侵入人体皮肤，使皮肤局部发红、起泡、烧焦或组织破坏，严重时也可危及人命。电伤多发生在 1000 V 及 1000 V 以上的高压带电体上，它的危险虽不像电击那样严重，但也不容忽视。人体触电伤害程度主要取决于流过人体电流的大小和电击时间长短等因素。我们把人体触电后最大的摆脱电流称为安全电流。我国规定安全电流为 30 mA/s，即触电时间在 1 s 内，通过人体的最大允许电流为 30 mA。人体触电时，如果接触电压在 36 V 以下，通过人体的电流就不致超过 30 mA，故安全电压通常规定为 36 V，但在潮湿地面和能导电的厂房，安全电压则规定为 24 V 或 12 V。

1. 单相触电

在人体与大地之间互不绝缘的情况下，人体的某一部位触及到三相电源线中的任意一根导线，电流从带电导线经过人体流入大地而造成的触电伤害称为单相触电。单相触电又可分为中性线接地和中性线不接地两种情况。

1）中性点接地电网的单相触电

在中性点接地的电网中，发生单相触电的情形如图 5.7(a)所示。这时，人体所触及的电压是相电压，在低压动力和照明线路中为 220 V。电流经相线、人体、大地和中性点接地装置而形成通路，触电的后果往往很严重。

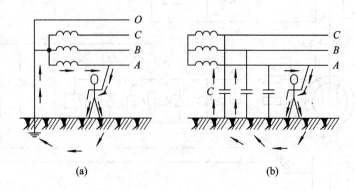

图 5.7　单相触点示意图

（a）中性点接地系统的单相触电；（b）中性点不接地系统的单相触电

2）中性点不接地电网的单相触电

在中性点不接地的电网中，发生单相触电的情形如图 5.7(b)所示。当站立在地面的人手触及某相导线时，由于相线与大地间存在电容，所以，有对地的电容电流从另外两相流入大地，并全部经人体流入到人手触及的相线。一般说来，导线越长，对地的电容电流越大，其危险性越大。

2. 两相触电

两相触电也叫相间触电，是指在人体与大地绝缘的情况下，同时接触到两根不同的相线，或者人体同时触及到电气设备的两个不同相的带电部位时，电流由一根相线经过人体到另一根相线，形成闭合回路，如图 5.8 所示。两相触电比单相触电更危险，因为此时加在人体上的是线电压。

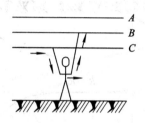

图 5.8　两相触电示意图

3. 跨步电压触电

当电气设备的绝缘损坏或线路的一相断线落地时，落地点的电位就是导线的电位，电流就会从落地点（或绝缘损坏处）流入地中。离落地点越远，电位越低。根据实际测量，在离导线落地点 20 m 以外的地方，由于入地电流非常小，地面的电位近似等于零。如果有人走近导线落地点附近，由于人的两脚电位不同，则在两脚之间出现电位差，这个电位差叫做跨步电压。离电流入地点越近，则跨步电压越大；离电流入地点越远，则跨步电压越小；在 20 m 以外，跨步电压很小，可以视为零。跨步电压触电情况如图 5.9 所示。当发现跨步电压威胁时应赶快把双脚并在一起，或赶快用一条腿跳着离开危险区，否则，因触电时间长，也会导致触电死亡。

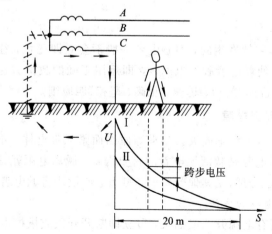

图 5.9　跨步电压触电示意图

4. 接触电压触电

导线接地后，不但会产生跨步电压触电，还会产生另一种形式的触电，即接触电压触电，如图 5.10 所示。

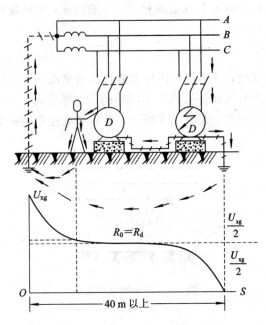

图 5.10　接触电压触电示意图

由于接地装置布置不合理，接地设备发生碰壳时造成电位分布不均匀而形成一个电位分布区域。在此区域内，人体与带电设备外壳相接触时，便会发生接触电压触电。接触电压等于相电压减去人体站立地面点的电压。人体站立离接地点越近，则接触电压越小，反之就越大。当站立点距离接地点 20 m 以外时，地面电压趋近于零，接触电压为最大，约为电气设备的对地电压，即 220 V。

触电事故虽然总是突然发生的，但触电者一般不会立即死亡，往往是"假死"，现场人员应该当机立断，迅速使触电者脱离电源，立即运用正确的救护方法加以抢救。

5.3.2　触电急救

触电事故虽然总是突然发生的，但触电者一般不会立即死亡，往往是"假死"。现场人员应该当机立断，迅速使触电者脱离电源，立即运用正确的救护方法加以抢救，切不可惊慌失措、束手无策，要遵循"就地、迅速、正确、坚持"四原则。

1. 尽快使触电者脱离电源

人触电以后，可能由于痉挛或失去知觉等原因而紧抓带电体，不能自行摆脱电源。这时，使触电者尽快脱离电源是救活触电者的首要因素。脱离电源就是要把触电者接触的那一部分带电设备的开关、刀闸或其他断路设备断开，或设法将触电者与带电设备脱离。

1）低压触电脱离电源的方法

（1）触电地点附近有电源开关或插头，可立即断开开关或拔掉电源插头，切断电源。

（2）电源开关远离触电地点，可用有绝缘柄的电工钳或干燥木柄的斧头分相切断电线，断开电源；或用干木板等绝缘物插入触电者身下，以隔断电流。

（3）电线搭落在触电者身上或被压在身下时，可用干燥的衣服、手套、绳索、木板、木棒等绝缘物作为工具，拉开触电者或挑开电线，使触电者脱离电源。

2）高压触电事故脱离电源的方法

（1）立即通知有关部门停电。

（2）戴上绝缘手套，穿上绝缘靴，用相应电压等级的绝缘工具断开开关。

（3）抛掷裸金属线使线路短路接地，迫使保护装置动作，断开电源。注意在抛掷金属线前，应将金属线的一端可靠地接地，然后抛掷另一端。

3）架空线路上触电事故脱离电源的方法

对触电发生在架空线杆塔上，如果是低压带电线路，能立即切断线路电源的，则应迅速切断电源，或者由救护人员迅速登杆，束好自己的安全皮带后，用带绝缘胶柄的钢丝钳、干燥的不导电物体或绝缘物体将触电者拉离电源；如果是高压带电线路，又不可能迅速切断开关的，则可采用抛挂足够截面的适当长度的金属短路线方法，使电源开关跳闸。抛挂前，将短路线一端固定在铁塔或接地引下线上，另一端系重物，但抛掷短路线时，应注意防止电弧伤人或断线危及人身安全。不论是何线电压线路上触电，救护人员在使触电者脱离电源时要注意防止发生高处坠落的可能和再次触及其他有电线路的可能。

2. 脱离电源的注意事项

（1）救护人员不可以直接用手或其他金属及潮湿的物件作为救护工具，而必须采用适当的绝缘工具且单手操作，以防止自身触电。

（2）防止触电者脱离电源后可能造成的摔伤。

（3）如果触电事故发生在夜间，应当迅速解决临时照明问题，以利于抢救，并避免扩大事故。

3. 现场急救方法

当触电者脱离电源后，应当根据触电者的具体情况，迅速地对症进行救护。现场应用的主要救护方法是人工呼吸法和胸外心脏挤压法。

1）对症进行救护

触电者需要救治时，大体上按照以下三种情况分别处理：

（1）如果触电者伤势不重，神智清醒，但是有些心慌、四肢发麻、全身无力；或者触电者在触电的过程中曾经一度昏迷，但已经恢复清醒。在这种情况下，应当使触电者安静休息，不要走动，严密观察，并请医生前来诊治或送往医院。

（2）如果触电者伤势比较严重，已经失去知觉，但仍有心跳和呼吸，这时应当使触电者舒适、安静地平卧，保持空气流通。同时揭开他的衣服，以利于呼吸，如果天气寒冷，要注意保温，并要立即请医生诊治或送医院。

（3）如果触电者伤势严重，呼吸停止或心脏停止跳动或两者都已停止时，则应立即实行人工呼吸和胸外挤压，并迅速请医生诊治或送往医院。应当注意，急救要尽快地进行，不能等候医生的到来，在送往医院的途中，也不能中止急救。

2）人工呼吸法

人工呼吸法是在触电者呼吸停止后应用的急救方法，具体步骤如下：

（1）触电者仰卧，迅速解开其衣领和腰带。

（2）触电者头偏向一侧，清除口腔中的异物，使其呼吸畅通，必要时可用金属匙柄由口角伸入，使口张开。

（3）救护者站在触电者的一边，一只手捏紧触电者的鼻子，一只手托在触电者颈后，使触电者颈部上抬，头部后仰，然后深吸一口气，用嘴紧贴触电者嘴，大口吹气，接着放松触电者的鼻子，让气体从触电者肺部排出。每 5 s 吹气一次，不断重复地进行，直到触电者苏醒为止，如图 5.11 所示。

  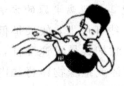 

打开口腔，清理异物　　　仰头举颌，打开气道　　　捏鼻贴口，用力吹气　　　放开嘴鼻，自然换气

图 5.11　人工呼吸法

对儿童施行此法时，不必捏鼻。开口困难时，可以使其嘴唇紧闭，对准鼻孔吹气（即口对鼻人工呼吸），效果相似。

3）胸外心脏挤压法

胸外心脏挤压法是触电者心脏跳动停止后采用的急救方法，如图 5.12 所示。具体操作步骤如下：

（1）触电者仰卧在结实的平地或木板上，松开衣领和腰带，使其头部稍后仰（颈部可枕垫软物），抢救者跪跨在触电者腰部两侧。

（2）抢救者将一只手掌放在触电者胸骨处，中指指尖对准其颈部凹陷的下端，另一只手掌复压在手背上（对儿童可用一只手）。

（3）抢救者借身体重量向下用力挤压，压下 4 cm～5 cm，突然松开。挤压和放松动作要有节奏，每秒钟进行一次，每分钟宜挤压 60 次左右，不可中断，直至触电者苏醒为止。要求挤压定位要准确，用力要适当，防止用力过猛给触电者造成内伤和用力过小挤压无效。对儿童用力要适当小些。

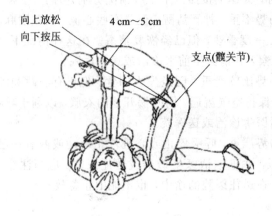

图 5.12　胸外心脏按压法

（4）触电者呼吸和心跳都停止时，允许同时采用人工呼吸法和胸外心脏挤压法。单人救护时，可先吹气 2～3 次，再挤压 10～15 次，交替进行。双人救护时，每 5 s 吹气一次，每秒钟挤压一次，两人同时进行操作，如图 5.13 所示。

图 5.13　无心跳、无呼吸双人急救

抢救既要迅速又要有耐心，即使在送往医院途中也不能停止急救。此外不能给触电者打强心针、泼冷水或压木板等。

中篇 电子技术

课题6 常用电子元器件

随着现代电子技术的快速发展，尤其是微电子技术的高速发展，电子产品日新月异，电子技术已渗透到各个领域。自动控制技术、计算机信息技术及控制技术正向高、新、尖端方向发展，这些高新技术的发展必须依赖于电子技术的支持。电子元器件是构建电子技术平台的基础，本课题主要介绍常用电子元器件的性能、用途及测试方法。

6.1 电阻、电容、电感

6.1.1 电阻器

1. 电阻器的作用与分类

1）电阻器的作用

电阻器是利用金属或非金属材料制成的在电路中对电流通过有阻碍作用的电子元件。电阻器在电子电路中的作用主要有：限制电流、降低电压、分配电压、向各种电子元器件提供必需的工作电压和电流等。

2）电阻器的分类

（1）按结构分类：固定式电阻器、半可调式电阻器和电位器三大类。

（2）按材料分类：碳膜电阻器、金属膜电阻器、热敏电阻器、实心碳膜电阻器、碳膜电位器、半可调电阻器等。常用电阻器的外形图如图6.1所示。

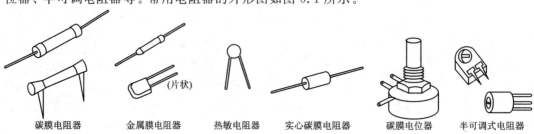

碳膜电阻器　　金属膜电阻器　　热敏电阻器　　实心碳膜电阻器　　碳膜电位器　　半可调式电阻器

图6.1　常用电阻器的外形图

2. 电阻器的主要参数与标记

1）电阻器的主要参数

电阻器的主要参数有标称值及允许误差、额定功率和温度系数等。这些参数是电子电路中合理选用电阻器的主要依据。

（1）电阻器的标称值及允许误差：电阻器表面所标的电阻值就是标称值。常用单位有欧（Ω）、千欧（kΩ）和兆欧（MΩ），它们之间的换算关系为

$$1 \text{ M}\Omega = 1000 \text{ k}\Omega = 1\ 000\ 000\ \Omega$$

电阻器的标称值往往和其实际值不完全相符，有一定的误差。电阻器的实际值与标称值之差的百分率称为电阻器的允许误差。一般电阻器的允许误差分为三个等级：Ⅰ级为5%；Ⅱ级为10%；Ⅲ级为20%。精密电阻器的允许误差为2%、1%、0.5%等。

（2）电阻器的额定功率：当电流通过电阻器时，电阻器因消耗功率而发热。电阻器所承受的温度是有限的，若不加以限制，电阻器就会被烧坏，其所能承受的温度用其额定功率来加以控制。电阻器长时间工作时允许消耗的功率称为额定功率，常用瓦（W）表示。电阻器额定功率的标称值通常有 1/8 W、1/4 W、1/2 W、1 W、2 W、3 W、5 W 和 10 W 等。在电子线路中常用如图 6.2 所示的符号来表示电阻器的额定功率。额定功率愈大，电阻器的体积愈大。

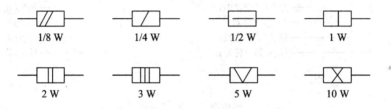

图 6.2　电阻器的瓦数图形符号

（3）温度系数：一般情况下，电流通过电阻时，电阻就会发热使温度升高，其阻值也会随之发生变化，这样会影响电路工作的稳定性，因此，希望这种变化尽可能小。通常用温度系数表示其优劣，当温度每变化 1℃ 时，每欧电阻的变动量称为该电阻的温度系数。当温度升高、阻值增大时，温度系数为正；而当温度升高、阻值减小时，温度系数为负。温度系数愈小，表明阻值愈稳定，电阻器性能也愈好。

2）电阻器的标记

电阻器的标称值及允许误差的表示方法有两种，一种是数标法，另一种是色环法。

（1）数标法：在电阻器表面上直接用数字标出其阻值和允许误差等级。例如有一只电阻器上标有"47 K Ⅱ"的字样，表示它的标称阻值是 47 kΩ，允许误差不超过 10%。

（2）色环法：对于体积较小的电阻器采用色环法表示其阻值和允许误差。色环法是一种用颜色表示电阻器标称值和允许误差的方法。一般用四道色环或五道色环来表示，各种颜色代表不同的数字。色环颜色代表的数字和意义见表 6.1。目前常用的固定电阻器都采用色环法来表示它们的标称值和允许误差。

表 6.1　色环颜色所代表的数字和意义

色别	黑	棕	红	橙	黄	绿	蓝	紫	灰	白
数值	0	1	2	3	4	5	6	7	8	9
倍乘数	10^0	10^1	10^2	10^3	10^4	10^5	10^6	10^7	10^8	10^9
偏差	金色±5% 银色±10% 无色±20%									

色环的识读方法如下：

四道色环固定电阻器的表示方法如图 6.3 所示。图 6.3(a)中，紧靠电阻左端的为第一道色环，其余依次为第二、三、四道色环。第一道色环表示电阻值的第一位数字，第二道色环表示电阻值的第二位数字，第三道色环表示阻值后加几个零，即倍乘数，阻值单位为 Ω，第四道色环表示允许误差。读出的阻值大于 1000 Ω 时，应换算成较大单位的阻值，这就是"够千进位"的原则。这样就可读出如图 6.3(a)所示电阻器的标称值是 1500 Ω（应换算成 1.5 kΩ），允许误差是±5%。如图 6.3(b)所示，电阻器的标称值是 100 000 Ω（应换算成 100 kΩ），允许误差为±10%。

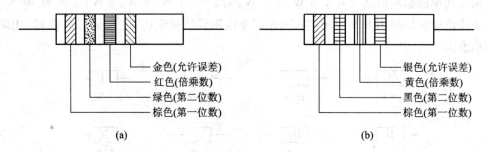

(a)　　　　　　　　　　　　　　(b)

图 6.3　四道色环电阻器的表示方法

识读要点：一般来说，目前四道色环电阻器的允许误差是±5%或±10%，即第四道色环的颜色是金色或银色。因此，拿到一只电阻器后，将金色或银色的那一道色环放在右边，从左至右便是第一、二、三、四道色环，这样就可快速而准确地读出电阻器的标称值和允许误差。

3. 其他电阻器及电阻器的检测

1) 半可调式电阻器和电位器

(1) 半可调式电阻器：半可调式电阻器又称微调电阻器，其实物图如图 6.4 所示。它主要用在阻值不需要经常变动的电路中，例如偶而需要调整三极管偏流的电阻等。半可调式电阻器用于小电流电路中，多为碳膜电位器，其额定功率较小。

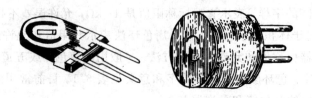

图 6.4　半可调式电阻器实物图

（2）电位器：电位器实际上是一个可调电阻器，典型的电位器实物图如图 6.5 所示。它有三个引出端，其中 1、3 端电阻值最大，1、2 端或 2、3 端之间的电阻值随着与轴相连的簧片位置不同而加以改变。电位器用于电路中需经常改变阻值的地方，如收音机中的音量控制，电视机中的音量、亮度、对比度调节等就是通过电位器来完成的。为了使用方便，有的电位器上还装有电源开关。图 6.5 中的电位器 4、5 端接电源后起开关作用。

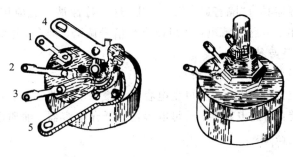

图 6.5　电位器的实物图

2）电阻器的质量检测

电位器固定端的阻值即为电位器的标称值，测试方法如图 6.6(a)所示。测量电位器活动端和固定端之间的可变电阻值如图 6.6(b)所示。缓慢旋转电位器的转轴，表针应平稳地移动而不应有急剧变化现象，所示值从 0 至电位器的标称值应平稳连续，若表针有突然变化或停止不动现象，则说明电位器接触点接触不良或已损坏。若电位器带有开关，则先检测“开”或“关”，看万用表是否指示“通”或“断”。

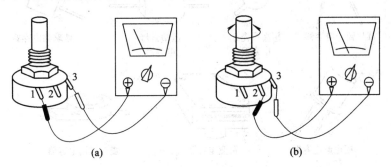

图 6.6　电位器的检测
（a）测固定端阻值；（b）测可变端阻值

6.1.2　电容器

1. 电容器的作用与分类

1）电容器的作用

如果把电容器的两块金属板分别接到电池的正、负极上，就会发现，接电池正极的金属板上由于其电子被电池的正极吸引过去而带正电荷；接电池负极的金属板就会从电池的负极得到大量的电子而带负电荷。这种现象称为电容器的“充电”。充电时，电路中有电流流动。当两块金属板充电形成的电压与电池电压相等时，充电停止，电路中就没有电流流动，相当于开路，这就是电容器能隔断直流的作用。

若将电容器与电池分开，用导线把电容器两块金属板连接起来，再接入一块电流表，则刚接上时，会发现电流表上有电流指示，说明电路中有电流流动。随着时间的推移，两金属板之间的电压很快降低，直到电流表指示为零，这种现象称为电容器的"放电"。

如果把电容器接到交流电源上，则电容器会交替地进行充电、放电，电路中总是有电流流过，这就是电容器具有能通过交流电的作用。

综上所述：电容器具有"隔直通交"的作用。这一特性被广泛应用在电子电路中。电容器常用来隔断直流电、旁路交流电，还可以进行信号调谐、耦合、滤波、去耦等。

2）电容器的分类与符号

常见电容器的外形图如图 6.7 所示。

（1）按结构分类：固定电容器、可变电容器和微调电容器三类。

（2）按介质分类：陶瓷电容器、云母电容器、纸介电容器、油质电容器、薄膜电容器、电解电容器、钽电容器等。

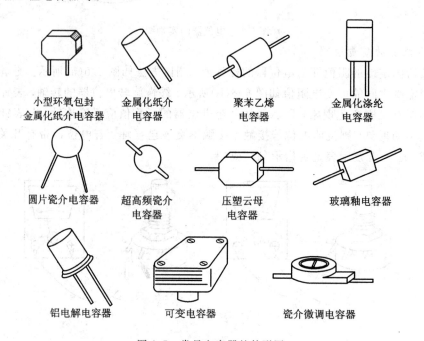

小型环氧包封 金属化纸介电容器　　金属化纸介电容器　　聚苯乙烯电容器　　金属化涤纶电容器

圆片瓷介电容器　　超高频瓷介电容器　　压塑云母电容器　　玻璃釉电容器

铝电解电容器　　可变电容器　　瓷介微调电容器

图 6.7　常见电容器的外形图

电容器的符号见表 6.2。

表 6.2　电容器的符号

名称 / 项目	固定电容器	可变电容器	微调电容器	电解电容器
文字符号	C	C	C	C
图形符号	──┤├──	──┤╱├──	──┤╱├──	──┤+├──

2. 电容器的主要参数与标记

1）电容器的主要参数

（1）标称电容量和允许误差：电容器的电容量是指电容器加上电压后能储存电荷的能力大小，简称电容，用字母"C"表示。电容器储存电荷愈多，电容愈大。电容量与电容器的介质厚度、介质的介电常数、极板面积、极板间距等因素有关。

电容量的基本单位是法拉，用字母"F"表示。常用单位有微法（μF）、皮法（pF）以及纳法（nF）和毫法（mF），其换算关系如下：

$$1\text{ F}=10^{3}\text{ mF}=10^{6}\ \mu F$$
$$1\ \mu F=10^{3}\text{ nF}=10^{6}\text{ pF}$$

电容器上的标称电容量与实际电容量有一定的偏差，实际值与标称值之差的百分比称为误差。电容器的允许误差分为三个等级：Ⅰ级±5%；Ⅱ级±10%；Ⅲ级±20%。电解电容器的允许误差可大于±20%。

（2）耐压：电容器长期可靠工作时能承受的最大直流电压就是电容器的耐压，也称为电容器的直流工作电压。应用时绝对不允许超过电容器的耐压值；一旦超过，电容器就会被击穿短路，造成永久性损坏。

（3）绝缘电阻：由于电容器两极板间的介质不是绝对的绝缘体，因而其电阻不是无穷大，而是一个有限值。电容器两极之间的电阻称为绝缘电阻，或称为漏电电阻。一般小容量无极性电容器的绝缘电阻可达 1000 MΩ 以上，而电解电容的绝缘电阻一般较小。电容器漏电会引起能量损耗，影响电容器的寿命和电路的工作性能，因此，电容器的绝缘电阻愈大愈好。

2）电容器的标记

（1）直标法：直标法就是将电容器的标称容量、允许误差、耐压等数值印在电容器表面上。另外，还有不标电容单位的直标法，即用一位到四位大于 1 的数字表示电容量，单位是 pF；用零点几表示容量大小时，单位是 μF，如图 6.8 所示。

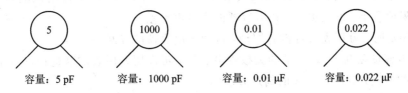

容量：5 pF　　　容量：1000 pF　　　容量：0.01 μF　　　容量：0.022 μF

图 6.8　电容器参数的直标法

（2）数字符号法：将电容器的主要参数用数字和单位符号按一定规则进行标注的方法称为数字符号法。其标注形式如下：容量的整数部分 容量的单位符号 容量的小数部分，其中容量的单位符号就是用电容量单位代号中的第一个字母。例如：10 表示电容量为 10 pF；5p6 表示电容量为 5.6 pF；4 m7 表示电容量为 4.7 mF。

（3）数码标注法：用三位数字表示电容量大小的标注方法称为数码标注法。三位数字中前两位数表示电容量值的第一、二位有效数字，第三位数字表示前两位有效数字后"0"的个数，这样得到的电容量单位是 pF，如图 6.9 所示。

（4）色码标注法：用三种色环表示电容量大小的标注方法称为色码标注法。其颜色对应的数字及意义与色环电阻中的一样。识读方法是沿着引出线的方向，分别是第一、二、

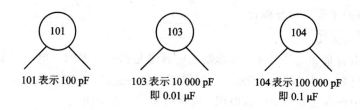

图 6.9　电容器参数的数码标注法

三道色环，第一、二道色环表示电容量的前两位有效数字，第三道色环表示有效数字后"0"的个数，这样读得的电容量单位是 pF，如图 6.10 所示。

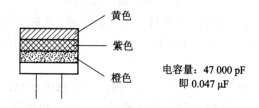

图 6.10　电容器参数的色码标注法

3. 电容器的检测

1）无极性电容器的检测

常用的无极性电容器有陶瓷电容器、涤纶电容器、云母电容器、钽电容器等。

对于电容量在 $0.1~\mu F$ 以上的无极性电容器，可以用万用表的欧姆挡（$R \times 1~\mathrm{k}\Omega$）来测量电容器的两极，表针应向右微微摆动，然后迅速回摆到"∞"，这样说明电容器是好的。测量时若出现下列几种情况，则说明电容器质量有问题。

（1）测量时，万用表表针一下摆到"0"之后，并不回摆，说明该电容器已经被击穿短路。

（2）测量时，万用表表针向右微微摆动后，并不回摆到"∞"，说明该电容器有漏电现象；其电阻值愈小，漏电愈大，该电容器的质量就愈差。

（3）测量时，万用表表针没有摆动，说明该电容器已经断路。

对于电容量在 $0.1~\mu F$ 以下的无极性电容器，可以用万用表的欧姆挡（$R \times 10~\mathrm{k}\Omega$）来测量电容器的两极，其质量好坏的判别方法同上。

2）电解电容器的检测

电解电容器的容量较大，两极有正、负之分，长脚为正，短脚为负。在电子电路中，电容器正极接高电位，负极接低电位，极性接错了，电容器就会被击穿。一般在外壳上用"＋"或"－"号分别表示正、负极。

检测时，一般用万用表的欧姆挡（$R \times 1~\mathrm{k}\Omega$），红表笔接电容器的负极，黑表笔接电容器的正极，迅速观察万用表指针的偏转情况。测量时表针首先向右偏转，然后慢慢地向左回叠，并稳定在某一数值上，如图 6.11 所示。表针稳定后得到的阻值是几百 kΩ 以上，则说明被测电容是好的。

测量时若出现下列几种情况，则说明电容器的质量有问题。

（1）测量时，万用表指针没有向右偏转的现象，说明该电容器因电解液已干涸而不能

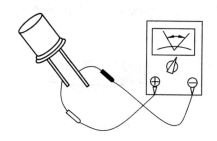

图 6.11　电解电容器的检测

使用了。

（2）测量时，万用表指针向右偏转到很小的数值，甚至为零，且指针没有回叠现象，说明该电容器已被击穿而造成短路。

（3）测量时，万用表指针向右偏转，然后指针慢慢地向左回叠，但最后稳定的阻值在几百 kΩ 以下，说明该电容器有漏电现象发生，一般就不能使用了。

6.1.3　电感器

1. 电感线圈的种类及主要参数

1）电感线圈的种类

电感线圈是用漆包线或绕包线绕在绝缘管或铁芯上的一种电子元件。电感线圈简称为线圈，在电路中的文字符号用字母"L"表示，常用的图形符号如图 6.12 所示。

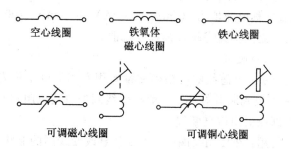

空心线圈　　　铁氧体磁心线圈　　　铁心线圈

可调磁心线圈　　　可调铜心线圈

图 6.12　常用线圈的图形符号

（1）单层螺旋管线圈：这种线圈是用绝缘导线逐圈地绕在绝缘管上形成的，如图 6.13 所示。如果是一圈挨着一圈绕的，则称为密绕法。这种绕法简单，容易制作，但分布电容较大，多用于中波段收音机中的天线线圈。如果是一圈与一圈之间有一定间隙的绕法，则称为间绕法。这种绕法的优点是分布电容小，多用于短波收音机中。如果绕好后抽出管芯，并把线圈拉开一定距离，称为脱胎法。这种绕法的分布电容更小，多用在超短波收音机中。

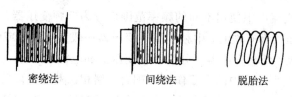

密绕法　　　间绕法　　　脱胎法

图 6.13　单层螺旋管线圈

（2）磁棒式线圈：这种线圈是用绝缘导线或镀银线绕在磁棒上制成的，其电感量可以调节，如图 6.14 所示。

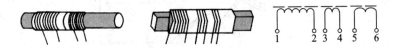

图 6.14　磁棒式线圈

2）电感线圈的主要参数

（1）线圈的电感量：我们从电工学中得知，当电流通过任何导体时，导体周围就会产生磁场，如果电流发生变化，则磁场也随之变化，而磁场变化又会产生感应电动势。这种感应电动势是由于导体本身电流变化而引发的，所以称为自感。

在一定变化电流的作用下，线圈产生感应电动势的大小称为线圈的电感量，简称电感。电感量的单位是亨利，用字母"H"表示。它的物理意义是：当通过线圈的电流每秒钟变化为 1 安培，所产生的感应电动势为 1 伏时，这时线圈的电感量为 1 亨利。电感量常用单位有毫亨（mH）和微亨（μH），其换算关系

$$1 \text{ H} = 1000 \text{ mH} = 1\ 000\ 000\ \mu\text{H}$$

（2）品质因数：品质因数是电感线圈的另一个主要参数。通常用字母"Q"表示，Q 值愈高表明线圈的功率损耗愈小，效率愈高。由于电感线圈的 Q 值与线圈的结构（导线的粗细、绕法、磁心）有关，也和工作频率有关，所以线圈的 Q 值是在某一频率下测定的。

（3）线圈的标称电流：线圈的标称电流是指线圈允许通过的电流大小。常用字母 A、B、C、D、E 分别代表标称电流值为 50 mA、150 mA、300 mA、700 mA、1600 mA。使用时，实际通过线圈的电流值不允许超过标称电流值。

3）电感线圈的测量和使用

（1）电感线圈的测量：电感线圈的精确测量要用专用的电子仪表，一般可用万用表测量电感线圈的电阻来大致判断其好坏。一般电感线圈的直流电阻很小，当线圈的电阻为无穷大时，说明线圈内部或引出端已断线。

（2）电感线圈的使用：在使用线圈时，不要随意改变线圈的形状、大小和线圈的距离，否则会影响线圈原来的电感量。可调线圈应安装在易于调节的位置，以便调整线圈的电感量，使其达到最理想的工作状态。

2. 变压器的分类及检测

变压器由初级线圈、次级线圈和铁心组成，如图 6.15（a）所示，其图形符号如图 6.15（b）所示。

1）变压器的分类

变压器按照在交流电中使用不同的频率范围而分为低频变压器、中频变压器和高频变压器三类。低频变压器都有铁心，中频和高频变压器一般是空气心或特制的铁粉心。

（1）低频变压器：低频变压器可分为音频变压器和电源变压器。

音频变压器在放大电路中的主要作用是耦合、倒相、阻抗匹配等。要求音频变压器的频率特性要好、分布电容和漏感要小等。音频变压器有输入、输出变压器之分。输入变压器是指接在放大器输入端的音频变压器，它的初级一般接话筒，次级接放大器的第一级。

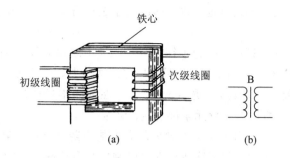

图 6.15　变压器的组成及图形符号

（a）变压器的组成；（b）变压器的图形符号

不过，半导体三极管放大器的低放与功放之间的耦合变压器习惯上也称为输入变压器。输出变压器是指接在放大器输出端的变压器，它的初级接在放大器的输出端，次级接负载（喇叭）。它的主要作用是将喇叭的较低阻抗通过输出变压器变成放大器所需的最佳负载阻抗，使放大器具有最大的不失真输出。电源变压器一般是将 220 V 的交流电变换成所需的低压交流电，以便在整流、滤波、稳压后能得到稳定的直流电，作为电子电路的供电电源。

　　（2）中频变压器：中频变压器（俗称中周），是超外差收音机和电视机中频放大器中的重要元件。它对收音机的灵敏度、选择性及电视机的图像清晰度等整机技术指标都有很大的影响。中频变压器一般和电容器组成谐振回路。

　　（3）高频变压器：收音机里所用的振荡线圈、高频放大器的负载回路和天线线圈都是高频变压器。因为这些线圈用在高频电路中，所以电感量很小。

　　2）变压器的检测及使用

　　检测变压器最简便的方法是：选择万用表的 $R \times 10 \ \Omega$ 挡，分别测量初级线圈和次级线圈的电阻值，阻值在几欧至几百欧之间，说明变压器是好的；如果某级线圈的电阻值为无穷大，则说明这个线圈断路了。使用电源变压器时要分清初级和次级。变压器工作时会发热，必须考虑到安放位置要有利于散热。

　　使用音频变压器时要分清同名端。同名端即表示变压器初、次级线圈电压极性相同的两点，而在电子电路中必须要注意电压极性。一般在变压器的塑料罩有凸点的一端即表示同名端。变压器是一种磁感应元件，它对于周围的电感元件有所影响，因此，在安装变压器时一定要注意变压器之间的相互位置或变压器对周围元件的影响，有时还必须采取必要的屏蔽措施。

6.2　半导体二极管

6.2.1　半导体基础知识

　　半导体是一种导电能力介于导体与绝缘体之间的材料，常用的半导体材料有硅（Si）和锗（Ge）的单晶体。导体、半导体和绝缘体导电性能的差异，在于它们内部运载电荷的粒子——载流子浓度的不同。因为金属导体内的载流子只有一种，就是自由电子，而且数目很多，所以具有良好的导电性能。绝缘体中载流子的数目很少，因而导电性能很差，几乎不导电。半导体中的载流子数目也不多，远远低于金属导体，其导电性能力比导体差而比绝缘体好。

纯净半导体导电能力很弱，称为本征半导体。为了改善半导体的导电能力，给纯净半导体掺入某些微量元素，其导电能力会明显增强，这种半导体称为掺杂半导体或杂质半导体。实际使用的半导体大多数是杂质半导体，如：在纯净半导体硅或锗中掺入微量的三价元素硼、铟等，或掺入微量的五价元素磷、砷、锑等。

当环境温度升高或光照加强时，半导体的导电能力随之增强。某些半导体还分别对气体、磁及机械力等十分敏感，利用这些特性可以制成具有特殊用途的半导体器件。

6.2.2 PN 结及其特性

1. P 型半导体和 N 型半导体

半导体中有两种载流子，一种是带负电的自由电子，另一种是带正电的空穴。在纯净半导体中两者数目相等，而杂质半导体中则数目不等。按照半导体中载流子主流形式的不同，把半导体分为 P 型半导体和 N 型半导体。

P 型半导体中空穴的数目多于自由电子的数目，空穴是多数载流子，自由电子是少数载流子。在纯净半导体中掺入微量三价元素硼或铟等，可得到 P 型半导体。

N 型半导体中自由电子的数目多于空穴的数目，自由电子是多数载流子，空穴是少数载流子。在纯净半导体中掺入微量五价元素磷或锑等，可得到 N 型半导体。

2. PN 结及其特性

在硅或锗的单晶基片上，分别加工出 P 型区和 N 型区，在它们的交界面上会形成一个特殊的薄层，称为 PN 结，如图 6.16 所示。PN 结具有单向导电的特性，这种特性可以通过实验加以证明。取一个 PN 结分别接成如图 6.17 所示的电路。实验证明如图 6.17(a)所示电路的灯泡发亮，说明此时 PN 结电阻很小，处于"导通"状态。当把电路切换成如图 6.17(b)所示的电路时灯泡不亮了，说明此时 PN 结电阻很大，处于"截止"状态。

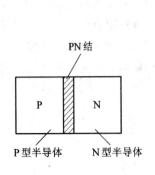

图 6.16 PN 结示意图

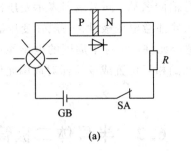
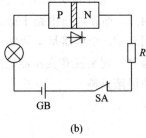

图 6.17 PN 结单向导电实验电路
(a) 正向导通；(b) 反向截止

6.2.3 半导体二极管的结构、符号、类型及特性

1. 半导体二极管的结构与符号

半导体二极管又称晶体二极管，简称二极管。二极管就是由一个 PN 结构成的最简单

的半导体器件。在一个 PN 结的 P 型区和 N 型区分别引出一根线，然后封装在管壳内，就制成了一只二极管。P 区引出端称为正极(又称阳极)，N 区引出端称为负极(又称阴极)。二极管的文字符号为"V_D"，图形符号如图 6.18 所示，图形符号中箭头表示 PN 结的正向电流的方向。常见二极管的外形如图 6.19 所示。

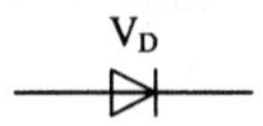

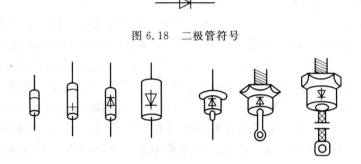

图 6.18　二极管符号

图 6.19　常见二极管的外形

2. 半导体二极管的类型

二极管按不同的材料分为硅二极管和锗二极管两大类，也可按 PN 结特点分为点接触型和面接触型两类。点接触型二极管不能承受高的反向电压和大电流，适用于制作高频检波和脉冲数字电路中的开关元件及小电流的整流管。面接触型二极管 PN 结面积大，可承受较大的电流，适用于制作大、中功率的整流管。

二极管按用途分为普通二极管、整流二极管、稳压二极管、热敏二极管、光敏二极管、开关二极管、发光二极管等。

3. 半导体二极管的特性

1) 伏安特性

由于二极管的基本材料不同，其伏安特性也有所不同。如图 6.20(a)所示为硅二极管的伏安特性；如图 6.20(b)所示为锗二极管的伏安特性。现以如图 6.20(a)所示的硅二极管为例来分析二极管的伏安特性。

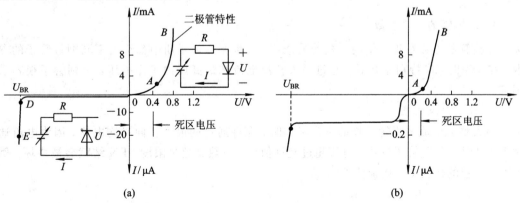

(a)　　　　　　　　　　　　　(b)

图 6.20　二极管的伏安特性

(a) 硅二极管 2CP6；(b) 锗二极管 2AP15

（1）正向特性：$0A$ 段称为"死区"，在这一区间，正向电压增加时正向电流增加甚微，近似为零。在该区，二极管呈现很大的正向电阻，对外不导通。AB 段称为正向导通区，随着外加电压的增加，电流急剧增大。此时二极管电阻很小，对外呈现导通状态，在电路中相当于一个闭合的开关。二极管在导通状态下，管子两端的正向压降很小（硅管为 0.7 V，锗管为 0.3 V），而且比较稳定，表现出很好的恒压特性，但所加的正向电压不能太大，否则 PN 结会因过热而被烧坏。

（2）反向特性：$0D$ 段称为反向截止区。当反向电压增加时，反向电流增加很小，几乎保持不变。此电流称为反向饱和电流，记作 I_S。I_S 愈大，表明二极管单向导电性能愈差。小功率硅管的 I_S 小于 $1\ \mu A$，锗管的 I_S 为几 μA 至几千 μA。这也是硅管和锗管的一个显著区别。这时二极管呈现很高的电阻，在电路中相当于一个断开的开关，电路呈现截止状态。DE 段称为反向击穿区。当反向电压增加到一定值时，反向电流急剧增大，这种现象称为反向击穿。发生反向击穿时所加的电压称为反向击穿电压，记作 U_{BR}。反向击穿电压愈大，表明二极管的耐压性能愈好。反向击穿后的电流不加以限制，PN 结同样也会因过热而被烧坏，这种情况称为热击穿。

2）温度特性

由于半导体的热敏性，使二极管对温度很敏感，温度对二极管伏安特性的影响如图 6.21 所示。

由图可见，温度对二极管伏安特性有下列影响：

（1）当温度升高时，二极管的正向特性曲线向左移动，正向导通电压减小。

（2）当温度升高时，二极管的反向特性曲线向下移动，反向饱和电流增大。

（3）当温度升高时，反向击穿电压减小。

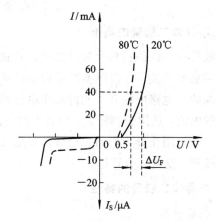

图 6.21　温度对二极管伏安特性的影响

6.2.4　半导体二极管的主要参数与测试

1. 二极管的主要参数

二极管的参数是正确使用二极管的依据，一般半导体手册中都给出不同型号管子的参数。在使用时，应特别注意不要超过最大整流电流和最高反向工作电压，否则管子很容易损坏。

1）最大整流电流 I_F

最大整流电流是指管子长期正常工作时，允许通过的最大正向平均电流。因为电流通过 PN 结时会引起管子发热。电流超过允许值时，发热量超过限度，PN 结就会被烧坏。例如 2AP3 管的最大整流电流为 25 mA。

2）最高反向工作电压 U_{RM}

最高反向工作电压是二极管长期正常工作时能承受的反向电压的最大值。当二极管反向连接时，如果把反向电压加大到某一数值，管子就会被击穿。二极管反向工作电压约为反向击穿电压的一半，其最高反向工作电压约为反向击穿电压的 2/3。例如，2AP3 管的最高反向工作电压为 30 V，而反向击穿电压大于或等于 45 V。

3）反向饱和电流 I_S

在室温下，二极管未被击穿时的反向电流值称为反向饱和电流。该电流越小，管子的单向导电性能就越好。由于温度升高，反向电流会急剧增加，因而在使用二极管时要注意环境温度的影响。

2. 特殊二极管及其主要参数

1）稳压二极管

（1）稳压特性：稳压二极管的伏安特性曲线、图形符号及稳压管电路如图 6.22 所示，它的正向特性曲线与普通二极管相似，而反向击穿特性曲线很陡。在正常情况下稳压管工作在反向击穿区，由于曲线很陡，当反向电流在很大范围内变化时，端电压变化很小，因而具有稳压作用。图中的 U_{BR} 表示反向击穿电压，当电流的增量 ΔI_Z 很大时，只引起很小的电压变化 ΔU_Z。只要反向电流不超过其最大稳定电流，就不会造成破坏性的热击穿。因此，在电路中应与稳压管串联一个具有适当阻值的限流电阻。

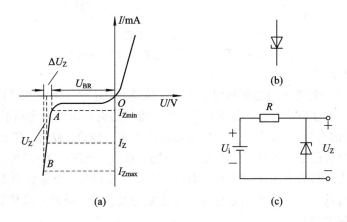

图 6.22　稳压管的伏安特性曲线、图形符号及稳压管电路
（a）伏安特性曲线；（b）图形符号；（c）稳压管电路

（2）基本参数：

① 稳定电压 U_Z。U_Z 是指在规定的测试电流下，稳压管工作在击穿区时的稳定电压。由于制造工艺的原因，同一型号的稳压管 U_Z 分散性很大。但对每一个稳压管来说，对应一定的工作电流只有一个确定值，选用时以实际测量结果为准。

② 稳定电流 I_Z。I_Z 是指稳压管在稳定电压时的工作电流，其范围在 $I_{Zmin} \sim I_{Zmax}$ 之间。

③ 最小稳定电流 I_{Zmin}。I_{Zmin} 是指稳压管进入反向击穿区时的转折点电流，稳压管工作时，反向电流必须大于 I_{Zmin}，否则不能稳压。

④ 最大稳定电流 I_{Zmax}。I_{Zmax} 是指稳压管长期工作时允许通过的最大反向电流，其工作电流应小于 I_{Zmax}。

⑤ 最大耗散功率 P_M。当管子的工作电流大于 I_{Zmax} 时管子功耗增加，使 PN 结温度上升而造成热击穿，这时的功耗称为最大耗散功率（即 $P_M = I_{Zmax} \cdot U_Z$）。

⑥ 动态电阻 r_Z。动态电阻 r_Z 定义为 $r_Z = \Delta U_Z / \Delta I_Z$。$r_Z$ 越小，说明 ΔI_Z 引起的 ΔU_Z 变化

越小，稳压性能就越好。

2）光电二极管

光电二极管的结构与普通二极管基本相同，只是在它的 PN 结处，通过管壳上的一个玻璃窗口能接收外部的光照。光电二极管的 PN 结在反向偏置状态下运行，其反向电流随光照强度的增加而上升。图 6.23(a)是光电二极管的图形符号，图(b)是它的等效电路，而图(c)是它的特性曲线。光电二极管的主要特点是其反向电流与光照度成正比。

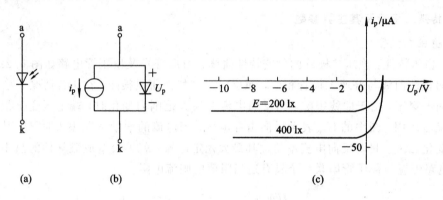

图 6.23　光电二极管
(a) 图形符号；(b) 等效电路；(c) 特性曲线

3）发光二极管

发光二极管是一种能把电能转换成光能的特殊器件。这种二极管不仅具有普通二极管的正、反向特性，而且当给管子施加正向偏压时，管子还会发出可见光和不可见光(即电致发光)。目前应用的有红、黄、绿、蓝、紫等颜色的发光二极管。此外，还有变色发光二极管，即当通过二极管的电流改变时，发光颜色也随之改变。如图 6.24(a)所示为发光二极管的图形符号。发光二极管常用来作为显示器件，除单个使用外，也常做成七段式或矩阵式器件。发光二极管的另一个重要用途是将电信号变为光信号，通过光缆传输，然后用光电二极管接收，再现电信号。

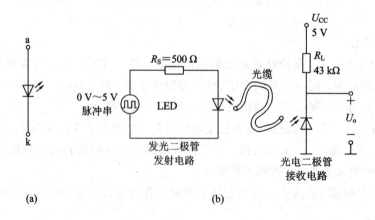

图 6.24　发光二极管
(a) 图形符号；(b) 光电传输系统

如图 6.24(b)所示为发光二极管发射电路通过光缆驱动的光电二极管电路。在发射端，一个 0 V~5 V 的脉冲信号通过 500 Ω 的电阻作用于发光二极管（LED），这个驱动电路可使 LED 产生一数字光信号，并作用于光缆。由 LED 发出的光约有 20% 耦合到光缆；在接收端，传送的光中约有 80% 耦合到光电二极管，这样在接收电路的输出端可复原为 0 V~5 V 电压的脉冲信号。

3. 二极管的测试与选用

1）二极管的测试

（1）普通二极管测试：鉴别二极管好坏最简单的方法是用万用表测其正、反向电阻，如图 6.25 所示，用万用表的红表笔接二极管的负极，黑表笔接正极，测得正向电阻，表笔对调后测得反向电阻。二极管的正向电阻一般在几百欧~几千欧之间，反向电阻在几百千欧左右。若测得反向电阻很小，则表明二极管已被击穿。

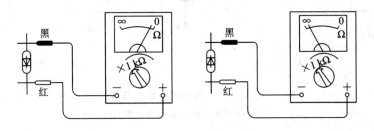

图 6.25　二极管的测试

（2）稳压管的测试：判断稳压管是否断路或被击穿，选用 $R\times100$ Ω 挡，测量方法同上。若测得正向电阻为无穷大，则说明二极管内部断路；若反向电压近似为零，则说明管子被击穿；若正、反向电阻值相差太小，则说明二极管性能变坏或失效。以上三种情况的二极管都不能使用。

（3）发光二极管测试：用 $R\times10$ kΩ 挡测其正、反向电阻，当正向电阻小于 50 kΩ，反向电阻大于 200 kΩ 时为正常，若正、反向电阻均为无穷大，则说明管子已损坏。

（4）普通二极管极性判别：用万用表 $R\times1$ kΩ 或 $R\times100$ kΩ 挡测二极管的电阻值。如果阻值较小，则表明为正向电阻值，这时接黑表笔的一端为正极，另一端为负极；如果测得阻值很大，则表明为反向电阻值，这时接红表笔一端为正极，另一端为负极。

2）二极管的选用

工作中，一般可根据用途和电路的具体要求来选择二极管的种类、型号及参数。

选用检波二极管时，主要是工作频率符合电路频率的要求，结电容小的检波效果较好。常用检波二极管有 2AP 系列，也可用锗开关二极管 2AK 代替。

选用整流二极管时，主要考虑其最大整流电流和最高反向工作电压是否满足电路要求。常用的整流二极管有 2CP、2CZ 系列。

6.3　半导体三极管

6.3.1　三极管的结构和类型

三极管是在一块半导体上用掺入不同杂质的方法制成两个紧挨着的 PN 结，并引出三个电极,如图 6.26 所示。三极管有三个区:发射区——发射载流子的区域;基区——载流子传输的区域;集电区——收集载流子的区域。各区引出的电极依次为发射极(e 极)、基极(b 极)和集电极(c 极)。发射区和基区在交界处形成发射结;基区和集电区在交界处形成集电结。根据半导体各区的类型不同,三极管可分为 NPN 型和 PNP 型两大类,如图 6.26(a)、(b)所示。

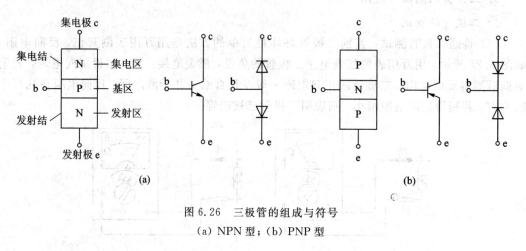

图 6.26 三极管的组成与符号
(a) NPN 型;(b) PNP 型

6.3.2 三极管的放大作用

1. 三极管的工作电压和基本连接方式

1) 工作电压

三极管要实现放大作用必须满足的外部条件:发射结加正向电压,集电结加反向电压。如图 6.27 所示,其中 V 为三极管,U_{CC} 为集电极电源电压,U_{BB} 为基极电源电压,两类管子外部电路所接电源极性正好相反,R_b 为基极电阻,R_c 为集电极电阻。若以发射极电压为参考电压,则三极管发射结正偏,集电结反偏这个外部条件也可用电压关系来表示,对于 NPN 型:$U_C > U_B > U_E$;对于 PNP 型:$U_E > U_B > U_C$。

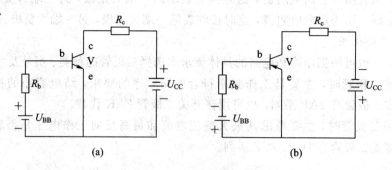

图 6.27 三极管电源的接法
(a) NPN 型;(b) PNP 型

2) 基本连接方式

三极管有三个电极,而在连成电路时必须由两个电极接输入回路,两个电极接输出回路,这样势必有一个电极作为输入和输出回路的公共端,根据公共端的不同,有三种基本连接方式。

（1）共发射极接法：共射接法是以基极为输入端的一端，集电极为输出端的一端，发射极为公共端，如图 6.28（a）所示。

（2）共基极接法：共基接法是以发射极为输入端的一端，集电极为输出端的一端，基极为公共端，如图 6.28（b）所示。

（3）共集电极接法：共集接法是以基极为输入端的一端，发射极为输出端的一端，集电极为公共端，如图 6.28（c）所示。

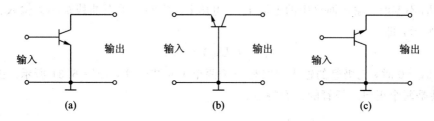

图 6.28　三极管电路的三种组态
（a）共发射极接法；（b）共基极接法；（c）共集电极接法

2. 电流放大原理

在图 6.29 中，U_{BB} 为基极电源电压，用于向发射结提供正向电压，R_b 为限流电阻。U_{CC} 为集电极电源，要求 $U_{CC} > U_{BB}$。它通过 R_c、集电结、发射结形成电路。由于发射结获得了正向偏置电压，其值很小（硅管约为 0.7 V），因而 U_{CC} 主要降落在电阻 R_c 和集电结两端，使集电结获得反向偏置电压。图 6.29 中，发射极为三极管输入回路和输出回路的公共端，这种连接方式就是前面介绍的共发射极电路。

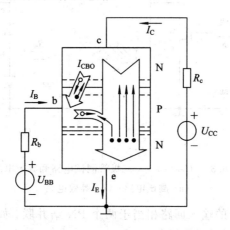

图 6.29　NPN 型三极管中载流子的运动和各极电流

在正向电压的作用下，发射区的多子（电子）不断向基区扩散，并不断由电源得到补充，形成发射极电流 I_E。基区多子（空穴）也要向发射区扩散，由于其数量很小，可忽略。到达基区的电子继续向集电结方向扩散，在扩散过程中，少部分电子与基区的空穴复合，形成基极电流 I_B。由于基区很薄且掺杂浓度低，因而绝大多数电子都能扩散到集电结边缘。由于集电结反偏，这些电子全部漂移过集电结，形成集电极电流 I_C。

6.3.3　三极管的特性曲线

三极管的特性曲线是指各极电压与电流之间的关系曲线，它是三极管内部载流子运动的外部表现。从使用角度来看，外部特性显得更为重要。

由于三极管有三个电极，因此它的伏安特性曲线比二极管更复杂一些，工程上常用到的是它的输入特性和输出特性。

1）输入特性曲线

当 U_{CE} 不变时，输入回路中的电流 I_B 与电压 U_{BE} 之间的关系曲线被称为输入特性，如图 6.30 所示，即

$$I_B = f(U_{BE})\big|_{U_{CE}\text{常数}}$$

当 $U_{CE}=0$ 时，三极管的输入回路相当于两个 PN 结并联，如图 6.31 所示。三极管的输入特性是两个正向二极管的伏安特性。

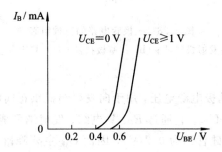

图 6.30　输入特性

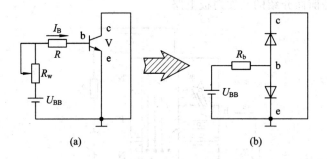

图 6.31　$U_{CE}=0$ 时，三极管测试电路和等效电路

（a）测试电路；（b）等效电路

当 $U_{CE}=0$ 时，三极管的输入回路相当于两个 PN 结并联，如图 6.31 所示。三极管的输入特性是两个正向二极管的伏安特性。

当 $U_{CE} \geqslant U_{BE}$ 时，b、e 两极之间加上正向电压。集电结反偏，发射区注入基区的电子绝大部分漂移到集电极，只有一小部分与基区的空穴复合形成基极电流 I_B。与 $U_{CE}=0$ 时相比，在相同 U_{BE} 条件下，I_B 要小得多，输入特性曲线向右移动；若 U_{CE} 继续增大，曲线继续右移。

当 $U_{CE}>1$ V 时，在一定的 U_{BE} 条件下，集电结的反向偏压足以将注入到基区的电子全部拉到集电极，此时 U_{CE} 再继续增大，I_B 也变化不大，因此 $U_{CE}>1$ V 以后，不同 U_{CE} 值的

各条输入特性曲线几乎重叠在一起。所以常用 $U_{CE}>1$ V 的某条输入特性曲线来代表 U_{CE} 更高的情况。在实际应用中，三极管的 U_{CE} 一般大于 1 V，因而 $U_{CE}>1$ V 时的曲线更具有实际意义。

由三极管的输入特性曲线可看出：三极管的输入特性曲线是非线性的，输入电压小于某一开启值时，三极管不导通，基极电流为零，这个开启电压又叫阈值电压。对于硅管，其阈值电压约为 0.5 V，锗管约为 0.1 V～0.2 V。当管子正常工作时，发射结压降变化不大，对于硅管约为 0.6 V～0.7 V，对于锗管约为 0.2 V～0.3 V。

2）输出特性曲线

当 I_B 不变时，输出回路中的电流 I_C 与电压 U_{CE} 之间的关系曲线称为输出特性曲线，即

$$I_C = f(U_{CE})\mid_{I_B=常数}$$

固定一个 I_B 值，可得到一条输出特性曲线，改变 I_B 值，可得到一簇输出特性曲线。

以硅 NPN 型三极管为例，其输出特性曲线簇如图 6.32 所示。在输出特性曲线上可划分为三个区：放大区、截止区、饱和区。

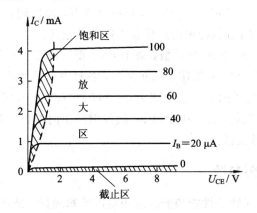

图 6.32　NPN 管共发射极输出特性曲线簇

（1）放大区：当 $U_{CE}>1$ V 以后，三极管的集电极电流 $I_C=\beta I_C$，I_C 与 I_B 成正比而与 U_{CE} 关系不大。所以输出特性曲线几乎与横轴平行，当 I_B 一定时，I_C 的值基本不随 U_{CE} 变化，具有恒流特性。I_B 等量增加时，输出特性曲线等间隔地平行上移。这个区域的工作特点是发射结正向偏置，集电结反向偏置，$I_C=\beta I_C$。由于工作在这一区域的三极管具有放大作用，因而把该区域称为放大区。

（2）截止区：当 $I_B=0$ 时，$I_C\approx0$，（由于穿透电流 I_{CEO} 很小忽略不考虑），输出特性曲线是一条几乎与横轴重合的直线。通常将 $I_B=0$ 时输出特性曲线以下的区域称为截止区。该区域的工作特点是发射结反向偏置（也可零偏），集电结反向偏置，$I_B\approx0$，$I_C\approx0$，三极管呈截止状态。

（3）饱和区：当 $U_{CE}<U_{BE}$ 时，I_C 与 I_B 不成比例，它随 U_{CE} 的增加而迅速上升，这一区域称为饱和区，$U_{CE}=U_{BE}$ 称为临界饱和。饱和区域的工作特点是发射结和集电结均正向偏置。这时，三极管失去放大能力。

综上所述：对于 NPN 型三极管，工作于放大区时，$U_C>U_B>U_E$；工作于截止区时，$U_C>U_E>U_B$；工作于饱和区时，$U_B>U_C>U_E$。

例1.1 判断图6.33中三极管的工作状态。

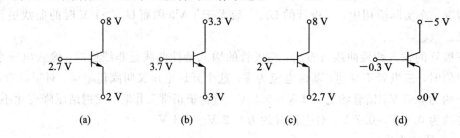

图6.33　三极管的工作状态

解 在图6.33(a)中，$U_B=2.7$ V，$U_C=8$ V，$U_E=2$ V，经比较：$U_C>U_B>U_E$，故发射结正偏，集电结反偏，所以图(a)中的三极管工作于放大区。

在图6.33(b)中，$U_B=3.7$ V，$U_C=3.3$ V，$U_E=3$ V，经比较：$U_B>U_C>U_E$，发射结和集电结均正向偏置，所以图(b)中的三极管处于饱和区。

在图6.33(c)中，$U_B=2$ V，$U_C=8$ V，$U_E=2.7$ V，经比较：$U_C>U_E>U_B$，故发射结和集电结均反向偏置，所以图(c)中的三极管工作于截止区。

在图6.33(d)中，三极管为PNP型，对于PNP型三极管，工作在放大区时，各极电压的关系大小应为$U_E>U_B>U_C$；工作于截止区时，各极电压的大小关系应为$U_B>U_E>U_C$；工作于饱和区时，各极电压的大小关系应为$U_E>U_C>U_B$。在图(d)中，$U_B=-3$ V，$U_E=0$ V，$U_C=-5$ V。经比较得：$U_E>U_B>U_C$，故发射结正向偏置，集电结反向偏置，所以图(d)中的三极管工作于放大区。

6.3.4　三极管的主要参数

三极管的参数是表征管子性能和安全运用范围的物理量，是正确使用和合理选择三极管的依据。三极管的参数较多，这里介绍主要的几个。

(1) 电流放大系数：共发射极交流电流放大系数β。β指集电极电流变化量与基极电流变化量之比，其大小体现了共射接法时，三极管的放大能力。即

$$\beta=\frac{\Delta I_C}{\Delta I_B}\Big|_{U_{CE}=常数}$$

(2) 极限参数。三极管的极限参数是指在使用时不得超过的极限值，以此保证三极管的安全工作。

① 集电极最大允许电流I_{CM}。集电极电流I_C过大时，β将明显下降，I_{CM}为β下降到规定允许值（一般为额定值的$1/2\sim2/3$）时的集电极电流。使用中若$I_C>I_{CM}$，三极管不一定会损坏，但β明显下降。

② 集电极最大允许功率损耗P_{CM}。管子工作时，U_{CE}的大部分降在集电结上，因此集电极功率损耗$P_C=U_{CE}I_C$，近似为集电结功耗，它将使集电结温度升高而使三极管发热，致使管子损坏。工作时的P_C必须小于P_{CM}。

③ 反向击穿电压$U_{(BR)CEO}$：基极开路时集电结不致击穿时，施加在集电极-发射极之间允许的最高反向电压。

根据三个极限参数I_{CM}、P_{CM}、$U_{(BR)CEO}$可以确定三极管的安全工作区，如图6.34所示。

三极管工作时必须保证工作在安全区内，并留有一定的余量。

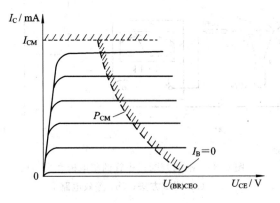

图 6.34　三极管的安全工作区

6.3.5　三极管的型号与检测

1. 三极管的型号

三极管的型号与命名方法按照国家标准规定一般由五个部分组成，详见附录 4。其中，第一部分用数字表示三极管的电极数目；第二部分用汉语拼音字母表示三极管的材料及极性；第三部分用汉语拼音字母表示三极管的类型；第四部分用数字表示序号；第五部分用汉语拼音字母表示规格号。

2. 三极管的检测

（1）判断三极管的极性和基极：由于 NPN 型和 PNP 型极性不同，工作时不能相互调换。用万用表判断的方法是将万用表置于电阻 $R \times 1 \text{ k}\Omega$ 挡，用万用表的黑表笔接三极管的某一管脚（假设它是基极），用红表笔分别接另外两极。如果表针指示的两个阻值都很小，这个管便是 NPN 型管，这时黑表笔所接的管脚便是 NPN 型管的基极；如果表针指示的两个阻值都很大，这个管便是 PNP 型管，这时黑表笔所接的管脚便是 PNP 型管的基极。如果表针指示的阻值一个很大，另一个很小，这时黑表笔所接的管脚肯定不是三极管的基极，要换另一个管脚再检测。

（2）判断三极管的集电极和发射极：按照上述方法首先可以判断出三极管的基极，然后用万用表判断三极管的另外两个极。将万用表置于电阻 $R \times 1 \text{ k}\Omega$ 挡上，将两表笔分别接在剩下的两个极上，测其阻值，然后交换再测一次。对于 PNP 型管，在测出电阻值小的那次接法中，黑表笔接的是发射极；对于 NPN 型管，则黑表笔接的是集电极。这种测试方法不一定可靠，还可以用另一种方法测试，即根据两种管型的不同接法观察三极管的放大能力，从而做出准确的判断。

对于 NPN 型管，首先假定发射极和集电极，将万用表置于电阻 $R \times 1 \text{ k}\Omega$ 挡上，用红表笔接假定的发射极，用黑表笔接假定的集电极，此时表针应基本不动。然后用手指将基极与假定的集电极捏在一起（注意不要短路），如图 6.35 所示，这时表针应向右偏转一个角度。调换所假定的发射极和集电极，按照上述方法重新测量一次，把两次表针偏转角度进行比较，偏转角度大的那一次的电极假定一定是正确的。

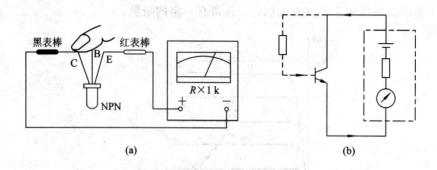

图 6.35　准确判断三极管的集电极和发射极

(a) 测试方法；(b) 等效电路

（3）测量三极管的直流放大倍数：将万用表的功能选择开关调到 H_{FE} 处，并调零，然后把三极管的三个极正确插入万用表面板上的小孔 e、b、c 内，这时万用表的指针会向右偏转，在表头刻度盘上标有 H_{FE} 的刻度线上的指示值，就是所测三极管的直流放大倍数。

课 题 小 结

（1）电阻器在电子电路中应用较为广泛，电阻器的主要作用是：限制电流、降低电压、分配电压、向各种电子元器件提供必需的工作电压和电流等。电阻器的种类较多，正确识读对使用很重要，因此，要熟练掌握电阻器的正确识读。

（2）电容器在电子电路中起隔断直流电、旁路交流电；进行信号调谐、耦合、滤波、去耦等作用。要熟练掌握电容器的正确识读。

（3）电感器是指电感线圈和各种变压器，在电子电路中能产生电磁转换的功能。电感器是电子电路中的重要元件，与电阻器、电容器、三极管等能组成放大器、振荡器等电路。

（4）半导体导电能力取决于其内部载流子的多少，由空穴和自由电子两种载流子参与导电。本征半导体有热敏性、光敏性和掺杂性。杂质半导体分为 N 型和 P 型两种。N 型半导体中电子是多子，空穴是少子。P 型半导体中空穴是多子，电子是少子。

（5）PN 结是制造半导体器件的基本部件。它是 P 型和 N 型半导体交界面附近的一个特殊带电薄层。PN 结正偏时，正向电流主要由多子的扩散运动形成，其值较大且随着正偏电压的增加迅速增大，PN 结处于导通状态；PN 结反偏时，反向电流主要由少子的漂移运动形成，其值很小，且基本不随反偏电压而变化，PN 结处于截止状态。

（6）二极管是由一个 PN 结为核心组成的，它的基本特性就是单向导电性。伏安特性曲线形象地反映了二极管的单向导电性和反向击穿特性。

（7）三极管是由两个 PN 结组成，其伏安特性曲线为输入特性曲线和输出特性曲线。它有三种工作状态，即放大、截止和饱和。当发射结正偏，集电结反偏时，三极管具有电流放大作用。在放大区，只要控制基极电流就能控制其余两极的电流，所以半导体三极管也叫电流控制型器件。当集电结和发射结均反偏时，三极管工作在截止区；两者均正偏时则工作在饱和区。

思考题与习题

6.1　硅二极管和锗二极管的伏安特性有什么区别？

6.2　稳压管有何特点？为使稳压管正常工作，其工作电压、电流如何选择？

6.3　一只 NPN 型半导体三极管，具有 e、b、c 三个电极，能否将 e、c 两个电极交换使用？为什么？

6.4　在题 6.4 图所示电路中，设二极管正向压降可忽略不计，在下列情况下，试求输出端电压 U_F。

（1）$U_A = 3$ V，$U_B = 0$ V；

（2）$U_A = U_B = 3$ V；

（3）$U_A = U_B = 0$ V。

6.5　二极管接成题 6.5 图所示电路。在下列情况下，试判断二极管的通断情况。设二极管的导通压降 $U_F = 0.7$ V，试计算二极管导通时电流 I 的大小。

（1）$U_{CC1} = 6$ V，$U_{CC2} = 6$ V，$R_1 = 2$ kΩ，$R_2 = 3$ kΩ；

（2）$U_{CC1} = 6$ V，$U_{CC2} = 6$ V，$R_1 = R_2 = 3$ kΩ；

（3）$U_{CC1} = 6$ V，$U_{CC2} = 6$ V，$R_1 = 3$ kΩ，$R_2 = 2$ kΩ。

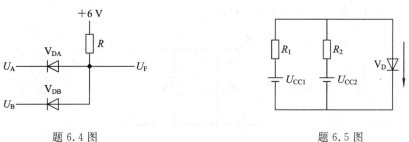

题 6.4 图　　　　　　　　　　　　　　　题 6.5 图

6.6　二极管组成题 6.6 图所示电路。已知二极管的导通压降 $U_F = 0.7$ V，u_i 为正弦波，幅值 $U_{im} > U_F$，试定性画出输出电压 u_o 的波形图。

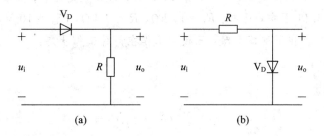

（a）　　　　　　　　　　　　　　　　（b）

题 6.6 图

6.7　题 6.7 图(a) 所示电路中，V_{D1}、V_{D2} 为硅管，导通压降 U_F 均为 0.7 V；题 6.7 图 (b) 为输入 U_A、U_B 的波形，试画出输出电压 u_o 的波形图。

6.8　上题电路中，U_A、U_B 如果按下述方法连接，试确定相应的输出电压 U_O 为多大。

（1）U_A 接 +2 V，U_B 接 +5 V；

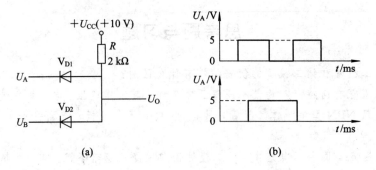

题 6.7 图

(2) U_A 接 $+2$ V, U_B 接 -2 V;

(3) U_A 悬空, U_B 接 $+5$ V;

(4) U_A 经 3 kΩ 电阻接地, U_B 悬空。

6.9　稳压管接成题 6.9 图所示电路, 已知稳压管 V_Z 的稳压值为 6 V, 在下列 4 种情况下, 试确定输出电压 U_O 为多大。

(1) $U_I = 12$ V, $R_1 = 4$ kΩ, $R_2 = 8$ kΩ;

(2) $U_I = 12$ V, $R_1 = 4$ kΩ, $R_2 = 4$ kΩ;

(3) $U_I = 24$ V, $R_1 = 4$ kΩ, $R_2 = 2$ kΩ;

(4) $U_I = 24$ V, $R_1 = 4$ kΩ, $R_2 = 1$ kΩ。

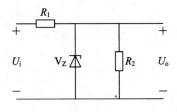

题 6.9 图

6.10　在一放大电路中, 测得三极管三个电极的对地电压分别为 -6 V、-3 V、-3.2 V, 试判断该三级管是 NPN 型还是 PNP 型; 锗管还是硅管; 并确定三个电极。

6.11　在题 6.11 图中, 已知: $R_b = 10$ kΩ, $R_c = 1$ kΩ, $U_{CC} = 10$ V, 三极管的 $\beta = 50$, $U_{BE} = 0.7$ V, 试分析在下列情况时, 三极管工作在何种工作状态:

(1) $U_I = 0$ V;

(2) $U_I = 2$ V;

(3) $U_I = 3$ V。

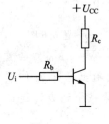

题 6.11 图

6.12　放大电路中三极管三个极的电压为下列各组数据,试确定各组电压对应的电极和三极管的类型(是 PNP 管还是 NPN 管;是 Si 管还是 Ge 管)。

(1) 5 V, 1.2 V, 0.5 V;

(2) 6 V, 5.8 V, 1 V;

(3) 9 V, 8.3 V, 2 V;

(4) −8 V, −0.2 V, 0 V。

6.13　测得三极管三个电极 U_B、U_C、U_E 的电压分别为下列各组数据,试确定哪几组数据对应的三极管处在放大状态。

(1) 0.7 V, 6 V, 0 V;　　　　　(2) 0.7 V, 0.6 V, 0 V;

(3) 1.7 V, 6 V, 1.0 V;　　　　(4) 4.8 V, 2.3 V, 5.0 V;

(5) −0.2 V, −3 V, 0 V;　　　　(6) −0.2 V, −0.1 V, 0 V;

(7) 4.8 V, 5 V, 5 V;　　　　　(8) 0 V, 0 V, 6 V。

课题7　直流稳压电路

　　小功率直流稳压电路一般由交流电源经变压、整流、滤波、稳压电路四部分组成，见图 7.1。变压器将交流电源电压变成所需值的同频率电压，整流电路将交流电压变换成单方向脉动的直流电；滤波电路再将单方向脉动的直流电中所含的大部分交流成分滤掉，得到一个较平滑的直流电；稳压电路用来消除由于电网电压波动、负载改变对其产生的影响，从而使输出电压稳定。

图 7.1　直流电源电路的组成框图

7.1　整流及滤波电路

7.1.1　单相半波整流电路

　　图 7.2 是单相半波整流电路，它由整流变压器 T、整流二极管 V_D 及负载 R_L 组成。

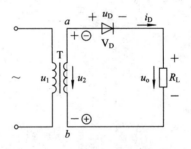

图 7.2　单相半波整流电路

1. 单相半波整流电路工作原理

　　当次级电压为 $u_2 = \sqrt{2}U_2 \sin\omega t$ V 时，在 $0 \sim \pi$ 区间内，次级电压 u_2 瞬时上正下负，二极管 V_D 正偏而导通，忽略二极管正向导通压降，则在 $0 \sim \pi$ 区间内 $u_o = u_2$，此时流过二极管的电流 i_D 等于流过负载的电流 i_L；在 $\pi \sim 2\pi$ 区间内，次级电压 u_2 瞬时为上负下正，此时二极管 V_D 承受反压而截止，$i_D = 0$，$u_o = 0$，所以输出电压 u_o 的波形只有 u_2 的正向半波。单相半波整流电路电压、电流的波形如图 7.3 所示。

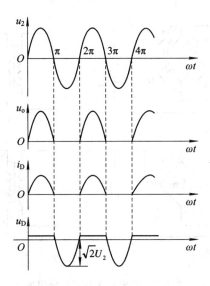

图 7.3　电压、电流的波形

2. 主要技术指标

（1）输出电压平均值。在图 7.3 所示的波形电路中，负载上得到的整流电压是单方向的，但其大小是变化的，是一个单向脉动的电压，由此可求出其平均电压值为

$$U_\mathrm{o} = \frac{1}{2\pi}\int_0^\pi \sqrt{2}U_2\sin\omega t\,\mathrm{d}(\omega t) = \frac{\sqrt{2}U_2}{\pi} = 0.45U_2 \tag{7-1}$$

（2）输出电流 I_o：由于流过负载的电流 I_o 就等于流过二极管的电流，所以

$$I_\mathrm{F} = I_\mathrm{o} = \frac{U_\mathrm{o}}{R_\mathrm{L}} = 0.45\frac{U_2}{R_\mathrm{L}} \tag{7-2}$$

（3）二极管承受的最高反向电压 U_RM。在二极管不导通期间，承受反压的最大值就是变压器次级电压 u_2 的最大值，即

$$U_\mathrm{RM} = \sqrt{2}U_2 \tag{7-3}$$

单相半波整流电路的特点是结构简单，但输出电压的平均值低、脉动系数大。

7.1.2　单相桥式整流电路

为了克服半波整流电路电源利用率低、整流电压脉动程度大的缺点，常采用全波整流电路，最常用的形式是桥式整流电路。它由四个二极管接成电桥形式，其画法如图 7.4 所示。下面以图 7.4（a）为例分析其原理。

1. 电路组成及工作原理

在图 7.4（a）所示电路中，当变压器次级电压 u_2 为上正下负时，二极管 V_D1 和 V_D3 导通，V_D2 和 V_D4 截止，电流 i_1 的通路为 $a\rightarrow V_\mathrm{D1}\rightarrow R_\mathrm{L}\rightarrow V_\mathrm{D3}\rightarrow b$，这时负载电阻 R_L 上得到一个正弦半波电压，如图 7.5 中 0～π 段所示。当变压器次级电压 u_2 为上负下正时，二极管 V_D1 和 V_D3 反向截止，V_D2 和 V_D4 导通，电流 i_2 的通路为 $b\rightarrow V_\mathrm{D2}\rightarrow R_\mathrm{L}\rightarrow V_\mathrm{D4}\rightarrow a$，同样，在负载电阻上得到一个正弦半波电压，如图 7.5 中 π～2π 段所示。

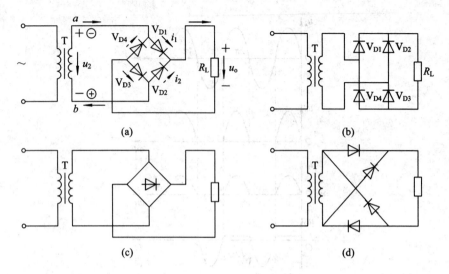

图 7.4　单相桥式整流电路组成

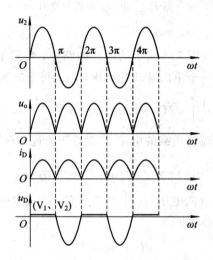

图 7.5　单相桥式整流电路电压与电流波形

2. 技术指标

（1）输出电压平均值 U_o。由以上分析可知，桥式整流电路的整流电压平均值 U_o 比半波整流时增加一倍，即

$$U_o = 2 \times 0.45 U_2 = 0.9 U_2 \tag{7-4}$$

（2）输出电流 I_o。桥式整流电路通过负载电阻的平均电流也增加一倍，即

$$I_o = \frac{U_o}{R_L} = 0.9 \frac{U_2}{R_L} \tag{7-5}$$

（3）二极管的平均电流。因为每两个二极管串联轮换导通半个周期，因此，每个二极管中流过的平均电流只有负载电流的一半，即

$$I_F = \frac{1}{2} I_o = 0.45 \frac{U_o}{R_L} \tag{7-6}$$

（4）二极管承受的最高反向电压 U_{RM}。由图 7.4(a) 可以看出，当 V_{D1} 和 V_{D3} 导通时，如

果忽略二极管正向压降，此时，V_{D2} 和 V_{D4} 的阴极接近于 a 点，阳极接近于 b 点，二极管由于承受反压而截止，其最高反压为 u_2 的峰值，即

$$U_{RM} = \sqrt{2}U_2 \tag{7-7}$$

由以上分析可知，单相桥式整流电路，在变压器次级电压相同的情况下，输出电压平均值高、脉动系数小，管子承受的反向电压和半波整流电路一样。虽然二极管用了四只，但小功率二极管体积小，价格低廉，因此全波桥式整流电路得到了广泛的应用。

7.1.3　滤波电路

整流输出的电压是一个单方向脉动电压，虽然是直流，但脉动较大，在有些设备中不能适应(如电镀和蓄电池充电等设备)。为了改善电压的脉动程度，需在整流后再加入滤波电路。常用的滤波电路有电容滤波、电感滤波和复式滤波等。

1. 电容滤波电路

图 7.6 所示为一单相半波整流电容滤波电路，由于电容两端电压不能突变，因而负载两端的电压也不会突变，使输出电压得以平滑，达到滤波目的。滤波过程及波形如图 7.7 所示。

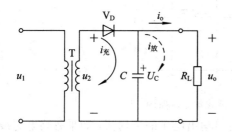
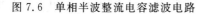

图 7.6　单相半波整流电容滤波电路

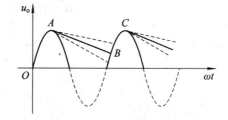

图 7.7　电容滤波原理及输出波形

在 u_2 的正半周时，二极管 V_D 导通，忽略二极管正向压降，则 $u_o = u_2$，这个电压一方面给电容充电，一方面产生负载电流 I_o，电容 C 上的电压与 u_2 同步增长，当 u_2 达到峰值后，开始下降，$U_C > u_2$，二极管截止，如图 7.7 中的 A 点。之后，电容 C 以指数规律经 R_L 放电，U_C 下降。当放电到 B 点时，u_2 经负半周后又开始上升，当 $u_2 > U_C$ 时，电容再次被充电到峰值。U_C 降到 C 点以后，电容 C 再次经 R_L 放电，通过这种周期性充放电，以达到滤波效果。

由于电容的不断充放电，使得输出电压的脉动性减小，而且输出电压的平均值有所提高。输出电压平均值 U_o 的大小，显然与 R_L、C 的大小有关，R_L 愈大，C 愈大，电容放电愈慢，U_o 愈高。在极限情况下，当 $R_L = \infty$ 时，$U_o = U_C = U_2$，不再放电。当 R_L 很小时，C 放电很快，甚至与 u_2 同步下降，则 $U_o = 0.9U_2$，R_L、C 对输出电压的影响如图 7.7 中虚线所示。可见电容滤波电路适用于负载较小的场合。当满足 $R_L C \geqslant (3 \sim 5)T/2$ 时(其中 T 为交流电源电压的周期)，则输出电压的平均值为

$$U_o = U_2 (半波) \tag{7-8}$$

$$U_o = 1.2U_2 (全波) \tag{7-9}$$

电容滤波注意问题：

（1）滤波电容容量较大，一般用电解电容，应注意电容的正极性接高电位，负极性接低电位。如果接反则容易击穿、爆裂。

（2）开始时，电容 C 上的电压为零，通电后电源经整流二极管给 C 充电。通电瞬间二极管流过短路电流，称浪涌电流。浪涌电流一般是正常工作电流 I_o 的 5～7 倍，所以选二极管时，正向平均电流参数应选大一些。同时在整流电路的输出端应串接一个阻值约为 $(0.02～0.01)R$ 的电阻，以保护整流二极管。

2. 电感滤波

由于通过电感的电流不能突变，用一个大电感与负载串联，流过负载的电流就不能突变，电流平滑，输出电压的波形也就平稳了。其实质是电感对交流呈现很大的阻抗，频率愈高，感抗越大，交流成分绝大部分降到了电感上，若忽略导线电阻，电感对直流没有压降，即直流均落在负载上，达到了滤波目的。电感滤波电路如图 7.8 所示。在这种电路中，输出电压的交流成分是整流电路输出电压的交流成分经 X_L 和 R_L 分压的结果，只有 $\omega L \gg R_L$ 时，滤波效果才好。

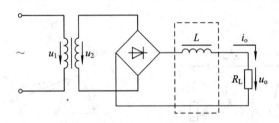

图 7.8　带电感滤波器的桥式整流电路图

输出电压平均值 U_o 一般 U_o 小于全波整流电路输出电压的平均值，如果忽略电感线圈的铜阻，则 $U_o \approx 0.9U_2$。虽然电感滤波电路对整流二极管没有电流冲击，但为了使 L 值大，多用铁心电感，但体积大、笨重，且输出电压的平均值 U_o 较低。

3. 复式滤波电路

为了进一步减小输出电压的脉动程度，可以用电容和铁心电感组成各种形式的复式滤波电路。电感型 LC 滤波电路如图 7.9 所示。整流输出电压中的交流成分绝大部分降落在电感上，电容 C 又对交流接近于短路，故输出电压中交流成分很少，几乎是一个平滑的直流电压。由于整流后先经电感 L 滤波，总特性与电感滤波电路相近，故称为电感型 LC 滤波电路，若将电容 C 平移到电感 L 之前，则为电容型 LC 滤波电路。

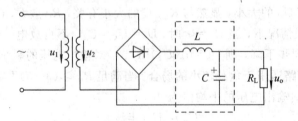

图 7.9　桥式整流电感型 LC 滤波电路

4. Ⅱ型滤波电路

图7.10所示为LCⅡ型滤波电路。整流输出电压先经电容C_1滤除交流成分后，再经电感L后滤波电容C_2上的交流成分极少，因此输出电路几乎是平直的直流电压。由于铁心电感体积大、笨重、成本高、使用不便，因此，在负载电流不太大而要求输出脉动很小的场合，可将铁心电感换成电阻，即RCⅡ型滤波电路，如图7.10(b)所示。电阻R对交流和直流成分均产生压降，故会使输出电压下降，但只要$R_L \gg 1/(\omega C_2)$，电容C_1滤波后的输出电压绝大多数就会降在电阻R_L上。R_L愈大，C_2愈大，滤波效果愈好。

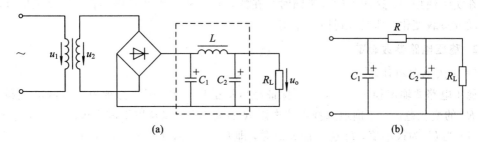

(a)　　　　　　　　　　　　　　　　　　(b)

图 7.10　Ⅱ型滤波电路
(a) LCⅡ型滤波电路；(b) RCⅡ型滤波电路

7.2　直流稳压电路

通过整流滤波电路所获得的直流电源电压并不稳定，当电网电压波动或负载电流变化时，输出电压会随之改变。电子设备一般都需要稳定的电源电压。如果电源电压不稳定，将会引起直流放大器的零点漂移，交流噪声增大，测量仪表的测量精度降低等，因此必须采取稳压措施。目前中小功率设备中广泛采用的稳压电源有并联型稳压电路、串联型稳压电路、集成稳压电路及开关型稳压电路。

7.2.1　硅稳压管组成的并联型稳压电路

1. 电路组成及工作原理

硅稳压管组成的并联型稳压电路如图7.11所示，经整流滤波后得到的直流电压作为稳压电路的输入电压U_i，限流电阻R和稳压管V_Z组成稳压电路，输出电压$U_o = U_Z$。

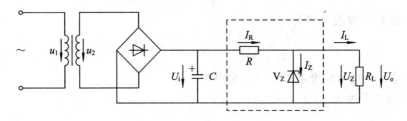

图 7.11　稳压管稳压的直流电源电路

在这种电路中，不论是电网电压波动还是负载电阻R_L的变化，稳压管稳压电路都能起到稳压作用，因为U_Z基本恒定，而$U_o = U_Z$。下面从两个方面来分析其稳压原理：

（1）设 R_L 不变，电网电压升高使 U_i 升高，导致 U_o 升高，而 $U_o = U_Z$。根据稳压管的特性，当 U_Z 升高一点时，I_Z 将会显著增加，这样必然使电阻 R 上的压降增大，吸收了 U_i 的增加部分，从而保持 U_o 不变。反之亦然。

（2）设电网电压不变，当负载电阻 R_L 阻值增大时，I_L 减小，限流电阻 R 上压降 U_R 将会减小。由于 $U_o = U_Z = U_i - U_R$，所以导致 U_o 升高，即 U_Z 升高，这样必然使 I_Z 显著增加。由于流过限流电阻 R 的电流为 $I_R = I_Z + I_L$，这样可以使流过 R 上的电流基本不变，导致压降 U_R 基本不变，则 U_o 也就保持不变。反之亦然。

在实际使用中，这两个过程是同时存在的，而两种调整也同样存在。因而无论电网电压波动或负载变化，都能起到稳压作用。

2. 稳压电路参数确定

1）限流电阻的计算

稳压电路要输出稳定电压，必须保证稳压管正常工作。因此必须根据电网电压和负载电阻 R_L 的变化范围，正确地选择限流电阻 R 的大小。可以从以下两个极限情况来考虑：

（1）当 U_i 为最小值，I_o 达到最大值时，即 $U_i = U_{imin}$，$I_o = I_{omax}$，这时

$$I_R = \frac{U_{imin} - U_Z}{R}$$

则 $I_Z = I_R - I_{omax}$ 为最小值。为了让稳压管进入稳压区，此时 I_Z 值应大于 I_{Zmin}，即

$$I_Z = (U_{imin} - U_Z)/R - I_{omax} > I_{Zmin}$$

则

$$R > \frac{U_{imin} - U_Z}{I_Z + I_{omax}}$$

（2）当 U_i 达最大值，I_o 达最小值时，有

$$U_i = U_{imax}$$

$$I_o = I_{omin}$$

这时 $I_R = (U_{imax} - U_Z)/R$，则 $I_Z = I_R - I_{omin}$ 为最大值。为了保证稳压管安全工作，此时 I_Z 值应小于 I_{Zmax}，即

$$I_Z = \frac{U_{imax} - U_Z}{R} - I_{omin} < I_{Zmax}$$

则

$$R < \frac{U_{imax} - U_Z}{I_Z + I_{omin}}$$

所以限流电阻 R 的取值范围为

$$\frac{U_{imin} - U_Z}{I_Z + I_{omax}} < R < \frac{U_{imax} - U_Z}{I_Z + I_{omin}} \tag{7-10}$$

在此范围内选一个电阻标准系列中的规格电阻。

2）确定稳压管参数

一般取

$$U_Z = U_o$$

$$I_{Zmax} = (1.5 \sim 3) I_{omax} \tag{7-11}$$

$$U_i = (2 \sim 3) U_o$$

7.2.2　串联型晶体管稳压电路

并联型稳压电路可以使输出电压稳定，但稳压值不能随意调节，而且输出电流很小，由式(7-11)可知：$I_{omax} = (1/3 \sim 2/3)I_{Zmax}$，而 I_{Zmax} 一般只有 20 mA～40 mA。为了加大输出电流，使输出电压可调节，常用串联型晶体管稳压电路，如图 7.12 所示。

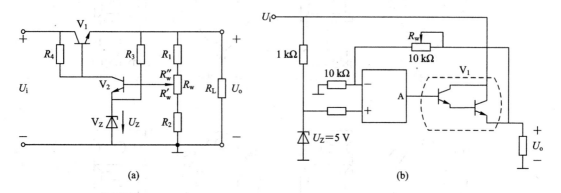

图 7.12　串联型稳压电路

(a) 分立元件的串联型稳压电路；(b) 运算放大器的串联型稳压电路

图 7.12(a)是由分立元件组成的串联型稳压电路，当电网电压波动或负载变化时，可能使输出电压 U_o 上升或下降。为了使输出电压 U_o 不变，可以利用负反馈原理使其稳定。假设因某种原因使输出电压 U_o 上升，其稳压过程为 $U_o \uparrow \to U_{b2} \uparrow \to U_{b1}(U_{c2}) \downarrow \to U_o \downarrow$。串联型稳压电路的输出电压可由 R_w 进行调节。

$$U_o = U_Z \frac{R_1 + R_w + R_2}{R_2 + R_w'} = \frac{U_Z}{R_2 + R_w'} \qquad (7-12)$$

式中，$R = R_1 + R_w + R_2$，R_w' 是 R_w 的下半部分阻值。如果将图 7.12(a)中的放大元件改成集成运放，不但可以提高放大倍数，而且能提高灵敏度，这样就构成了由运算放大器组成的串联型稳压电路，如图 7.12(b)所示。假设因某种原因使输出电压 U_o 下降，其稳压过程为 $U_o \downarrow \to U_- \downarrow \to U_{b1} \uparrow \to U_o \uparrow$。

串联型稳压电路包括四大部分，其组成框图如图 7.13 所示。

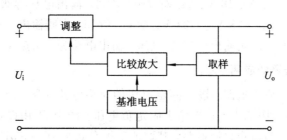

图 7.13　串联型稳压电路组成框图

7.2.3　集成稳压器及应用

集成稳压器将取样、基准、比较放大、调整及保护环节集成于一个芯片，按引出端不同可分为三端固定式、三端可调式和多端可调式等。三端稳压器有输入端、输出端和公共端(接地)三个接线端点,由于它所需外接元件较少,便于安装调试,工作可靠,因此在实际使用中得到了广泛应用。其外形如图 7.14 所示。

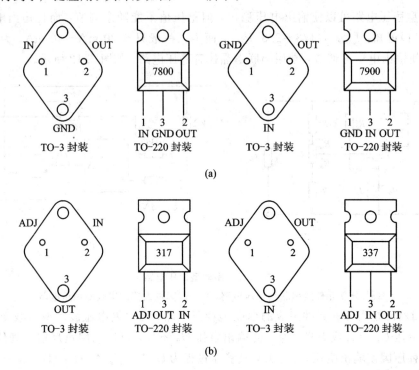

图 7.14　三端稳压器外形图

(a)三端固定式;(b)三端可调式

1. 三端稳压器

常用的三端固定稳压器有 7800 系列、7900 系列,其外型如图 7.13(a)所示。型号中 78 表示输出为正电压值,79 表示输出为负电压值,00 表示输出电压的稳定值。根据输出电流的大小不同,又分为 CW78 系列,最大输出电流为 1 A~1.5 A;CW78M00 系列,最大输出电流为 0.5 A;CW78L00 系列,最大输出电流为 100 mA 左右,7800 系列,输出电压等级分为 5 V、6 V、9 V、12 V、15 V、18 V、24 V;7900 系列,输出电压等级分为 -5 V、-6 V、-9 V、-12 V、-15 V、-18 V、-24 V。如 CW7815,表明输出 +15 V 电压,输出电流可达 1.5 A,CW79M12,表明输出 -12 V 电压,输出电流为 -0.5 A。

2. 三端集成稳压器的应用

(1)输出固定电压应用电路。输出固定电压的应用电路如图 7.15 所示,其中图 7.15(a)为输出固定正电压,图 7.15(b)为输出固定负电压。图中 C_i 用以抵消输入端因接线较长而产生的电感效应,为防止自激振荡,其取值范围在 0.1 μF~1 μF 之间(若接线不长时可不用);C_o 用以改善负载的瞬态响应,一般取 1 μF 左右,其作用是减少高频噪声。

(2)输出正、负电压稳压电路。当需要正、负两组电源输出时,可采用 W7800 系列和 W7900 系列各一块,按图 7.16 接线,即可得到正负对称的两组电源。

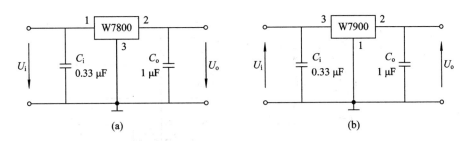

图 7.15 固定输出的稳压电路

（a）输出固定正电压；（b）输出固定负电压

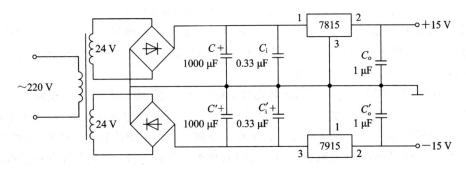

图 7.16 正负对称输出稳压电路

7.2.4 开关稳压电源

将直流电压通过半导体开关器件（调整管）转换为高频脉冲电压，经滤波后得到波纹很小的直流输出电压，这种装置称为开关电源。由于调整管工作在开关状态，因此开关电源具有功耗小、效率高、体积小、重量轻等优点，近年来得到了迅速的发展和广泛的应用。

1. 串联降压型开关稳压电源

开关电源的组成框图如图 7.17 所示，它主要由开关调整管、滤波器、比较放大和脉宽调制器等环节组成。开关调整管是一个由脉冲 u_{PO} 控制的电子开关，如图 7.18 所示。

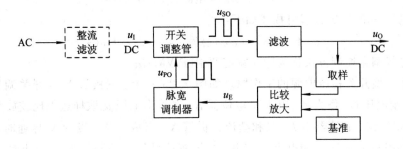

图 7.17 开关电源的组成框图

当控制脉冲 u_{PO} 出现时，电子开关闭合，$u_{SO} = u_I$；而 $u_{PO} = 0$ 时，电子开关断开，$u_{SO} = 0$，开关的开通时间 t_{on} 与开关周期 T 之比称为脉冲电压 u_{SO} 的占空比 δ。由此可见，开关调整管的输出电压 u_{SO} 是一个脉高为 u_I、脉宽由 u_{PO} 控制、脉率与 u_{PO} 相同的矩形脉冲电压。滤波器由电感电容组成，对脉冲电压 u_{SO} 进行滤波，得到波纹很小的直流输出电压 u_O。将

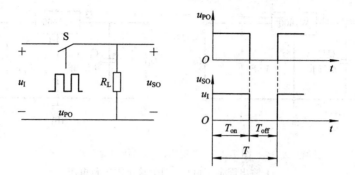

图 7.18 开关调整管工作过程示意图

输出电压 u_O 取样与基准电压在比较放大环节中比较放大,其结果 u_E(误差)作为脉宽调制器的输入信号。脉宽调制器是一个基准电压为锯齿波的电压比较器,输出脉冲电压 u_{PO} 的脉宽由 u_E 控制,而频率与锯齿波相同。

其工作原理:当输入电压 u_I 和负载都处于稳定状态时,输出电压 u_O 也稳定不变,设对应的误差信号 u_E 和控制脉冲 u_{PO} 的波形如图 7.19(a) 所示。如果输出电压 u_O 发生波动,例如 u_I 上升会导致 u_O 上升,则比较放大电路使 u_E 下降,脉宽调制器的输出信号 u_{PO} 的脉宽变窄,如图 7.22(b) 所示,开关调整管的开通时间减小,使 u_O 下降。通过上述调整过程,使输出电压 u_O 保持不变。

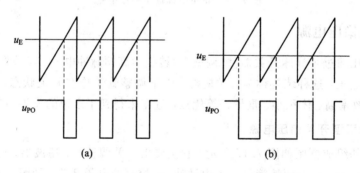

图 7.19 开关稳压电源工作原理示意图

输出电压 u_O 的稳定过程可描述如下:

$$u_O \uparrow \rightarrow u_E \downarrow \rightarrow u_{PO}(脉宽) \downarrow \rightarrow t_{on} \downarrow \rightarrow u_O \downarrow$$

这种定频调宽控制方法称为脉冲宽度调制(PWM)法。

串联降压型开关稳压电源的工作原理如图 7.20 所示。三极管 V 为开关调整管,稳压管 V_Z 的稳定电压 U_2 作为基准电压,电位器 R_w 对输出电压 u_O 取样送入比较放大环节与基准电压 u_2 相比较。滤波器由 L、C 和续流二极管 V_D 组成,当三极管 V 导通时,u_1 向负载 R_L 供电的同时也为电感 L 和电容 C 充电,当控制信号使开关调整管 V 截止时,电感 L 储存的能量通过续流二极管 V_D 向负载释放,电容也同时向负载放电。使负载电流连续的临界电感值为

$$L_C = \frac{R_L(1-\delta)}{2f} \tag{7-13}$$

实际使用中选用电感 L 应大于 L_C。

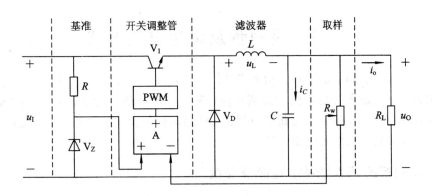

图 7.20　串联降压型开关稳压电源工作原理图

滤波电容的容量是根据输出电压的波纹峰值 U_{pp} 来确定的：

$$C \geqslant \frac{U_I \delta (1-\delta)}{8Lf^2 U_{pp}} \tag{7-14}$$

由于有滤波器的影响，该电路输出电压平均值 U_O 必然大于 δU_I，而小于 U_I，因此称为降压型开关电源。

2. 并联升压型开关稳压电源

并联升压型开关稳压电源的工作原理示意图如图 7.21 所示。当控制信号到来使开关调整管 V 导通期间，二极管 V_D 截止，其等效电路如图 7.21(b)所示，在此 T_{on} 期间，u_I 通过开关调整管 V 给电感 L 充磁储能，负载电压由电容 C 放电供给。当控制信号使开关调整管 V 关断期间，二极管 V_D 导通，其等效电路如图 7.21(c)所示，在此 T_{off} 期间，因电感储有能量产生的感应电动势能保持 i_L 的方向不变，即电动势的方向与 i_L 的方向一致，故 u_L 与 u_I 同向串联，两个电压叠加后通过二极管向负载供电，同时对电容 C 充电，使电感电流 i_L 连续导通。

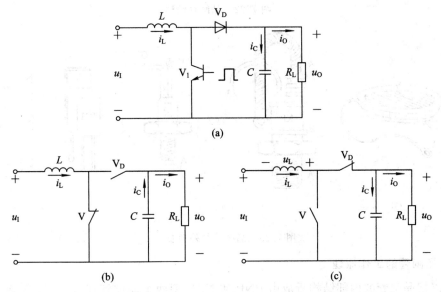

图 7.21　并联开关型稳压电源工作原理示意图

7.3 晶闸管及可控整流电路

晶闸管又称可控硅,是一种大功率半导体可控元件。它主要用于整流、逆变、调压、开关四个方面,应用最多的是晶闸管整流,具有输出电压可调等特点。晶闸管的种类很多,有普通单向和双向晶闸管、可关断晶闸管、光控晶闸管等。下面主要介绍普通晶闸管的工作原理、特性参数及简单的应用电路。

7.3.1 晶闸管的基本结构、性能及参数

1. 晶闸管的基本结构

晶闸管的基本结构是由 P_1—N_1—P_2—N_2 三个 PN 结四层半导体构成的,如图 7.22 所示。其中 P_1 层引出电极 A 为阳极;N_2 层引出电极 K 为阴极;P_2 层引出电极 G 为控制极,其外型及符号如图 7.23 所示。

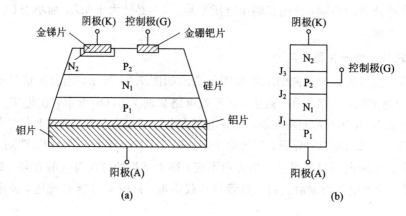

图 7.22 晶闸管结构

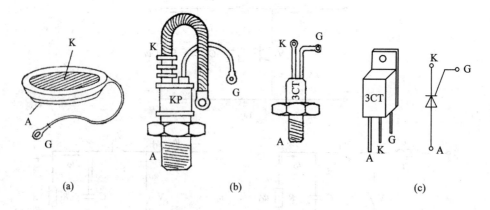

图 7.23 晶闸管的外型及符号

2. 晶闸管的工作原理

可以把晶闸管的内部结构看成由 PNP 和 NPN 型两个晶体管连接而成,如图 7.24 所示。当在 A、K 两极间加上正向电压 U_{AK} 时,由于 J_2 反偏,故晶闸管不导通,在控制极上加

一正向控制电压 U_{GK} 后，产生控制电流 I_G，它流入 V_2 管的基极，并经过 V_2 管电流放大得 $I_{C2}=\beta_2 I_G$；又因为 $I_{C2}=I_{B1}$，所以 $I_{C1}=\beta_1\beta_2 I_G$，$I_{C1}$ 又流入 V_2 管的基极再经放大形成正反馈，使 V_1 和 V_2 管迅速饱和导通。饱和压降约为 1 V 左右，使阳极有一个很大的电流 I_A，电源电压 U_{AK} 几乎全部加在负载电阻 R_L 上。这就是晶闸管导通的原理。当晶闸管导通后，若去掉 U_{GK}，则晶闸管仍维持导通。要使晶闸管重新关断，只有使阳极电流小于某一值，使 V_1、V_2 管截止，这个电流称维持电流。当可控硅阳极和阴极之间加反向电压时，无论是否加 U_{GK}，晶闸管都不会导通。

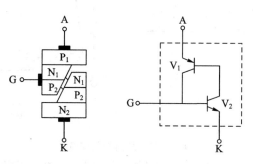

图 7.24　晶闸管内部结构

综上所述，晶闸管是一个可控制的单向开关元件，它的导通条件为：① 阳极到阴极之间加上阳极比阴极高的正偏电压；② 晶闸管控制极要加门极比阴极电位高的触发电压。而关断条件为晶闸管阳极接电源负极，阴极接电源正极，或使晶闸管中电流减小到维持电流以下。晶闸管的整个工作情况如图 7.25 所示。

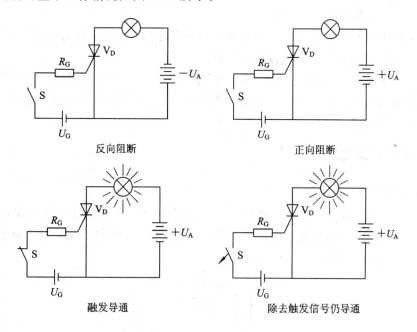

图 7.25　晶闸管工作情况

3. 晶闸管的基本特性

晶闸管的伏安特性如图 7.26 所示。图 7.26(a) 为 $I_G=0$ 时的伏安特性曲线。在伏安特性曲线上，除 BA 转折段外，很像二极管的伏安特性，因此晶闸管相当于导通时可控的一种二极管。在很大的正向和反向电压作用下，晶闸管都会损坏。通常是在晶闸管接通合适的正向电压下将正向触发电压加在控制极上，使晶闸管导通，其特性曲线如图 7.26(b) 所示，由图可知，控制极电流 I_G 愈大，正向转折电压愈低，晶闸管愈容易导通。

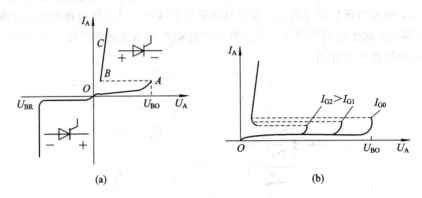

图 7.26 晶闸管伏安特性

（a）$I_G=0$ 时的伏安特性；（b）不同 I_G 时的伏安特性

4. 主要参数

（1）正向重复峰值电压 U_{FRM} 是在控制极断路时，可以重复加在晶闸管两端的正向峰值电压，通常规定该电压比正向转折电压小 100 V 左右。

（2）反向重复峰值电压 U_{RRM} 是在控制极开路时，可以重复加在晶闸管元件上的反向重复峰值电压，一般情况下 $U_{RRM}=U_{FRM}$。

（3）额定正向平均电流 I_F 是在规定环境温度和标准散热及全导通条件下，晶闸管元件可以连续通过的工频正弦半波电流的平均值。

（4）维持电流 I_H 是在规定环境温度和控制极开路时，维持元件继续导通的最小电流。

（5）触发电压 U_G 与触发电流 I_G 是在规定环境温度下加一正向电压，使晶闸管从阻断转变为导通时所需的最小控制极电压和电流。

7.3.2 可控整流电路

1. 单向半波可控整流电路

图 7.27 是由晶闸管组成的半波可控整流电路，其中负载电阻为 R_L，工作情况如图 7.28 所示（对不同性质的负载工作情况不同，在此仅介绍电阻性负载，对于电感性负载的工作情况可参考有关书籍）。

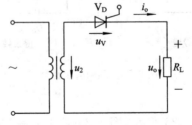

图 7.27 晶闸管组成的半波

由图 7.28 可见，在输入交流电压 u 的正半周时，晶闸管 V_D 承受正向电压。

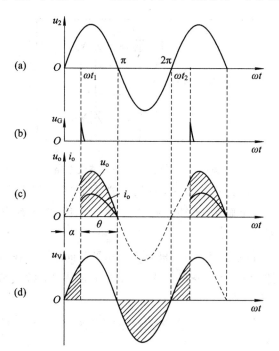

图 7.28　电压电流波形图

晶闸管承受反向电压而关断，负载上的电压、电流均为零。在第二个正半周内，再在相应的 ωt_2 时刻加入触发脉冲，晶闸管再次导通，使负载 R_L 上得到如图 7.28(c)所示的电压波形。图 7.28(d)所示的波形为晶闸管所承受的正向和反向电压。最高正向和反向电压均为输入交流电压的幅值。

显然，在晶闸管承受正向电压的时间内，改变控制极触发脉冲的加入时间（称为移相），负载上得到的电压波形随之改变。可见，移相可以控制负载电压的大小。晶闸管在加正向电压下不导通的区域称控制角 α（又称移相角），如图 7.28(c)所示；而导通区域称为导通角 θ，可以看出导通角愈大，输出电压愈高。可控整流电路输出电压和输出电流的平均值分别为

$$U_o = \frac{1}{2\pi}\int_{\alpha}^{\pi}\sqrt{2}U\sin\omega t\,\mathrm{d}(\omega t) = \frac{\sqrt{2}}{2\pi}U(1+\cos\alpha) = 0.45\frac{1+\cos\alpha}{2} \qquad (7-15)$$

$$I_o = 0.45\frac{U}{R_L}\cdot\frac{1+\cos\alpha}{2} \qquad (7-16)$$

由式(7-15)可知，输出电压 U_o 的大小随 α 的大小而变化。当 $\alpha=0$ 时，$U_o=0.45U$，输出最大，晶闸管处于全导通状态；当 $\alpha=\pi$ 时，$U_o=0$，晶闸管处于截止状态。以上分析说明，只要适当改变控制角 α，也就是控制触发信号的加入时间，就可灵活地改变电路的输出电压 U_o。

2. 单相半控桥式整流电路

单相半波可控整流电路虽然具有电路简单、使用元件少等优点，但输出电压脉动性大，电流小。单相半控桥式整流电路如图 7.29 所示，桥中有两个桥臂用晶闸管，另两个桥

臂用二极管。

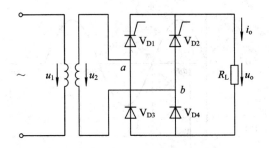

图 7.29　单相半控桥式整流电路

设 $u_2 = U_2 \sin\omega t$，当 u_2 为正半波时，瞬时极性为上"正"下"负"，V_{D1} 和 V_{D4} 承受正向电压。若在 t_1 时刻给 V_{D1} 加触发脉冲，则 V_{D1} 导通，负载上有电压 U_o，电流通路为 $a \rightarrow VD_1 \rightarrow R_L \rightarrow VD_4 \rightarrow b$。

当 u_2 为负半波时，晶闸管 V_{D2} 和二极管 V_{D3} 承受正向电压。在 t_2 时刻给 V_{D2} 加触发脉冲，V_{D2} 导通，电流通路为 $b \rightarrow V_{D2} \rightarrow R_L \rightarrow V_{D3} \rightarrow a$。显而易见，桥式整流的输出电压平均值要比单相半波整流大一倍，即

$$U_o = \frac{0.9U_2(1 + \cos\alpha)}{2} \qquad (7-17)$$

$$I_o = \frac{U_o}{R_L} = \frac{0.9U_2(1 + \cos\alpha)}{2R_L} \qquad (7-18)$$

7.3.3　可控整流的触发电路

产生和控制触发信号的电路称为触发电路，其工作性能的好坏对可控整流的效果有很大影响。触发电路的种类很多，在此仅介绍常用的单结晶体管触发电路。

1. 单结晶体管

单结晶体管的外形及结构如图 7.30（a）所示。单结晶体管有三个电极：E 为发射极，B_1、B_2 分别为第一基极和第二基极。由于有两个基极，通常又称为双基极二极管。单结晶体管发射极和两基极间的 PN 结具有单向导电性，可等效成一个二极管 V_D；两基极 B_1、B_2 之间的电阻约为 $2 \text{ k}\Omega \sim 12 \text{ k}\Omega$，$B_1$ 到 PN 结之间的硅片电阻为 R_{B1}；B_2 到 PN 结之间的硅

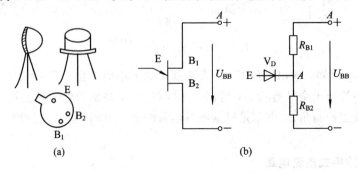

图 7.30　单结晶体管结构、符号及等效电路
（a）单结晶体管外形；（b）符号及等效电路

片电阻用 R_{B2} 表示；其等效电路及符号如图 7.30(b)所示。

$$U_A = \frac{R_{B1}U_{BB}}{R_{B2} + R_{B1}} = \eta U_{BB} \tag{7-19}$$

式中，$\eta = R_{B1}/(R_{B1} + R_{B2})$，称为分压比，一般在 0.3～0.9 之间。

　　设单结晶体管中 PN 结的导通压降为 U_D，当发射极电位 $U_E < U_D + \eta U_{BB}$ 时，单结晶体管因 PN 结反偏而截止，$I_E = 0$。如果调节发射极电位 U_E，使 $U_E > U_{D+} \eta U_{BB}$，单结晶体管中 PN 结导通，有电流 I_E 流进发射极，流过电阻 R_{B1}。因 R_{B1} 随电流增加而阻值减小，所以这个电流使 R_{B1} 减小，造成 I_E 进一步增大，使 R_{B1} 进一步减小，这个连锁正反馈过程很快使 R_{B1} 减小到最小值。上述电压值 $U_D + \eta U_{BB}$ 称为单结晶体管的峰点电压，用 U_P 表示。

　　当 R_{B1} 减小到最小值时，U_A 也下降到最小值 U_{Amin}，此时单结晶体管的发射极电位 $U_E = U_D + U_{Amin}$，叫做单结晶体管的谷点电压 U_V。在上述 R_{B1} 减小的过程中，由于 U_A 的下降，使 U_E 也跟着下降。这样，单结晶体管发射极电位 U_E 下降，发射极电流 I_E 反而增大，这种现象称为"负阻效应"。

　　综上所述：当 $U_E < U_V$ 时，单结晶体管截止；当 $U_E \geq U_P$ 时，单结晶体管处于导通状态；当 U_E 因导通从 U_P 下降到使 $U_E < U_V$ 时，单结晶体管将恢复截止。

2. 单结晶体管触发电路

　　利用单结晶体管的负阻效应并配以 RC 充放电回路，可以组成一个非正弦波的振荡电路，这个电路可产生可控整流电路中晶闸管所需的触发脉冲电压。单结晶体管触发脉冲电路如图 7.31 所示。

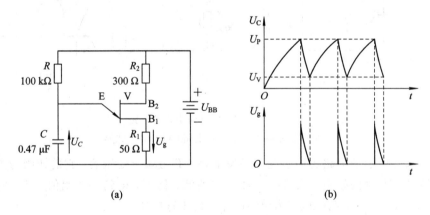

(a)　　　　　　　　　　　　　　　(b)

图 7.31　单结晶体管触发脉冲电路

(a) 触发脉冲电路；(b) 触发脉冲波形

　　在图 7.31 所示的电路中，接通电源以前 $U_C = 0$，接通电源后，电源通过电阻 R 向 C 充电，当 U_C 上升到峰点电压 U_P 时，即 $U_C = U_P$，单结晶体管导通，电容器 C 即通过 V 管向 R_1 放电。由于 R_{B1} 的负阻特性，R_{B1} 的阻值在 V 管导通后迅速下降，又因 R_1 的阻值很小，故放电很快，使 U_C 迅速下降，当 U_C 放电到谷点电压时，即 $U_C < U_V$ 时，单结晶体管恢复截止。电源又通过电阻 R 向 C 充电，使 U_C 再次等于 U_P，上述过程又重复进行。这样在电阻 R_1 上就得到了一个又一个由电容器放电产生的脉冲电压 U_g，因 C 放电很快，故 U_g 为尖脉冲电压。

3. 单结晶体管同步触发电路

在图 7.31 所示电路中，R_1 上产生的脉冲电压 U_g 不一定能触发晶闸管，因为触发脉冲与被触发的晶闸管可控整流电路还存在一个同步问题，为了解决这一问题，通常采用单结晶体管同步触发电路，如图 7.32 所示。

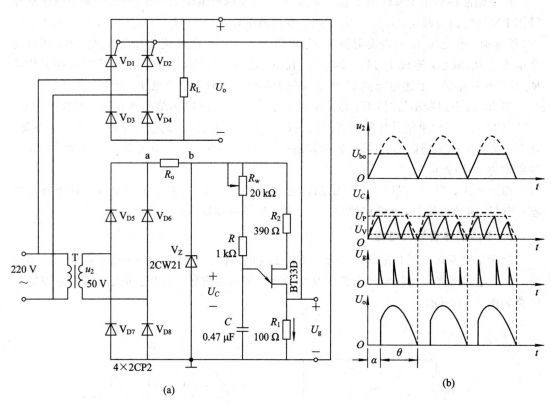

(a)　　　　　　　　　(b)

图 7.32　单结晶体管同步触发电路

(a) 单结晶体管同步触发电路；(b) 电压波形

图 7.32(a) 所示的电路为同步电压触发电路，T 为同步变压器，它的初级与主电路接在同一电源上，与之同频率的次级电压经桥式整流、稳压，得到一个幅值为 U_{bo} 的梯形电压，如图 7.32(b) 所示，此电压作为单结晶体管的工作电压。

当 U_{bo} 梯形电压由 0 上升时，电容器 C 开始充电。电容器 C 充电到单结晶体管峰点电压 U_P 时，单结晶体管进入负阻区，电容器 C 放电，在 R_1 上产生触发脉冲。电容器 C 放电到单结晶体管的谷点电压 U_V，当下一个 U_{bo} 梯形电压到来时，重复上述过程。

该电路在主电路交流电源的半个周期内，可能产生多个触发脉冲，但起作用的只有第一个触发脉冲，去触发加有正向电压的那个晶闸管导通。电路中各点电压的波形如图 7.33 (b) 所示。

输出电流电压的大小，可以通过调节充电回路的电阻 R_w 来实现。改变 R_w，即改变控制角 α 的大小，从而改变第一个实现脉冲输出时间，达到触发脉冲移相的目的。一般 R_w 愈小，α 愈小，导通角 θ 愈大，输出平均值电压愈高。

课 题 小 结

（1）直流稳压电源由变压、整流、滤波、稳压电路四部分组成。

（2）变压器将交流电源电压变成所需值的同频率电压。整流电路是利用二极管的单向导电性将电流转变成脉动直流电。为了消除直流电压中的波纹，采用滤波电路。负载电流小而变化大时用电容滤波，负载电流大时则采用电感滤波。

（3）稳压电路种类较多，并联型稳压电路输出电压不可调，串联型稳压电路功耗大、效率低。为了提高效率、节省能源，可采用开关型稳压电源。目前应用较多的是集成稳压电源。

（4）晶闸管是一种大功率开关器件，可组成可控整流电路，其特点是改变控制角 α 即可改变输出的直流电压。可控整流电路的单结晶体管同步触发电路可改变电容充放电回路的参数，即改变控制角 α。

思考题与习题

7.1 如题 7.1 图所示是一组多输出的整流电路，$R_{L1} = R_{L2} = 900\ \Omega$。试求：

（1）负载 R_{L1} 和 R_{L2} 上的整流电压平均值 U_{o1} 和 U_{o2}，并标出极性。

（2）二极管 V_{D1}、V_{D2} 和 V_{D3} 中的平均电流 I_{V1}、I_{V2}、I_{V3} 及各管所承受的最高反向电压 U_{RM1}、U_{RM2}、U_{RM3}。

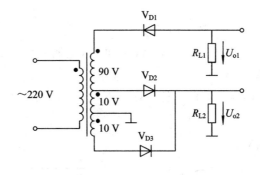

题 7.1 图

7.2 单相桥式全波整流电路如题 7.2 图所示。当电路出现下列几种情况时，会有什么问题？

（1）二极管 V_{D1} 开路，未接通。

（2）二极管 V_{D1} 短路。

（3）二极管 V_{D1} 极性接反。

（4）二极管 V_{D1}、V_{D2} 极性接反。

（5）二极管 V_{D1} 开路，V_{D2} 短路。

7.3 整流电路如题 7.3 图所示。已知输入正弦信号。

（1）试说明电路为哪种形式的整流电路，有何特点。

（2）当图中电流表满量程为 $100\ \mu A$ 时，R 取值应为多大？（计算时可忽略电流表和二极管上的压降。）

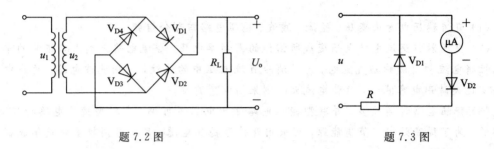

题 7.2 图   题 7.3 图

7.4　桥式全波整流电路如题 7.2 图所示。已知变压器副边电压。

（1）试计算负载 R 两端直流电压 $U_o=$？

（2）当负载电流 $I_L=0.5\ A$ 时，试确定整流二极管的正向平均电流 I_F 和反向耐压 U_R 的值。

7.5　桥式全波整流电路如题 7.5 图所示。试分析说明：

（1）R_{L1}、R_{L2} 两端为何种整流波形？

（2）若 $U_{21}=U_{22}=25\ V$，则 U_{o1}、U_{o2} 各为多少？

（3）若二极管 V_{D2} 虚焊，则 U_{o1}、U_{o2} 会发生什么变化？

7.6　桥式整流电容滤波电路如题 7.6 图所示。已知 $U_Z=6\ V$，$P_{ZM}=300\ mW$，在下列不同情况中，计算输出平均电压 U_o 的值。

（1）电容 C 虚焊。

（2）焊接正常，但 $R_L=\infty$（负载 R_L 开路）。

（3）整流桥中有一个二极管因虚焊开路，有电容 C，$R_L=\infty$。

（4）有电容 C，但 $R_L\neq\infty$。

（5）同上述（3），但 $R_L\neq\infty$，即一般负载情况下。

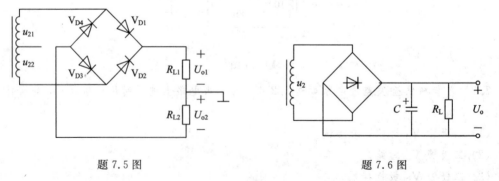

题 7.5 图   题 7.6 图

7.7　稳压管 V_Z 组成题 7.7 图电路，已知 $U_Z=6\ V$，$P_{ZM}=300\ mW$，V_Z 中电流不宜低于 $10\ \mu A$，当 $U_i=9\ V$ 时，试确定电阻 R 的范围。

7.8　稳压管稳压电路如题 7.8 图所示。已知 $U_{Z1}=6\ V$，$U_{Z2}=7\ V$，试确定 U_1 分别为 24 V 和 12 V 时，电路输出 U_o 的值。

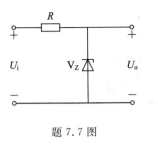

题 7.7 图

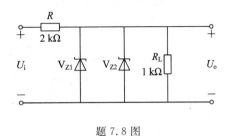

题 7.8 图

7.9　具有复合管的串联型稳压电路如题 7.9 图所示。已知三极管的 $U_{BE}=0.7$ V，$\beta_1=50$，$\beta_2=60$，$R_1=200$ Ω，$R_2=300$ Ω，$R_3=200$ Ω，$R_{c3}=9.2$ kΩ，$U_Z=4.3$ V。

(1) 试计算输出电压 U_o 可调的范围。

(2) 试计算负载 R_L 上最大电流 I_{Lmax}。

(3) 分析 V_2 管射极电阻 R_{e2} 的作用。

(4) 当 $U_1=24$ V 时，求调整管 V_1 的最大功耗 P_{CM}。

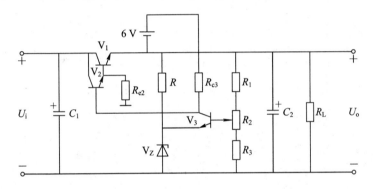

题 7.9 图

7.10　三端稳压器 W7815 和 W7915 组成的直流稳压电路如题 7.10 图所示，已知副边电压 $u_{21}=u_{22}=20\sin\omega t$ V。7900 系列稳压器为负电压输出。

(1) 在图中标明电容的极性。

(2) 确定 U_{o1}、U_{o2} 的值。

(3) 当负载 R_{L1}、R_{L2} 上的电流 I_{L1}、I_{L2} 均为 1 A 时，估算稳压器上的功耗 P_{CM} 值。

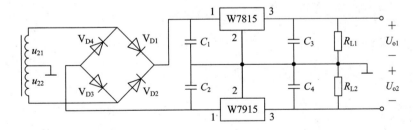

题 7.10 图

7.11　W7805 组成的恒流源电路如题 7.11 图所示，已知 $I_W=5$ mA，$R=200$ Ω，R_L 范围为 100 Ω～200 Ω，试计算：

(1) 负载 R_L 上的电流 I_O 值。

(2) 输出电压 U_O 的大小。

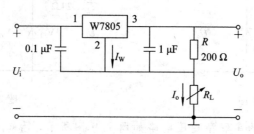

题 7.11 图

7.12 一单相半控桥式整流电路,其输入交流电压有效值为 220 V,负载为 1 kΩ 电阻,试求:当控制角 $\alpha=0°$ 及 $\alpha=90°$ 时,负载上电压和电流的平均值,并画出相应的波形。

7.13 一电阻性负载,要求在 0 V～60 V 范围内调压,采用单相半控桥式整流电路,直接由 220 V 交流电源供电,试计算整流输出平均电压为 30 V 和 60 V 时晶闸管的导通角。

课题 8　放大电路基础

　　放大电路的功能就是在电路的输入端加入一个微弱的电信号，在电路的输出端可得到一个被放大了的电信号。放大电路的本质是将能量比较小的输入信号转换为能量比较大的输出信号，能量来源于放大电路的供电电源。放大电路的作用只不过是控制电源的能量，使其按输入信号的变化规律产生输出而已。现代电子系统中，电信号的产生、发送、接收、变换和处理几乎都以放大电路为基础。

　　现代电子系统中应用最广泛的放大电路均以晶体管作为核心电路元件，并外接电阻、电容等元件。按照电路结构的不同，放大电路可以分为分立元件放大电路和集成放大电路。本课题主要介绍分立元件放大电路中的基本放大电路和集成放大电路，通过对于各种放大电路的组成及特点、工作原理、分析方法及其应用的学习，使学习者具备对于基本电子电路的电路识读和电路分析能力。

8.1　放大电路的组成及工作原理

8.1.1　放大电路的组成及习惯画法

1. 放大电路的组成

　　放大电路由输入信号源 U_S、晶体三极管 V、输出负载 R_L 及电源偏置电路（U_{BB}、R_b、U_{CC}、R_c）组成，如图 8.1 所示。由于电路的输入端 U_i 和输出端 U_o 共有四个端点，而三极管只有三个电极，因此必然有一个电极为输入、输出端所共用，因而就有共发射极（简称共射极）、共基极、共集电极三种组态的放大电路。

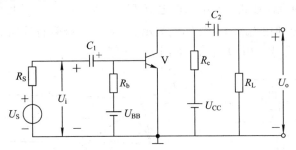

图 8.1　放大电路的组成

　　图 8.1 所示为最基本的共射极放大电路，其组成元件的作用如下：

　　（1）三极管 V（NPN 型）：起电流放大作用，使 $I_c=\beta I_b$，实现用 I_b 控制 I_c 的目的。

　　（2）电源 U_{BB} 和 U_{CC}：使三极管发射结正偏、集电结反偏，工作在放大状态，同时为电路提供能量来源。

　　（3）基极电阻 R_b：又称偏流电阻，用来调节基极的直流电流 I_B，使三极管工作在其特性曲线的线性区。

（4）集电极负载电阻 R_c：将随基极电流 I_b 变化而产生的变化的集电极电流 I_c 转换为变化的电压 U_{CE}（$U_{CE} = U_{CC} - I_cR_c$），并输出给负载形成输出电压 U_o。

（5）耦合电容 C_1、C_2：起"隔直通交"的作用，它把信号源与放大电路之间，放大电路与负载之间的直流隔开。使得 C_1 左侧、C_2 右侧只有交流而无直流，中间部分交直流共存。耦合电容一般多采用电解电容器。在使用时，应注意它的极性与加在它两端的工作电压极性相一致，正极接高电位，负极接低电位。

2. 放大电路的习惯画法

在实用电路中，用电源 U_{CC} 代替 U_{BB} 并提供基极所需的直流电流 I_B，形成单电源供电的基本放大电路。在电路图的绘制时，往往省略电源符号，只标出电源的端点，这样就得到如图 8.2 所示的习惯画法。

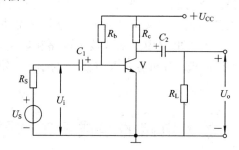

图 8.2 放大电路的习惯画法

8.1.2 放大电路的工作状态分析

1. 静态工作分析

1）直流通路及静态工作点

在图 8.2 所示的电路中，当 $U_i = 0$ 时，放大电路的工作状态称为静态。这时电路中的电压、电流都是直流，没有交流成分。耦合电容 C_1、C_2 视为开路，此时放大电路可以简化为如图 8.3(a) 所示的直流通路。其中基极电流 I_B、集电极电流 I_C 及集电极、发射极间电压 U_{CE} 只有直流成分，分别用 I_{BQ}、I_{CQ} 及 U_{CEQ} 表示。它们在三极管特性曲线上所确定的放大电路工作点称为静态工作点，用 Q 表示，如图 8.3(b) 所示。

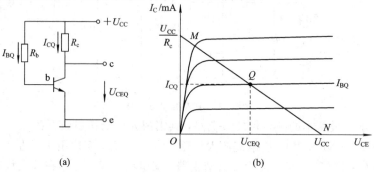

(a)   (b)

图 8.3 静态工作分析

(a) 直流通路；(b) 静态工作点

2）静态工作点的确定

静态工作点 Q 的位置由 I_{BQ}、I_{CQ} 及 U_{CEQ} 确定，I_{BQ}、I_{CQ} 及 U_{CEQ} 被称为静态参数。根据放大电路的直流通路可得到下列等式进行静态参数计算（式中 U_{BE} 为发射结的导通压降，可忽略不计）：

$$I_{BQ} = \frac{U_{CC} - U_{BE}}{R_b} \approx \frac{U_{CC}}{R_b} \tag{8-1}$$

$$I_{CQ} = \beta I_{BQ} \tag{8-2}$$

$$U_{CEQ} = U_{CC} - I_{CQ}R_c \tag{8-3}$$

图 8.3 中所示的直线 MN 是由式（8-3）所确定的直流负载线，静态工作点 Q 由 I_{BQ}、I_{CQ} 及 U_{CEQ} 三个静态参数确定并位于直流负载线 MN 上。静态工作点参数 I_{BQ}、I_{CQ} 及 U_{CEQ} 要确保三极管工作在其输出特性曲线的线性区的中间位置，静态工作点选择过高或过低都会导致放大电路对于输入交流信号的放大效果变差。通过改变基极电阻 R_b 和集电极负载电阻 R_c 的阻值可以调整静态工作点 Q 的位置，从而改善放大电路的性能。

2. 动态工作分析

1）放大电路的动态工作过程

放大电路的输入端加上正弦交流信号电压 U_i 时，放大电路的工作状态称为动态。这时电路中既有直流成分，也有交流成分，各极的电流和电压可表示如下：

$$i_B = I_{BQ} + i_b$$
$$i_C = I_{CQ} + i_c$$
$$u_{CE} = U_{CEQ} + u_{ce}$$

其中 I_{BQ}、I_{CQ} 及 U_{CEQ} 是在电源 U_{CC} 单独作用下产生的，称为直流分量。i_b、i_c 和 u_{ce} 是在输入交流信号电压 U_i 作用下产生的，称为交流分量。电路中各点的电流和电压波形及其动态关系如图 8.4 所示。

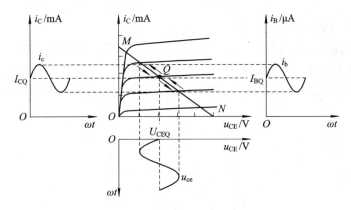

图 8.4 动态工作分析

由输入的交流信号电压 U_i 所产生的交流信号 i_b 叠加在直流信号 I_{BQ} 之上形成直交流混合输入电流 i_B 流入基极，经三极管放大后在集电极产生集电极电流 i_C。i_C 同样是由直流信号 I_{CQ} 和交流信号 i_c 叠加而成并完全随 i_B 的变化而变化，只是其大小是基极电流 i_B 的 β 倍。i_C 流过集电极负载电阻 R_c 并在直流电源 U_{CC} 的作用下形成直交流混合电压输出 u_{CE}，从图中可以看出 u_{CE} 的变化方向与输入电流 i_B 的变化方向正好相反。

2）放大电路的波形失真

放大电路的静态工作点 Q 对于放大电路动态工作过程有非常重要的影响。通过图8.5的波形分析可以看出，若 Q 点偏高，当 i_b 按正弦规律变化时，Q' 上升进入三极管的饱和区，造成 i_C 和 u_{ce} 的波形与 i_b（或 u_i）的波形不一致，输出电压 u_o（即 u_{ce}）的负半周出现平顶畸变，称为饱和失真；若 Q 点偏低，则 Q'' 下降进入三极管的截止区，输出电压 u_o 的正半周出现平顶畸变，称为截止失真。饱和失真和截止失真均是由于电信号超出了三极管的线性工作区（放大区）而分别进入了三极管的非线性工作区（饱和区和截止区）所造成的，因此统称为非线性失真。

对于输入的交流信号而言，放大电路应在确保没有波形失真的前提下再考虑提高电路的交流放大性能，否则电路难以对输入信号进行有效的放大。避免非线性失真产生的有效措施是将静态工作点设置在三极管的线性工作区的中间位置，这需要通过在放大电路的直流通路中合理地选择元件参数，正确地进行静态分析得以实现。

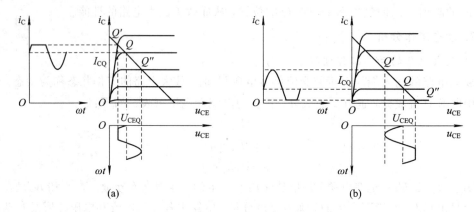

图8.5　放大电路的波形失真

（a）饱和失真；（b）截止失真

3）交流通路及动态指标

对于放大电路的动态分析，一般通过交流通路来研究。放大电路的交流通路，就是将直流电源 U_{CC} 置零接地，只考虑放大电路中交流信号的流通路径。在交流通路中耦合电容 C_1、C_2 由于其"隔直通交"作用被视为短路，直流电源 U_{CC} 被置零可视为短路接地。图8.2所示的交流通路如图8.6所示。

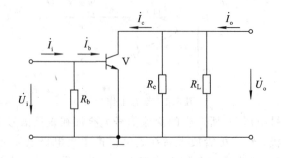

图8.6　放大电路的交流通路

由于放大电路主要应用于对于交流信号的放大，因此对于放大电路的性能研究主要通过分析交流通路，并通过计算放大电路的电压放大倍数 A_u，放大电路的输入电阻 r_i，放大电路的输出电阻 r_o 等动态指标（交流参数）完成。

电压放大倍数 A_u、输入电阻 r_i 和输出电阻 r_o 是衡量放大电路放大能力的主要指标，其具体含义如下：

（1）电压放大倍数 A_u：放大电路的输出电压与输入电压的比值，表示电路对于电压信号的放大能力。

$$A_u = \frac{u_o}{u_i} = \frac{\dot{U}_o}{\dot{U}_i} \tag{8-4}$$

（2）输入电阻 r_i：从放大电路的输入端看进去的等效电阻，表示放大电路对于输入信号的负载效应。

$$r_i = \frac{u_i}{i_i} = \frac{\dot{U}_i}{\dot{I}_i} \tag{8-5}$$

（3）输出电阻 r_o：从放大电路的输出端看进去的等效电阻，表示放大电路的带负载能力。

$$r_o = \frac{u_o}{i_o}\bigg|_{U_i=0,\,R_L\to\infty} = \frac{\dot{U}_o}{\dot{I}_o}\bigg|_{U_i=0,\,R_L\to\infty} \tag{8-6}$$

8.1.3　动态指标的计算——微变等效电路法

计算放大电路的动态参数，首先要解决的是三极管的非线性问题。三极管各极电压和电流的变化关系在较大范围内是非线性的。如果三极管工作在小信号情况下，信号只是在静态工作点附近小范围变化，三极管特性可看成是近似线性的，可用一个线性电路来代替，这个线性电路就称为三极管的微变等效电路。

1. 三极管的微变等效电路

在三极管的输入特性曲线中，静态工作点 Q 附近的工作段可近似地认为是直线。当 u_{CE} 为常数时，从 b、e 看进去三极管就是一个线性电阻。低频小功率晶体管的输入电阻常用下式计算（I_E 为发射极的静态电流）：

$$r_{be} = 300 + \frac{(\beta+1) \times 26(\text{mV})}{I_E(\text{mA})}(\Omega) \tag{8-7}$$

在三极管的输出特性曲线族中，若信号变化是在小范围内，特性曲线不但互相平行、间隔均匀，且与 u_{CE} 轴线平行。当 u_{CE} 为常数时，从输出端 c、e 极看，三极管就成了一个受控电流源，$\Delta I_C = \beta \Delta I_B$。由上述方法得到的三极管的微变等效电路如图 8.7 所示。

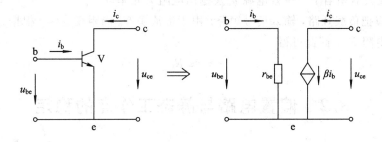

图 8.7　三极管的微变等效电路

2. 动态指标的计算

在放大电路的交流通路中，用三极管的微变等效电路替代三极管后可得到放大电路的微变等效电路，如图 8.8 所示。由此电路可以进行放大电路的动态参数电压放大倍数 A_u、输入电阻 r_i，输出电阻 r_o 的计算。

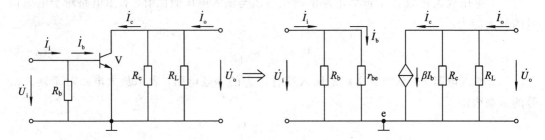

图 8.8　放大电路的微变等效电路

1）电压放大倍数 A_u

电压放大倍数 A_u 定义为输出电压 u_o 与输入电压 u_i 之比，是衡量放大器放大能力的指标。

$$\dot{U}_i = \dot{I}_b r_{be}$$

$$\dot{U}_o = -\dot{I}_c R'_L = -\beta \dot{I}_b R'_L$$

$$A_u = \frac{\dot{U}_o}{\dot{U}_i} = -\frac{\beta R'_L}{r_{be}} \tag{8-8}$$

式中，$R'_L = R_L // R_C$。

2）输入电阻 r_i

放大器接到信号源上以后，就相当于信号源的负载电阻，r_i 越大表示放大器从信号源（或前一级放大器）索取的电流越小，信号利用率越高，所以 r_i 的大小直接关系到信号源（或前一级放大器）的工作情况。r_i 可以直接从放大器的交流等效电路求取，由于恒流源 βi_b 的内阻为无穷大，因此往里看的电阻包括 r_{be} 和 R_b。

一般而言，由于 $R_b \gg r_{be}$，所以

$$r_i = \frac{\dot{U}_i}{\dot{I}_i} = R_b // r_{be} \approx r_{be} \tag{8-9}$$

3）输出电阻 r_o

放大器输出端带上负载后，输出电压比不带负载时将有所下降，因此，从放大器输出端往里看，放大器相当于一等效电源 u_o 及输出电阻 r_o 相串联。

求 r_o 时应把负载开路，输入信号短路。由于恒流源 βi_b 内阻视为 ∞，根据定义输出电阻不包含负载电阻 R_L，因此可得

$$r_o \approx R_C \tag{8-10}$$

8.2　偏置电路与静态工作点的稳定

8.2.1　放大电路静态工作点的稳定

如前所述，要确保放大电路能够对输入的交流信号进行有效放大，必须选择恰当的静

态工作点。放大电路的静态工作点是由放大电路的直流通路所确定的，放大电路的直流通路也称为偏置电路。图 8.9 所示电路为固定偏置电路。静态工作点参数为

$$I_{BQ} = \frac{U_{CC} - U_{BE}}{R_b} \approx \frac{U_{CC}}{R_b}$$

$$I_{CQ} = \beta I_{BQ}$$

$$U_{CEQ} = U_{CC} - I_{CQ} R_C$$

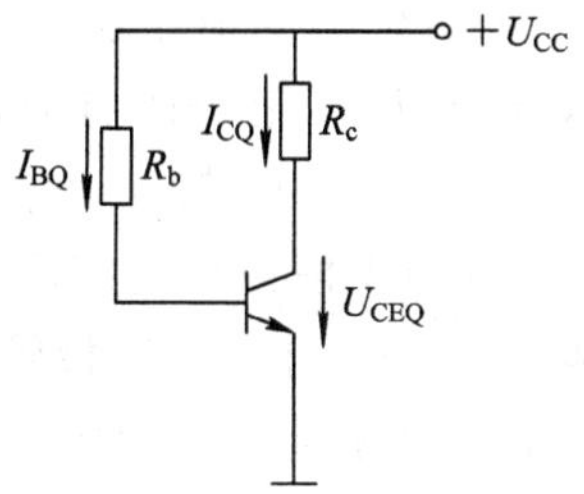

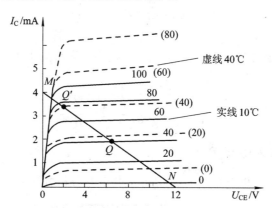

图 8.9　固定偏置电路

当电路中各元件参数、电源电压确定后，静态工作点基本固定不变，故称固定偏置电路。但是电路在实际工作过程中，不可避免的会受到诸如温度变化、电源电压波动以及元件老化等干扰因素的影响，使得静态工作点参数 I_{BQ}、I_{CQ} 及 U_{CEQ} 随之变化，导致静态工作点不稳定，从而影响放大性能。如图 8.10 所示为固定偏置电路在温度升高时，三极管的电流放大倍数 β 等参数随温度上升而增大，导致三极管特性曲线膨胀上移，使静态工作点由 Q 点上移至 Q' 点。由于此时静态工作点 Q' 已接近三极管的饱和区，极易产生饱和失真，因而使得放大电路无法对交流输入信号进行正常放大。

图 8.10　温度对静态工作点的影响

综上所述，放大电路的偏置电路应具备以下两个功能：

(1) 偏置电路能给放大电路提供合适的静态工作点。

(2) 温度及其他因素改变时，能使静态工作点稳定。

8.2.2　分压偏置电路

为了稳定静态工作点，可以对固定偏置电路进行改进，通过增加基极偏置电阻 R_{b2} 和发射极电阻 R_e 得到如图 8.11 所示的分压偏置电路。

　　分压偏置电路的基极偏置电阻有 R_{b1} 和 R_{b2}，U_{CC} 经 R_{b1} 和 R_{b2} 分压后，从 R_{b2} 上获得上正下负的电压 U_{BQ} 加到发射结上，故称为分压式。其中 R_{b1} 叫上偏流电阻，R_{b2} 叫下偏流电阻。由于 R_{b2} 与发射结并联，通常采用调节 R_{b1} 来改变 I_b。

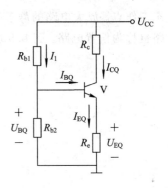

图 8.11　分压偏置电路

　　分压式偏置电路发射极串入发射极电阻 R_e，可以使放大电路的直流工作状态（静态工作点）不受或少受温度升高的影响。因为当温度升高时，热激发产生的少数载流子会成倍增加，三极管的穿透电流 I_{CEO} 增大，对于无 R_e 电阻的直流偏置电路会产生以下反应：温度 $T\uparrow \to I_{CEO}\uparrow \to I_C\uparrow (I_C = \beta I_B + I_{CEO}) \to U_{CE}\downarrow (U_{CE} = U_{CC} - I_C R_C)$，$U_{CE}$ 减少使得集电结反偏电压变小。可见，虽然偏置电路的参数（电源，电阻、三极管）不变，只是温度升高，偏置电压也随之改变，这会对放大器的工作产生不利影响，如放大倍数减少或产生失真现象等。

　　加入 R_e 以后，电路的工作情况便不同了：温度 $T\uparrow \to I_{CEO}\uparrow \to I_C(I_E)\uparrow \to U_E(=I_E R_e)\uparrow \to U_{BE}(=U_B - U_E)\downarrow \to I_B\downarrow \to I_C(I_E)\downarrow$，可见，由于 R_e 的作用，促使发射结正偏压下降，基极电流 I_B 减小，最终使集电极电流 I_C 和发射极电流 I_E 也随之减少。I_C 和 I_E 因温度上升增大，但同时又因 R_e 的作用而下降，说明 I_C 和 I_E 在工作过程中始终保持动态稳定，从而避免了温度变化产生直流工作点的波动。因此，R_e 可以稳定直流工作点，R_e 越大，稳定作用越明显。

　　实现上述稳定过程时必须满足以下两个条件：

　　（1）只有 $I_1 \gg I_{BQ}$，才能使 $U_{BQ} = U_{CC} \times \dfrac{R_{b2}}{R_{b1} + R_{b2}}$ 基本不变。一般取

$$I_1 = (5 \sim 10) I_{BQ} \qquad 硅管$$
$$I_1 = (10 \sim 20) I_{BQ} \qquad 锗管$$

　　（2）当 U_B 太大时必然导致 U_E 太大，使 U_{CE} 减小，从而减小了放大电路的动态工作范围。因此，U_B 不能选取太大。一般取

$$U_B = (3 \sim 5)\ \text{V} \qquad 硅管$$
$$U_B = (1 \sim 3)\ \text{V} \qquad 锗管$$

8.2.3　分压偏置放大电路分析

　　具有分压偏置的放大电路如图 8.12 所示，其电路分析方法如下。

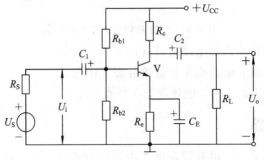

图 8.12　分压偏置放大电路

1. 静态分析

画出图 8.12 所示分压偏置放大电路的直流通路，如图 8.13 所示，求解步骤如下：

（1）求 I_E 和 I_C：先忽略 I_B 对基极电位 U_B 的影响，则 U_B 由 R_{b1} 和 R_{b2} 分压决定：

$$U_B = \frac{U_{CC}}{R_{b1} + R_{b2}} \cdot R_{b1} \qquad (8-11)$$

则

$$U_E = U_B - U_{BE}（U_{BE}\,为三极管发射结导通压降）$$

$$I_E = \frac{U_e}{R_e} \qquad (8-12)$$

$$I_C \approx I_E \qquad (8-13)$$

$$I_B = \frac{I_C}{\beta} \qquad (8-14)$$

（2）求 U_{CE}：由 U_{CC}—R_c—集电极—发射极—R_e—地组成的回路可得

$$I_C R_c + U_{CE} + I_E R_e = U_{CC}$$

$$U_{CE} = U_{CC} - (I_C R_c + I_E R_e) = U_{CC} - I_C(R_c + R_e) \qquad (8-15)$$

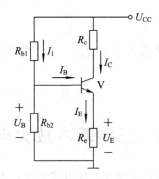

图 8.13 分压偏置放大电路的直流通路

2. 动态分析

对于交流信号，由于 R_e 两端并接有发射极电容 C_E，等效成交流通路后 R_e 被 C_E 短路，其微变交流等效电路如图 8.14 所示。

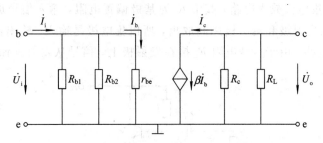

图 8.14 分压偏置放大电路的微变等效电路

1）电压放大倍数 A_u

$$A_u = \frac{u_o}{u_i}$$

由图 8.12 等效电路可得

$$u_o = -i_c R_L' = -\beta i_b R_L'$$

式中，$R_L' = R_c /\!/ R_L$。

$$u_i = i_b r_{be}$$

$$r_{be} = 300 + \frac{(\beta + 1) \times 26(\text{mV})}{I_E(\text{mA})} (\Omega)$$

$$A_u = \frac{-\beta i_b R_L'}{i_b r_{be}} = -\beta \frac{R_L'}{r_{be}} \tag{8-16}$$

2）输入电阻 r_i

$$r_i = \frac{u_i}{i_i}$$

r_i 可以直接从放大器的交流等效电路求取，由于恒流源 βi_b 的内阻为无穷大，从输入端往里看的电阻包括 r_{be}、R_{b1} 和 R_{b2}。

$$r_i = R_{b1} /\!/ R_{b2} /\!/ r_{be} \tag{8-17}$$

3）输出电阻 r_o

$$r_o = \frac{u_o}{i_o}$$

求 r_o 时应把负载开路，以使输入信号短路。由于恒流源 βi_b 内阻视为 ∞，因此根据定义输出电阻不包含负载电阻 R_L。

$$r_o = R_c \tag{8-18}$$

8.3　三种基本放大电路

放大电路中的三极管有三种基本接法，即共发射极、共集电极和共基极。通常把这三种接法称为三种基本组态，分别简称为共射、共集和共基组态。共射极放大电路在前面已作了详细讨论，下面分别讨论共集电极放大电路和共基极放大电路。

8.3.1　共集电极放大电路

图 8.15 为共集电极放大电路，其中 R_b 为基极偏置电阻，输入信号加在基极和集电极之间，输出信号从发射极和集电极之间取出，所以集电极是输入、输出回路的公共端，这种电路就是共集电路，由于负载电阻 R_L 接在发射极上，信号从发射极输出，故又称为"射极输出器"。

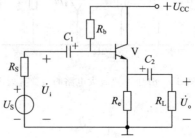

图 8.15　共集电极放大电路

1. 静态分析

由图 8.16(a)所示的直流通路可得出

$$U_{CC} = I_{BQ}R_b + U_{BEQ} + I_{EQ}R_e$$

$$I_{CQ} \approx I_{EQ} = \frac{U_{CC} - U_{BEQ}}{R_e + \dfrac{R_b}{1 + \beta}} \tag{8-19}$$

$$I_{BQ} = \frac{I_{CQ}}{\beta} \tag{8-20}$$

$$U_{CEQ} \approx U_{CC} - I_{EQ}R_e \tag{8-21}$$

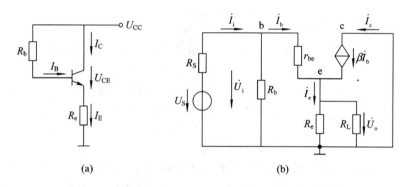

$$(a) \qquad\qquad\qquad (b)$$

图 8.16　共集电极放大电路的直流通路和微变等效电路

(a) 直流通路；(b) 微变等效电路

2. 动态分析

由图 8.16(b)所示的微变等效电路可得出以下参数：

(1) 电压放大倍数 A_u。

$$\dot{U}_o = \dot{I}_e R_L' = (1 + \beta)\dot{I}_b R_L'$$

$$R_L' = R_e /\!/ R_L$$

$$\dot{U}_i = \dot{I}_b r_{be} + \dot{I}_e R_L' = \dot{I}_b r_{be} + (1 + \beta)\dot{I}_b R_L'$$

$$\dot{A}_u = \frac{\dot{U}_o}{\dot{U}_i} = \frac{(1 + \beta)\dot{I}_b R_L'}{\dot{I}_b r_{be} + (1 + \beta)\dot{I}_b R_L'} = \frac{(1 + \beta)R_L'}{r_{be} + (1 + \beta)R_L'} \leqslant 1 \tag{8-22}$$

由于式中的 $(1+\beta)R_L' \gg r_{be}$，因而 A_u 可认为近似等于 1，同时输出信号与输入信号同相位。由此可以认为共集电极放大电路的输出完全跟随输入，且从发射极输出，故又称射极输出器或射极跟随器，简称射随器。

(2) 输入电阻 r_i。

$$r_i = R_b /\!/ [r_{be} + (1 + \beta)R_L'] \tag{8-23}$$

与共射极放大电路的输入电阻相比，共集电极放大电路的输入电阻很高，可达几十千欧到几百千欧。

(3) 输出电阻 r_o。

共集电极放大电路的输出电阻可由图 8.17 的等效电路计算。将信号源 U_s 置零短路，在输出端去掉 R_L 并加上交流电压 $\dot{U}_o$，形成输出电流 $\dot{I}_o$。

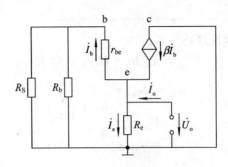

图 8.17 计算输出电阻的等效电路

根据 $\dot{U}_\mathrm{o}$ 与 $\dot{I}_\mathrm{o}$ 之间的关系，可计算输出电阻 r_o 如下：

$$\dot{I}_\mathrm{o} = \dot{I}_\mathrm{b} + \beta\dot{I}_\mathrm{b} + (1+\beta)\dot{I}_\mathrm{b} = \frac{\dot{U}_\mathrm{o}}{r_\mathrm{be} + R_\mathrm{S} \mathbin{/\mkern-5mu/} R_\mathrm{b}} + \frac{\beta\dot{U}_\mathrm{o}}{r_\mathrm{be} + R_\mathrm{S} \mathbin{/\mkern-5mu/} R_\mathrm{b}} + \frac{\dot{U}_\mathrm{o}}{R_\mathrm{e}}$$

$$r_\mathrm{o} = \frac{\dot{U}_\mathrm{o}}{\dot{I}_\mathrm{o}} = \frac{R_\mathrm{e}[r_\mathrm{be} + (R_\mathrm{S} \mathbin{/\mkern-5mu/} R_\mathrm{b})]}{(1+\beta)R_\mathrm{e} + [r_\mathrm{be} + (R_\mathrm{S} \mathbin{/\mkern-5mu/} R_\mathrm{b})]} \qquad (8-24)$$

$$(1+\beta)R_\mathrm{e} \gg [r_\mathrm{be} + (R_\mathrm{S} \mathbin{/\mkern-5mu/} R_\mathrm{b})]$$

$$r_\mathrm{o} \approx \frac{r_\mathrm{be} + R_\mathrm{S} \mathbin{/\mkern-5mu/} R_\mathrm{b}}{\beta} \qquad (8-25)$$

可见射极输出器的输出电阻很小，一般为几欧姆到几十欧姆。

射极输出器的主要特点：电压放大倍数略小于 1，输出电压与输入电压同相，输入电阻高，输出电阻低。输入电阻高，这意味着射极输出器可减小向信号源（或前级）索取的信号电流；输出电阻低则意味着射极输出器带负载能力强，即可减小负载变动对电压放大倍数的影响。另外，射极输出器对电流仍有较大的放大作用。由于具有上述的优点，所以尽管射极输出器没有电压放大作用，却获得了广泛的应用。利用输入电阻高和输出电阻低的特点，射极输出器被用作多级放大电路的输入级、输出级和中间级。射极输出器用作中间级时，可以隔离前后级的影响，所以又称为缓冲级，在这里它起着阻抗变换的作用。

8.3.2 共基极放大电路

共基极放大电路如图 8.18 所示，其中 R_c 为集电极电阻，R_b1、R_b2 为基极分压偏置电阻，基极所接的大电容 C_b 保证基极对地交流短路。基极是输入、输出回路的公共端，因此是共基极放大电路。

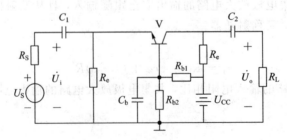

图 8.18 共基极放大电路

共基极放大电路的电路分析方法与共射极、共集电极放大电路相同，在此不再赘述。

其直流通路与分压式偏置电路的直流通路完全相同，其电压放大倍数 $\dot{A}_u = \dfrac{\dot{U}_o}{\dot{U}_i} = \beta\dfrac{R'_L}{r_{be}}$，在数值上与共射极放大电路相同，但不同于共射极放大电路的是输出电压与输入电压同相，故称为同相放大电路。

共基电路的输入电阻很低，一般只有几欧到几十欧。它的输出电阻较高。共基电路的输入电流为 i_e，输出电流为 i_c，没有电流放大作用。但是，由于共基电路的频率特性好，因此多用于高频和宽频带电路中。

8.3.3　三种基本放大电路的比较

由于三种基本放大电路的电路结构不同，导致它们的主要性能指标电压放大倍数 A_u、输入电阻 r_i 和输出电阻 r_o 各有特点，从而使得三种基本放大电路的应用特点也不一样，如表 8.1 所示。

表 8.1　三种基本放大电路的性能比较

	共射极放大电路	共集电极放大电路	共基极放大电路
电路结构			
A_u	$-\dfrac{\beta R'_L}{r_{be}}$	$\dfrac{(1+\beta)R'_L}{r_{be}+(1+\beta)R'_L}\approx 1$	$\dfrac{\beta R'_L}{r_{be}}$
r_i	$R_{b1}\,/\!/\,R_{b2}\,/\!/\,r_{be}$（中）	$R_b\,/\!/\,[r_{be}+(1+\beta)R'_L]$（大）	$R_e\,/\!/\,\dfrac{r_{be}}{1+\beta}$（小）
r_o	R_c	$R_e\,/\!/\left(\dfrac{r_{be}+R_b\,/\!/\,R_S}{1+\beta}\right)$（小）	R_c
应用特点	一般放大，多级放大电路的中间级	输入级、输出级或阻抗变换、（缓冲）级	高频放大、宽频带放大、振荡及恒流源电路

8.4　集成运算放大器

8.4.1　多级放大电路

在实际的电子设备中，为了得到足够大的放大倍数或者使输入电阻和输出电阻达到指标要求，往往将几个如前所述的基本放大电路连接在一起组成多级放大电路。根据每一个基本放大电路在多级放大电路中所处的位置和作用不同，一般将它们分别称为输入级、中间级及输出级，如图 8.19 所示。

图 8.19　多级放大电路框图

在多级放大电路中，输入级主要解决与输入信号源的配合，输出级主要解决如何满足负载的要求，中间级要保证得到足够大的放大倍数。各级放大电路的任务不同，因此其技术指标的要求也不同。一般而言，在本课题所研究的小信号多级放大电路中，输入级要求尽可能大的输入电阻 r_i，输出级要求尽可能小的输出电阻 r_o，中间级要求提高电压放大倍数 A_u。

1. 多级放大电路的耦合方式

多级放大器各级之间的连接方式称为耦合。放大电路中常用三种耦合方式：阻容耦合、变压器耦合和直接耦合。

阻容耦合是利用电容器作为耦合元件将前级和后级连接起来。这个电容器称为耦合电容，如图 8.20 所示。第一级的输出信号通过电容器 C_2 和第二级的输入端相连接。阻容耦合的优点是：前级和后级直流通路彼此隔开，每一级的静态工件点相互独立，互不影响，便于分析和设计电路。因此，阻容耦合在多级交流放大电路中得到了广泛应用。阻容耦合的缺点是：信号在通过耦合电容加到下一级时会大幅衰减，对直流信号（或变化缓慢的信号）很难传输。在集成电路里制造大电容很困难，不利于集成化。所以，阻容耦合只适用于分立元件组成的电路。

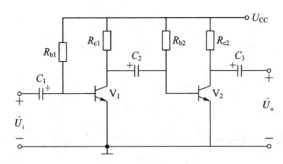

图 8.20　阻容耦合两级放大电路

变压器耦合是利用变压器将前级的输出端与后级的输入端连接起来，这种耦合方式称为变压器耦合，如图 8.21 所示。将 V_1 的输出信号经过变压器 T_1 送到 V_2 的基极和发射极之间。V_2 的输出信号经 T_2 耦合到负载 R_L 上。变压器耦合的优点是：由于变压器不能传输直流信号，且有隔直作用，因此各级静态工作点相互独立，互不影响。变压器在传输信号的同时还能够进行阻抗、电压、电流变换。变压器耦合的缺点是体积大、笨重，不能实现集成化应用等。

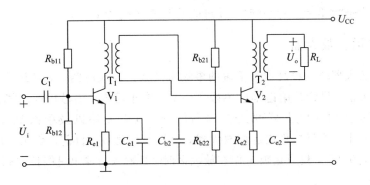

图 8.21　变压器耦合两级放大电路

直接耦合是将前级放大电路和后级放大电路直接相连的耦合方式，如图 8.22 所示。直接耦合所用元件少，体积小，低频特性好，便于集成化。直接耦合的缺点是：由于失去隔离作用，使前级和后级的直流通路相通，因而各级静态工作点会相互影响。

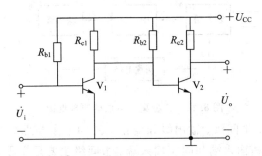

图 8.22　直接耦合两级放大电路

2. 多级放大电路的指标计算

从图 8.20 所示的阻容耦合两级放大电路可以看出，其输入电阻就是第一级放大器的输入电阻，即

$$r_i = r_{i1} = R_{b1} /\!/ r_{be1} \approx r_{be1}$$

同样，该两级放大器的输出电阻等于末级的输出电阻，即

$$r_o = r_{o2} = R_{c2}$$

电路总的电压放大倍数为各级放大电路的电压放大倍数之积，即

$$A_u = A_{u1} \cdot A_{u2}$$

依此类推，如果是 n 级放大器，则总电压放大倍数等于各级电压放大倍数之乘积，即

$$A_u = A_{u1} \cdot A_{u2} \cdots A_{un}$$

3. 放大倍数的分贝表示法

多级放大器的电压放大倍数等于各级电压放大倍数之积，所以多级放大器的放大倍数递增速率远远高于级数的增加。以两级放大电路为例，若每级放大倍数均为 100，则总电压放大倍数 $A_u = A_{u1} \cdot A_{u2} = 10\ 000$ 倍。在通信及音响系统中，人耳对声音的感觉远远小于放大倍数的增加，或者说，多级放大器的电压放大倍数增加速率极不符合人的感观体验。为了解决这一矛盾，人们把电压放大倍数用"分贝"(dB)表示，即

$$A_u(\text{dB}) = 20\ \lg |A_u|\ (\text{dB})$$

则当总电压放大倍数 $A_u = 10\ 000$ 时，其对应的分贝值为 80 dB。

8.4.2 集成运算放大器

集成运算放大器是一种高放大倍数的多级直接耦合放大电路，最初用于数的运算，所以称为运算放大器。尽管其用途早已不限于运算，由于习惯，仍沿用此名称。随着半导体技术的发展，可将构成放大器的元件如晶体管、电阻元件以及引线制作在面积仅为 $0.5\ \text{mm}^2$ 的硅片上，这就是集成运算放大器，简称集成运放。目前，集成运放的放大倍数可高达 10^7 倍（140 dB），集成运放工作在放大区时，其输入与输出呈线性关系，所以又称线性集成电路。

1. 集成运算放大器的结构特点

集成运放是一种应用极广的集成电路，尽管其类型很多，内部电路也不尽相同，但在组成结构上却大体相同。图 8.23 是典型集成运放的原理框图。

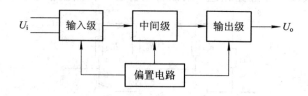

图 8.23 典型集成运放的原理框图

集成运放由输入级、中间级、输出级和偏置电路四个主要部分组成。输入级有两个输入端构成整个电路的反相输入端和同相输入端。中间级主要是完成电压放大任务，多采用有源负载的共射放大电路。输出级与负载相连，以降低输出阻抗、提高带负载能力为目的，一般由射极输出器或互补射极输出器组成。偏置电路是向各级提供稳定的静态工作电流。除此之外还有一些辅助电路，如电平偏移电路、保护电路等。

由于集成工艺的特点，集成运放电路和由分立元件组成的具有同样功能的电路相比，具有如下特点：

（1）由于集成工艺不能制作大容量的电容，所以电路结构均采用直接耦合方式。

（2）为提高集成度（指在单位硅片面积上所集成的元件数）和集成电路性能，一般集成电路的功耗要小，所以集成运放各级的偏置电流通常较小。

（3）集成运放中的电阻元件，是利用硅半导体材料的体电阻制成的，所以其电阻值范围有一定限制，一般在几十欧到几十千欧，太高或太低都不易制造。

（4）在集成电路中，大量使用有源器件组成的有源负载，以获得大电阻，提高放大电路的放大倍数，而且二极管也常用三极管代替。

2. 通用型集成运算放大器

所谓通用型集成运算放大器（运放），是指它的性能指标基本上可兼顾各方面的要求。μA741 是价廉物美、广泛使用的通用型运放，基本上能满足一般应用中的需要。

常见的 μA741 的外形如图 8.24 所示。电路的 8 只管脚序号均按逆时针方向排列，从结构特征（凹口）开始依次为 1、2、3、…、8。不同类型运放的外管脚排列是不同的，必须查阅产品手册来确定。在电路图中运放的符号如图 8.25 所示，在图形符号中通常只画出输入端和输出端，其余各端可不画。μA741 集成运放的各管脚功能如下：

管脚 1、5 为外接调零电位器的三个端子。

管脚 2 为反相输入端（IN$_-$），其电压值标为 U_-。

管脚 3 为同相输入端（IN$_+$），其电压值标为 U_+。

管脚 4 为负电源端（$-E_E$）。

管脚 6 为输出端（OUT），其电压值标为 U_o。

管脚 7 为正电源端（$+E_C$）。

管脚 8 为空脚。

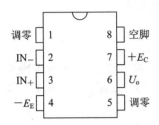

图 8.24　μA741 的管脚排列图

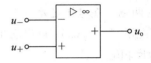

图 8.25　集成运放的符号

μA741 的电源电压适应范围较宽，为 $+9$ V$\sim+18$ V（$E_C=E_E$）。μA741 在零输入时，基本上是零输出，仅在要求很高时才使用调零电位器，不用调零电位器时 1 端与 5 端应悬空。

3. 集成运算放大器的主要性能指标

集成运放的参数是评价其性能优劣的主要标志，也是正确选择和使用的依据。因此，必须熟悉这些参数的含义和数值范围。

（1）开环差模电压放大倍数 A_{od}：集成运放在开环状态（无外加反馈回路）下，输出不接负载时的直流差模电压放大倍数。即 $A_{od}=U_o/U_{id}$，用分贝表示则为 $20\lg A_{od}$。对于集成运放而言，希望 A_{od} 大且稳定。通用型集成运放 A_{od} 一般为 60 dB$\sim$140 dB，高质量的集成运算放大器可高达 170 dB 以上。μA741 的 A_{od} 典型值约为 106 dB。

（2）最大输出电压 $U_{op\text{-}p}$：最大输出电压是指在一定的电源电压下，集成运放的最大不失真输出电压的峰峰值。μA741 的 $U_{op\text{-}p}$ 约为 ±13 V$\sim\pm14$ V。

（3）差模输入电阻 r_{id}：r_{id} 的大小反映了集成运放输入端向差模输入信号源索取电流的大小。要求 r_{id} 愈大愈好，一般集成运放的 r_{id} 为几百千欧至几兆欧，μA741 的 r_{id} 为 2 MΩ。

（4）输出电阻 r_o：r_o 的大小反映了集成运放在小信号输出时的负载能力。r_o 愈小带负载的能力愈强。μA741 的 r_o 为 75 Ω。

集成运放的指标除了上述介绍的几个以外，还有一些其他指标，使用时可查阅集成电路手册，这里不再一一叙述。集成运放指标的含义只有结合具体应用才能正确领会。

集成运放种类较多，有通用型，还有为不同需要而设计的专用型，如高速型、高阻型、高压型、大功率型、低功耗型等。

4. 集成运放的电压传输特性

集成运放输出电压 u_o 与输入电压 $u_i=u_+-u_-$ 之间的关系曲线称为电压传输特性，如图 8.26 所示。可以看出集成运放有两个工作区间：

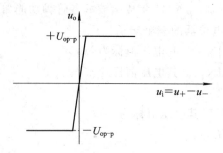

图 8.26　集成运放的电压传输特性

（1）线性放大区：

$$u_o = A_{ud} u_i = A_{ud}(u_+ - u_-)$$

式中，u_i 为两输入端电压之差 $u_i = u_+ - u_-$，称为差模输入信号，A_{ud} 称为差模电压放大倍数（一般情况下 $A_{ud} = A_{od}$）。可以看出，u_o 与 u_+ 同相，u_o 与 u_- 反相，所以称 IN_+ 为同相输入端，IN_- 为反相输入端。

（2）非线性区（饱和区）：

$$u_o = \begin{cases} +U_{op\text{-}p} & u_+ > u_- \\ -U_{op\text{-}p} & u_+ < u_- \end{cases}$$

式中，$\pm U_{op\text{-}p}$ 为集成运放的正负向最大输出电压。

8.4.3　集成运算放大器的线性应用

1. 理想集成运算放大器

所谓理想集成运放，就是将集成运放的各项技术指标理想化，即开环电压放大倍数 $A_{od} = \infty$；输入电阻 $r_{id} = \infty$；输出电阻 $r_o = 0$。

由于实际集成运放与理想集成运放比较接近，因此在分析、计算应用电路时，用理想集成运放代替实际集成运放所带来的误差并不严重，在一般工程计算中是允许的。

2. 虚短和虚断

当集成运放工作在线性区时，作为一个线性放大器件，它的输出信号和输入信号之间满足如下关系：

$$u_o = A_{ud}(u_+ - u_-) = A_{od}(u_+ - u_-)$$

由于理想集成运放 $A_{od} = \infty$，而 u_o 是有限值，故由上式可得 $u_+ - u_- \approx 0$，即 $u_+ \approx u_-$。此条件称为"虚短"，即同相输入端与反相输入端电位相等，但不是真正的短路。

又由于理想集成运放 $r_{id} = \infty$，所以集成运放输入端（反相端和同相端）均不从外部电路取用电流，即 $i_+ = i_- \approx 0$。此条件称为"虚断"，即可将同相输入端与反相输入端之间看成断路，但又不是真正的断路。

"虚短"和"虚断"两个结论大大简化了集成运放应用电路的分析计算，凡是线性应用，均要用这两个结论，因此必须牢记。

3. 集成运放的两种基本电路

将输入信号按比例放大的电路，称为比例放大电路。按输入信号加入的输入端方式可分为反相输入比例放大、同相输入比例放大两种。比例放大电路实际上就是集成运算放大电路两种主要的放大形式。

1）反相输入比例放大电路

输入信号加入反相输入端，电路如图 8.27 所示。

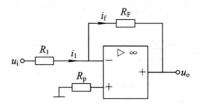

图 8.27 反相输入比例放大电路

因为 $U_+ = 0$，再由虚短关系可知 $U_- = 0$，常称此点为"虚地"。因此有

$$I_1 = \frac{U_i - U_-}{R_1} = \frac{U_i}{R_1}$$

和

$$U_o = -I_f R_F$$

又由虚断的概念可知 $I_- = 0$，因此有 $I_f = I_1$，所以

$$U_o = -I_f R_F = -\frac{R_F}{R_1}U_i \qquad (8-26)$$

U_o 与 U_i 是比例关系，改变比例系数 R_F/R_1，即可改变 U_o 的数值。负号表示输出电压与输入电压极性相反。

因为实际运放并非是理想运放，所以要求从集成运放的两个输入端向外看的等效电阻相等，称之为平衡条件，所以，在同相端应接入 R_p，对此例 $R_p = R_1 /\!/ R_F$。由虚断可知 $I_+ = 0$，R_p 上电压为零，所以仍然有 $U_+ = 0$，不影响上面得出的输入输出关系。

2）同相输入比例放大电路

输入信号加入同相输入端，电路如图 8-28 所示。

因为 $U_- = U_+ = U_i$（虚短但不是虚地）

$I_- = I_+ = 0$（虚断）

而从 $U_o \rightarrow R_F \rightarrow R_1 \rightarrow$ 地回路又有如下关系：

$$U_- = \frac{R_1}{R_1 + R_F}U_o$$

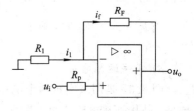

图 8.28 同相输入比例放大电路

所以

$$U_o = \left(\frac{R_1 + R_F}{R_1}\right)U_- = \left(1 + \frac{R_F}{R_1}\right)U_- = \left(1 + \frac{R_F}{R_1}\right)U_i \qquad (8-27)$$

改变 R_F/R_1 即可改变 U_o 的数值，且输出电压与输入电压的极性相同。

4. 集成运放的基本运算电路

对信号进行比例、加减和积分运算是集成运算放大电路最基本的应用，被广泛地用于模拟计算机和自动控制系统中。前面讨论过的反相输入放大电路和同相输入放大电路，均称为比例运算放大电路，其输出与输入信号成比例，比例系数仅由外电路的元件参数决定。

1) 反相器和同相器

在反相比例运算放大电路中，若 $R_F = R_1$，其闭环电压放大倍数为 -1。因此，这种电路称为反相器。在同相比例运算放大电路中，若 $R_F = 0$ 或 $R_1 = \infty$，则 $U_o = U_i$，即构成同相器或称电压跟随器(缓冲器)。由于运放的优良性能，所以由它构成的电压跟随器不仅精度高，而且输入电阻大、输出电阻小。电路如图 8.29 所示。

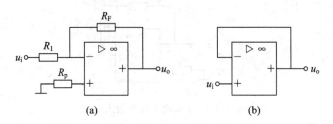

图 8.29　反相器和同相器

(a) 反相器；(b) 同相器

2) 加法运算电路

在反相比例运算放大电路的基础上增加几个输入支路便可组成反相求和电路，也称反相加法器，如图 8.30 所示。

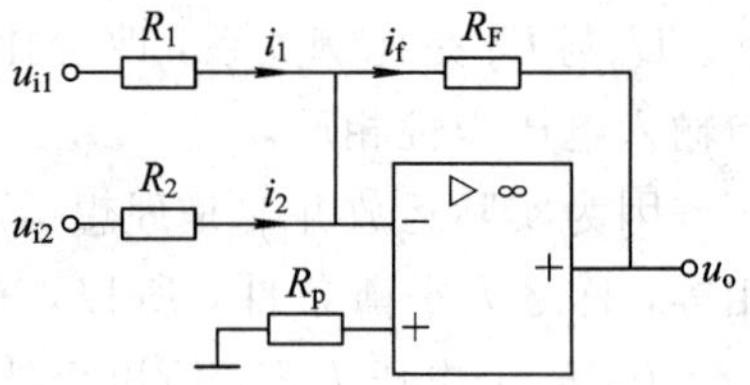

运用虚短和虚地概念，即 $i_+ = i_- = 0$ 和 $u_+ = u_- = 0$ 得

$$i_f = i_1 + i_2 = \frac{u_{i1}}{R_1} + \frac{u_{i2}}{R_2}$$

则　　　　　　　　　$u_o = -i_f R_F$

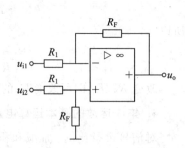

图 8.30　加法运算电路

所以　　　　$u_o = -\left(\frac{R_F}{R_1}u_{i1} + \frac{R_F}{R_2}u_{i2}\right)$　　(8 - 28)

当 $R_F = R_1 = R_2$ 时，则有

$$u_o = -(u_{i1} + u_{i2})$$

3) 减法运算电路

图 8.31 是用来实现两个电压 u_{i1} 和 u_{i2} 相减的电路。运放的同相端和反相端都接有输入信号，外接平衡电阻满足匹配要求。

输出电压可应用叠加原理来计算。

(1) 求出 u_{i1} 单独作用时的输出电压 u_{o1}：

$$u_{o1} = -\frac{R_F}{R_1}u_{i1}$$

(2) 求出 u_{i2} 单独作用时的输出电压 u_{o2}：

$$u_{o2} = \left(1 + \frac{R_F}{R_1}\right)\frac{R_F}{R_1 + R_F}u_{i2} = \frac{R_F}{R_1}u_{i2}$$

(3) 在 u_{i1} 和 u_{i2} 同时作用时，有输出电压 u_o：

$$u_o = u_{o1} + u_{o2} = \frac{R_F}{R_1}(u_{i2} - u_{i1})　　(8 - 29)$$

图 8.31　减法运算电路

当 $R_F = R_1$ 时，$u_o = u_{i2} - u_{i1}$，从而实现了两个信号相减的运算。图 8.31 所示减法运算电路也称差动运算放大电路。

8.4.4　集成运算放大器的非线性应用

当集成运放工作在非线性区时，$u_o = A_{ud}(u_+ - u_-)$ 的关系不再成立，因此不能使用"虚短"进行电路分析，但"虚断"依然成立。此时电路的特点是：若同相端输入电压大于反相端输入电压，即 $u_+ > u_-$，则输出电压 u_o 即达到正向最大 $U_{om} = +U_{op\text{-}p}$；若同相端输入电压小于反相端输入电压，即 $u_+ < u_-$，则输出电压 u_o 即达到负向最大 $-U_{om} = -U_{op\text{-}p}$。

最典型的非线性应用电路是电压比较器，如图 8.32(a)所示。其电路功能是将输入电压 u_i 与参考电压 U_R 相比较，根据二者的大小关系产生以高、低电平为特征的输出信号。电压比较器广泛的应用于越限报警、模数转换及波形变换等方面。

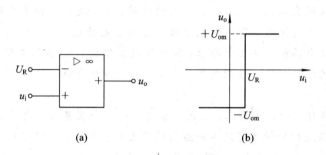

图 8.32　电压比较器

（a）电路结构；（b）电压传输特性

利用图 8.32(b)所示的电压传输特性，可以实现波形变换。图 8.33(a)所示为将正弦波变换为矩形波的波形变换图。当参考电压 $U_R = 0$ 时，电压比较器称为过零电压比较器，此时波形变换如图 8.33(b)所示，输出波形为方波。可见，改变参考电压 U_R 的值，可以改变输出波形的占空比。

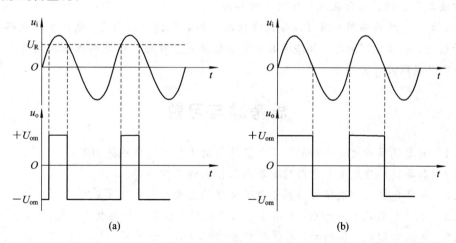

图 8.33　波形变换

（a）正弦波变换为矩形波；（b）正弦波变换为方波

课 题 小 结

本课题主要讨论了分立元件放大电路的组成、工作原理、放大性能指标以及电路分析方法，并以此为基础对集成运算放大器的典型应用电路进行了研究。

（1）放大电路中存在着直流、交流两种形式的电信号，交流信号必须叠加在直流信号之上才能得到有效的放大。通过图解分析放大电路的工作原理可以充分认识电路中各元件的作用及其参数变化对于放大电路工作的影响。

（2）对于放大电路的完整分析必须通过分析其直流通路和交流通路来进行。直流通路分析的目的是计算 I_{BQ}、I_{CQ} 和 U_{CEQ} 以确定放大电路的静态工作点参数，选择合理的静态工作点对于放大输入的交流信号起着至关重要的作用。为了避免各种干扰对于静态工作点的影响，可以采用分压偏置电路作为直流通路以达到稳定静态工作点的目的。交流通路分析的目的是计算放大电路的主要放大指标，即电压放大倍数 A_u、输入电阻 r_i 和输出电阻 r_o。通过建立三极管的线性模型——微变等效电路，从而分析交流通路即可计算出放大电路的各项指标。

（3）放大电路有三种基本组态：共射极、共集电极和共基极。使用微变等效电路法对三种基本放大电路进行分析可得到不同组态的放大性能指标。共射极放大电路电压放大倍数较大，应用最为广泛。共集电极放大电路输入电阻大，输出电阻小，电压放大倍数近似为 1，常用于多级放大电路的输入、输出级。共基极放大电路适用于高频放大。

（4）集成运算放大器是模拟集成电路的典型器件。通用型运放使用广泛，理解集成运放主要参数的意义是正确选择和应用集成运放的基础。一般情况下可将集成运放看做理想运放。集成运放工作在线性区时，运用"虚短"和"虚断"两个重要结论来分析电路，可使电路的分析计算大为简化。集成运放工作在非线性区时，"虚短"的结论不再成立，此时电路分析方法与集成运放工作在线性区时有所不同。

（5）集成运放的应用电路可以分为线性应用和非线性应用两类。线性应用电路主要实现信号运算，包括比例运算、加法运算和减法运算等。最典型的非线性应用电路是电压比较器，可以实现波形变换等功能。

思考题与习题

8.1　简要说明放大电路的静态工作点选择对于放大电路性能的影响。

8.2　简要说明分压偏置电路稳定静态工作点的工作原理。

8.3　共集电极放大电路与共射极放大电路的放大性能有何区别？

8.4　电路如题 8.4 图所示，画出直流通路并列出静态工作参数 I_C、I_B、U_{CE} 的表达式。

8.5　电路如题 8.5 图所示，晶体管的 $\beta=80$，$U_{BE}=0.6$ V，$U_{CC}=15$ V，$R_b=56$ kΩ，$R_c=5$ kΩ，分别计算 $R_L=\infty$ 和 $R_L=3$ kΩ 时的 Q 点、A_u、r_i 和 r_o。

8.6　在题 8.6 图中，取 $R_{b1}=27$ kΩ，$R_{b2}=12$ kΩ，$R_c=3$ kΩ，$R_e=2$ kΩ，$R_L=3$ kΩ，$U_{CC}=16$ V，$\beta=50$，$U_{BE}=0.6$ V。

（1）计算 I_C、I_B、U_{CE}。

（2）计算 A_u、r_i 和 r_o。

（3）若换上一只 $\beta=100$ 的同型号三极管，电路还能维持正常放大吗？

8.7 在题 8.7 图中，设 $\beta=100$，$U_{BE}=0.6\ \mathrm{V}$，$R_{b1}=100\ \mathrm{k\Omega}$，$R_{b2}=33\ \mathrm{k\Omega}$，$R_c=3\ \mathrm{k\Omega}$，$R_{e1}=200\ \Omega$，$R_{e2}=1.8\ \mathrm{k\Omega}$，$R_L=3\ \mathrm{k\Omega}$，$U_{CC}=16\ \mathrm{V}$。

（1）画出直流通路。

（2）计算静态工作点。

（3）画出微变等效电路。

（4）计算 A_u、r_i 和 r_o。

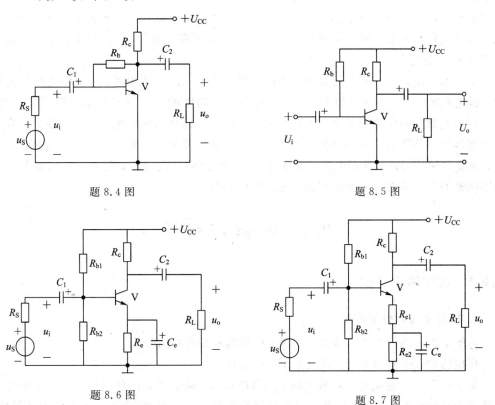

题 8.4 图　　　　　　　　　题 8.5 图

题 8.6 图　　　　　　　　　题 8.7 图

8.8 电路如题 8.8 图所示，求输出电压 u_o 值。

8.9 运算电路如题 8.9 图所示，写出输出电压 u_o 的表达式。

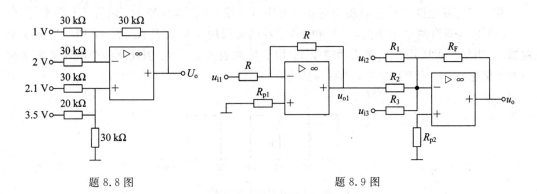

题 8.8 图　　　　　　　　　题 8.9 图

课题 9 数字电路基础

电子电路所处理的电信号可以分为两大类：一类是在时间和数值上都是连续变化的信号，称为模拟信号；另一类是在时间和数值上都是离散的信号，称为数字信号。处理数字信号的电子电路称为数字电路。自 20 世纪 70 年代以来，随着计算机技术的飞速发展，用数字电路进行信号处理的优势越发明显。这种所谓的"数字化"浪潮已经席卷了电子技术几乎所有的应用领域。

对于数字电路的研究主要是研究电路的输出与输入之间的逻辑关系，即电路的逻辑功能，因此数字电路也称为逻辑电路。按照电路逻辑功能的不同可将数字电路划分为两类：组合逻辑电路和时序逻辑电路。组合逻辑电路以门电路作为构成电路的基本单元，时序逻辑电路以触发器作为构成电路的基本单元。本课题主要介绍逻辑门电路、常用组合逻辑电路、触发器和常用时序逻辑电路，通过对于各种电路的功能分析，使学习者具备对于一般数字电路的分析能力并了解常用数字电路的应用特点。

9.1 逻 辑 门 电 路

9.1.1 数字逻辑基础

1. 模拟信号和数字信号

电子电路中的信号可以分为两大类：模拟信号和数字信号。

模拟信号——时间连续、数值也连续的信号。

数字信号——时间上和数值上均是离散的信号。如电子表的秒信号、生产流水线上记录零件个数的计数信号等。这些信号的变化发生在一系列离散的瞬间，其值也是离散的。

数字信号只有两个离散值，常用数字 0 和 1 来表示。注意，这里的 0 和 1 没有大小之分，只代表两种对立的状态，称为逻辑 0 和逻辑 1，也称为二值数字逻辑。

数字信号在电路中往往表现为突变的电压或电流，如图 9.1 所示。该信号有两个特点：

(1) 信号只有两个电压值，5 V 和 0 V。我们可以用 5 V 来表示逻辑 1，用 0 V 来表示逻辑 0；当然也可以用 0 V 来表示逻辑 1，用 5 V 来表示逻辑 0。因此这两个电压值又常被称为逻辑电平。5 V 为高电平，0 V 为低电平。

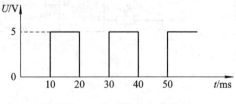

图 9.1 典型的数字信号

（2）信号从高电平变为低电平，或者从低电平变为高电平是一个突然变化的过程，这种信号又称为脉冲信号。

2. 数制与编码

1）数制

二进制是数字电路中应用最广泛的一种数值表示法。为了能更容易地理解有关概念，先简单介绍一下人们十分熟悉的十进制表示法。

（1）十进制：基本数码 0、1、2、3、…、9，权为 10^i，任意十进制数用 $(R)_{10}$ 或十进制数后加英文字母 D 表示。十进制的任意数可以按权展开为

$$R = a_n \cdot 10^n + a_{n-1} \cdot 10^{n-1} + \cdots + a_1 \cdot 10^1 + a_0 \cdot 10^0 + a_{-1} \cdot 10^{-1} + a_{-2} \cdot 10^{-2} + \cdots + a_{-m} \cdot 10^{-m}$$

在十进制数中，3058.72 可表示为：$3058.72 = 3 \times 10^3 + 0 \times 10^2 + 5 \times 10^1 + 8 \times 10^0 + 7 \times 10^{-1} + 2 \times 10^{-2}$。

（2）二进制：基本数码 0、1，权为 2^i，任意二进制数用 $(R)_2$ 或二进制数后加英文字母 B 表示。二进制的任意数其按权展开式为

$$R = a_n \cdot 2^n + a_{n-1} \cdot 2^{n-1} + \cdots + a_1 \cdot 2^1 + a_0 \cdot 2^0 + a_{-1} \cdot 2^{-1} + a_{-2} \cdot 2^{-2} + \cdots + a_{-m} \cdot 2^{-m}$$

在数字系统中，除了常用的二进制数制外，还用到八进制、十六进制等。其与十进制之间的关系如表 9.1 所示。

表 9.1　常用进位计数制表示方法

十进制	二进制	八进制	十六进制
0	0	0	0
1	1	1	1
2	10	2	2
3	11	3	3
4	100	4	4
5	101	5	5
6	110	6	6
7	111	7	7
8	1000	10	8
9	1001	11	9
10	1010	12	A
11	1011	13	B
12	1100	14	C
13	1101	15	D
14	1110	16	E
15	1111	17	F
16	10000	20	10

2）不同数制之间的相互转换

（1）二进制转换成十进制。

例 9.1　将二进制数 10011.101 转换成十进制数。

解　将每一位二进制数乘以位权，然后相加，可得

$$(10011.101)B = 1\times2^4 + 0\times2^3 + 0\times2^2 + 1\times2^1 + 1\times2^0 + 1\times2^{-1} + 0\times2^{-2} + 1\times2^{-3}$$
$$= (19.625)D$$

（2）十进制转换成二进制。

可用"除 2 取余"法将十进制的整数部分转换成二进制。

例 9.2　将十进制数 23 转换成二进制数。

解　根据"除 2 取余"法的原理，按如下步骤转换：

$$
\begin{array}{r|l}
2 & 23 \\
2 & 11 \\
2 & 5 \\
2 & 2 \\
2 & 1 \\
\hline
& 0
\end{array}
\quad
\begin{array}{l}
\cdots\cdots\ 余1\ b_0 \\
\cdots\cdots\ 余1\ b_1 \\
\cdots\cdots\ 余1\ b_2 \\
\cdots\cdots\ 余0\ b_3 \\
\cdots\cdots\ 余1\ b_4
\end{array}
\quad
读取次序
$$

则　　　　　　　　　　　　　　$(23)D = (10111)B$

可用"乘 2 取整"的方法将任何十进制数的纯小数部分转换成二进制数。

（3）二进制转换成十六进制。

由于十六进制基数为 16，而 $16 = 2^4$，因此，4 位二进制数就相当于 1 位十六进制数。故可用"4 位分组"法将二进制数化为十六进制数。

例 9.3　将二进制数 1001101.100111 转换成十六进制数。

解　　　　$(1001101.100111)B = (0100\ 1101.1001\ 1100)B = (4D.9C)H$

同理，若将二进制数转换为八进制数，可将二进制数分为 3 位一组，再将每组的 3 位二进制数转换成一位八进制即可。

（4）十六进制转换成二进制。

由于每位十六进制数对应于 4 位二进制数，因此，十六进制数转换成二进制数，只要将每一位变成 4 位二进制数，按位的高低依次排列即可。

例 9.4　将十六进制数 6E.3A5 转换成二进制数。

解　$(6E.3A5)H = (110\ 1110.0011\ 1010\ 0101)B$

同理，若将八进制数转换为二进制数，只需将每一位变成 3 位二进制数按位的高低依次排列即可。

（5）十六进制转换成十进制。

可由"按权相加"法将十六进制数转换为十进制数。

例 9.5　将十六进制数 7A.58 转换成十进制数。

解　　　　　　$(7A.58)H = 7\times16^1 + 10\times16^0 + 5\times16^{-1} + 8\times16^{-2}$
$$= 112 + 10 + 0.3125 + 0.03125 = (122.34375)D$$

3）BCD 码

由于数字系统是以二值数字逻辑为基础的，因此数字系统中的信息（包括数值、文字、

控制命令等)都是用一定位数的二进制码表示的,这个二进制码称为编码。

二进制编码方式有多种,二-十进制码,又称 BCD 码,是其中一种常用的码。

BCD 码——用二进制代码来表示十进制的 0～9 十个数。

要用二进制代码来表示十进制的 0～9 十个数,至少要用 4 位二进制数。4 位二进制数有 16 种组合,可从这 16 种组合中选择 10 种组合分别来表示十进制的 0～9 十个数。选哪 10 种组合,有多种方案,这就形成了不同的 BCD 码。具有一定规律的常用的 BCD 码见表 9.2。

表 9.2　常用 BCD 码

十进制数	8421 码	2421 码	5421 码	余三码
0	0 0 0 0	0 0 0 0	0 0 0 0	0 0 1 1
1	0 0 0 1	0 0 0 1	0 0 0 1	0 1 0 0
2	0 0 1 0	0 0 1 0	0 0 1 0	0 1 0 1
3	0 0 1 1	0 0 1 1	0 0 1 1	0 1 1 0
4	0 1 0 0	0 1 0 0	0 1 0 0	0 1 1 1
5	0 1 0 1	1 0 1 1	1 0 0 0	1 0 0 0
6	0 1 1 0	1 1 0 0	1 0 0 1	1 0 0 1
7	0 1 1 1	1 1 0 1	1 0 1 0	1 0 1 0
8	1 0 0 0	1 1 1 0	1 0 1 1	1 0 1 1
9	1 0 0 1	1 1 1 1	1 1 0 0	1 1 0 0
位权	8 4 2 1 $b_3\,b_2\,b_1\,b_0$	2 4 2 1 $b_3\,b_2\,b_1\,b_0$	5 4 2 1 $b_3\,b_2\,b_1\,b_0$	无权

3. 逻辑代数基础知识

1) 逻辑代数的基本概念

逻辑代数又称布尔代数,是按一定逻辑规律进行运算的代数,它和普通代数一样有自变量和因变量。虽然自变量可用字母 A,B,C,…来表示,但是只有两种取值,即 0 和 1。这里的 0 和 1 不代表数量的大小,而是表示两种对立的逻辑状态。例如:用 1 和 0 表示事物的真与假、电位的高与低、脉冲的有与无、开关的闭合与断开等。这种仅有两个取值的自变量具有二值性,称为逻辑变量。普通代数中的函数是"随着自变量变化而变化的因变量"。同理,逻辑函数就是逻辑代数的因变量,它也只有 0 和 1 两种取值。如果逻辑变量 A,B,C,…的取值确定之后,逻辑函数 Y 的值也被唯一确定,那么,我们称 Y 是 A,B,C,…的逻辑函数,写为

$$Y = F(A,B,C,\cdots)$$

逻辑代数中的"与"、"或"、"非"三种基本运算反映了这种关系,对应的门电路有"与"门、"或"门、"非"门。门电路是一种具有多个输入端和一个输出端的开关电路,称为逻辑门电路。门电路是数字电路的基本单元。

(1) 与运算。

只有当决定一件事情的条件全部具备之后,这件事情才会发生。我们把这种因果关系称为与逻辑。与逻辑模型电路如图 9.2(a)所示,A、B 是两个串联开关,Y 是灯,用开关控

制灯亮和灭的关系如表9.2(b)所示。如果用二值逻辑0和1来表示，并设1表示开关闭合或灯亮；0表示开关不闭合或灯不亮，则得到如图9.2(c)所示的表格，称为逻辑真值表。其逻辑符号如图9.2(d)所示。在数字电路中能实现与运算的电路称为与门电路。

与运算可以推广到多变量：$Y = A \cdot B \cdot C \cdots$。

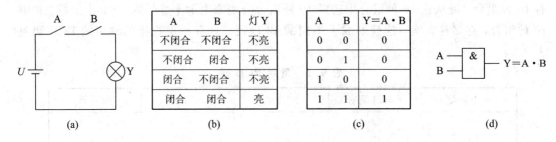

图9.2　与逻辑运算

(a) 电路图；(b) 真值表；(c) 逻辑真值表；(d) 逻辑符号

(2) 或运算。

或运算——当决定一件事情的几个条件中，只要有一个或一个以上条件具备，这件事情就会发生。我们把这种因果关系称为或逻辑。或逻辑模型电路如图9.3(a)所示。或逻辑关系如图9.3(b)所示，真值表如图9.3(c)所示。或运算也称"逻辑加"。或运算的逻辑表达式为

$$Y = A + B$$

或逻辑运算的规律为：有1得1，全0得0。其逻辑符号如图9.3(d)所示。或运算也可以推广到多变量：$Y = A + B + C + \cdots$。

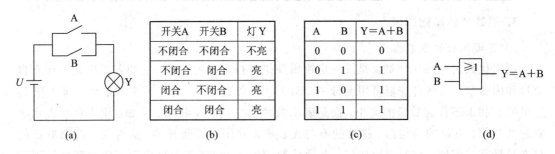

图9.3　或逻辑运算

(a) 电路图；(b) 真值表；(c) 逻辑真值表；(d) 逻辑符号

(3) 非运算。

非运算——某事情发生与否，仅取决于一个条件，而且是对该条件的否定，即条件具备时事情不发生；条件不具备时事情才发生。

例如图9.4(a)所示的电路，当开关A闭合时，灯不亮；而当A不闭合时，灯亮。其真值表如图9.4(b)所示，逻辑真值表如图9.4(c)所示。若用逻辑表达式来描述，则可写为：$Y = \overline{A}$。

非逻辑运算的规则为：$\overline{0} = 1$；$\overline{1} = 0$。

在数字电路中实现非运算的电路称为非门电路，其逻辑符号如图9.4(d)所示。

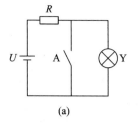
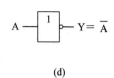

开关A	灯 Y
不闭合	亮
闭合	不亮

A	Y= $\overline{A}$
0	1
1	0

（a）　　　　　　（b）　　　　　　（c）　　　　　　（d）

图 9.4　非逻辑运算

（a）电路图；（b）真值表；（c）逻辑真值表；（d）逻辑符号

2）其他常用逻辑运算

任何复杂的逻辑运算都可以由与、或、非这三种基本逻辑运算组合而成。在实际应用中为了减少逻辑门的数目，使数字电路的设计更方便，还常常使用其他几种常用逻辑运算。

（1）与非。

与非是由与运算和非运算组合而成的，如图 9.5 所示。

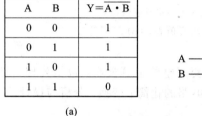

A	B	Y= $\overline{A \cdot B}$
0	0	1
0	1	1
1	0	1
1	1	0

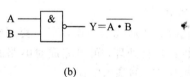

（a）　　　　　　　　　　（b）

图 9.5　与非逻辑运算

（a）逻辑真值表；（b）逻辑符号

（2）或非。

或非是由或运算和非运算组合而成的，如图 9.6 所示。

A	B	Y= $\overline{A+B}$
0	0	1
0	1	0
1	0	0
1	1	0

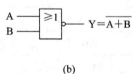

（a）　　　　　　　　　　　（b）

图 9.6　或非逻辑运算

（a）逻辑真值表；（b）逻辑符号

（3）与或非。

把两个与门、一个或门和一个非门组合在一起，就构成了一个基本的与或非门，可实现简单的与或非逻辑运算。其逻辑符号如图 9.7 所示。与或非门的逻辑表达式为

$$Y = \overline{AB+CD}$$

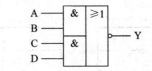

图 9.7　TTL 与或非门符号

（4）异或。

异或是一种二变量逻辑运算，当两个变量取值相同时，逻辑函数值为 0；当两个变量取值不同时，逻辑函数值为 1。异或的逻辑真值表和相应逻辑门的符号如图 9.8 所示。

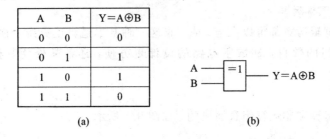

A	B	$Y=A \oplus B$
0	0	0
0	1	1
1	0	1
1	1	0

（a）　　　　　　　　　　　　　（b）

图 9.8　异或逻辑运算

（a）逻辑真值表；（b）逻辑符号

2）逻辑代数

逻辑代数和普通代数一样，有一套完整的运算规则，包括公理、定理和定律，用它们对逻辑函数式进行处理，可以完成对电路的化简、变换、分析与设计。

（1）逻辑代数的基本定律。

逻辑代数包括 9 个定律，其中有的定律与普通代数相似，有的定律与普通代数不同，使用时切勿混淆。

表 9.3　　逻辑代数的基本公式

名称	公式 1	公式 2
0-1 律	$A \cdot 1 = A$ $A \cdot 0 = 0$	$A + 0 = A$ $A + 1 = 1$
互补律	$A\overline{A} = 0$	$A + \overline{A} = 1$
重叠律	$AA = A$	$A + A = A$
交换律	$AB = BA$	$A + B = B + A$
结合律	$A(BC) = (AB)C$	$A + (B+C) = (A+B) + C$
分配律	$A(B+C) = AB + AC$	$A + BC = (A+B)(A+C)$
反演律	$\overline{AB} = \overline{A} + \overline{B}$	$\overline{A+B} = \overline{A}\overline{B}$
吸收律	$A(A+B) = A$ $A(\overline{A}+B) = AB$ $(A+B)(\overline{A}+C)(B+C) = (A+B)(\overline{A}+C)$	$A + AB = A$ $A + \overline{A}B = A + B$ $AB + \overline{A}C + BC = AB + \overline{A}C$
对合律	$\overline{\overline{A}} = A$	

（2）逻辑函数式的常见形式。

一个逻辑函数的表达式不是唯一的，可以有多种形式，各种形式之间可以使用逻辑代数的基本定律互相转换。常见的逻辑式主要有 5 种形式，例如：

$$
\begin{aligned}
L &= AC + \overline{A}B & \text{与-或表达式}\\
&= (A + B)(\overline{A} + C) & \text{或-与表达式}\\
&= \overline{\overline{AC} \cdot \overline{\overline{A}B}} & \text{与非-与非表达式}\\
&= \overline{\overline{A + B} + \overline{\overline{A} + C}} & \text{或非-或非表达式}\\
&= \overline{A\,\overline{C} + \overline{A}B} & \text{与-或非表达式}
\end{aligned}
$$

在上述多种表达式中，与-或表达式是逻辑函数的最基本表达形式。

9.1.2　集成逻辑门电路

能够实现逻辑运算的电路称为逻辑门电路。在用电路实现逻辑运算时，用输入端的电压或电平表示自变量，用输出端的电压或电平表示因变量。目前各种门电路都采用集成电路技术制造，根据制造工艺的不同门电路可以分为 TTL 集成门电路和 CMOS 集成门电路。

1. TTL 与非门的基本结构及工作原理

1）TTL 与非门的基本结构

逻辑门的输入级和输出级都是由晶体管构成的，并实现与非功能，所以称为晶体管-晶体管逻辑与非门，简称 TTL 与非门。图 9.9 是典型 TTL 与非门电路，它由三部分组成：输入级由多发射极管 V_1 和电阻 R_1 组成，完成与逻辑功能；中间级由 V_2、R_2、R_3 组成，其作用是将输入级送来的信号分成两个相位相反的信号来驱动 V_3 和 V_5 管；输出级由 V_3、V_4、V_5、R_4 和 R_5 组成，其中 V_5 为反相管，V_3、V_4 组成的复合管是 V_5 的有源负载，完成逻辑上的“非”。由于中间级提供了两个相位相反的信号，使 V_4、V_5 总处于一管导通而另一管截止的工作状态。这种形式的输出电路称为“推拉式输出”电路。

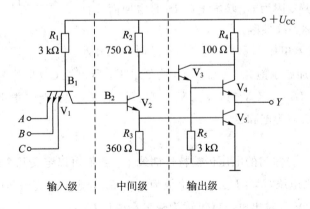

图 9.9　TTL 与非门电路

2）TTL 与非门工作原理

（1）当输入端有低电平时（$U_{iL} = 0.3$ V）。

在图 9.9 所示电路中，假如输入信号 A 为低电平，即 $U_A = 0.3$ V，$U_B = U_C = 3.6$ V （$A=0$，$B=C=1$），则对应于 A 端的 V_1 管的发射结导通，V_1 管基极电压 U_{B1} 被钳位在 $U_{B1} = U_A + U_{beA} = 0.3 + 0.7 = 1$ V。该电压不足以使 V_1 管集电结、V_2 及 V_5 管导通，所以 V_2 及 V_5 管截止。由于 V_2 管截止，U_{C2} 约为 5 V。此时，输出电压 $U_o = U_{oH} \approx U_{C2} - U_{be3} - U_{be4} = 5 - 0.7 - 0.7 = 3.6$ V，即输入有低电平时，输出为高电平。

（2）当输入端全为高电平时（$U_{iH} = 3.6$V）。

假如，输入信号 $A = B = C = 1$，即 $U_A = U_B = U_C = 3.6$ V，V_1 管的基极电位升高，使 V_2 及 V_5 管导通，这时 V_1 管的基极电压钳位在 $U_{b1} = U_{bc1} + U_{be2} + U_{be5} = 0.7 + 0.7 + 0.7 = 2.1$ V。于是 V_1 的三个发射结均反偏截止，电源 U_{CC} 经过 R_1、V_1 的集电结向 V_2、V_5 提供基流，使 V_2、V_5 管饱和，输出电压 U_o 为 $U_o = U_{oL} = U_{CES5} = 0.3$ V，故输入全为高电平时，输出为低电平。

综合上述两种情况，该电路满足与非的逻辑功能，是一个与非门，即

$$Y = \overline{ABC}$$

2. TTL 与非门的电压传输特性及主要参数

1）电压传输特性曲线

与非门的电压传输特性曲线是指与非门的输出电压与输入电压之间的对应关系曲线，即 $U_o = f(U_i)$，它反映了电路的静态特性。图 9.10 为电压传输特性的测试电路，图 9.11 所示电压传输特性曲线，可分成下列四段：

（1）AB 段。输入电压 $U_i \leqslant 0.6$ V 时，V_1 工作在深度饱和状态，$U_{CES1} < 0.1$ V，$U_{B2} < 0.7$ V，故 V_2、V_5 截止，V_3、V_4 导通，$U_O \approx 3.6$ V 为高电平。与非门处于截止状态，所以把 AB 段称为截止区。

（2）BC 段。输入电压 0.6 V $< U_i < 1.3$ V 时，0.7 V $\leqslant U_{B2} < 1.4$ V，V_2 开始导通，V_5 仍未导通，V_3、V_4 处于射极输出状态。随 U_i 的增加，U_{B2} 增加，U_{C2} 下降，并通过 V_3、V_4 使 U_O 也下降。因为 U_O 基本上随 U_i 的增加而线性减小，故把 BC 段称为线性区。

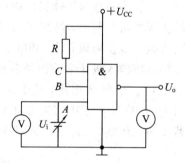

图 9.10　传输特性的测试方法

（3）CD 段。输入电压 1.3 V $< U_i < 1.4$ V 时，V_5 开始导通，并随 U_i 的增加趋于饱和，使输出 U_O 为低电平，所以把 CD 段称为转折区或过渡区。

（4）DE 段。当 $U_i \geqslant 1.4$ V 时，V_2、V_5 饱和，V_4 截止，输出为低电平，与非门处于饱和状态，所以把 DE 段称为饱和区。

2）几个重要参数

从图 9.11 TTL 与非门的电压传输特性曲线上，我们可以定义几个重要的电路指标。

（1）输出高电平电压 U_{OH}：U_{OH} 的理论值为 3.6 V，规定输出高电压的最小值 $U_{OH(min)} = 2.4$ V，即大于 2.4 V 的输出电压就可称为输出高电压 U_{OH}。

（2）输出低电平电压 U_{OL}：U_{OL} 的理论值为 0.3 V，产品规定输出低电压的最大值 $U_{OL(max)} = 0.4$ V，即小于 0.4 V 的输出电压就可称为输出低电压 U_{OL}。

由上述规定可以看出，TTL 门电路的输出高低电压都不是一个值，而是一个范围。

（3）关门电平电压 U_{OFF}：输出电压下降到 $U_{OH(min)}$ 时对应的输入电压。显然只要 $U_i < U_{OFF}$，U_o 就是高电压，所以 U_{OFF} 就是输入低电压的最大值，在产品手册中常称为输入低电平电压，用 $U_{IL(max)}$ 表示。从电压传输特性曲线上看 $U_{IL(max)}$（U_{OFF}）≈ 1.3 V，产品规定 $U_{IL(max)} = 0.8$ V。

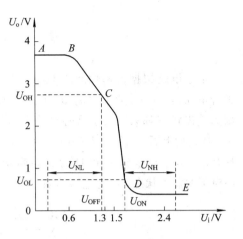

（4）开门电平电压 U_{ON}：输出电压下降到 $U_{OL(max)}$ 时对应的输入电压。显然只要 $U_i > U_{ON}$，U_o 就是低电压，所以 U_{ON} 就是输入高电压的最小值，在产品手册中常称为输入高电平电压，用 $U_{IH(min)}$ 表示。从电压传输特性曲线上看 $U_{IH(min)}$（U_{ON}）略大于 1.3 V，产品规定 $U_{IH(min)} = 2$ V。

图 9.11　TTL 与非门的电压传输特性

（5）阈值电压 U_{th}：决定电路截止和导通的分界线，也是决定输出高、低电压的分界线。从电压传输特性曲线上看，U_{th} 的值介于 U_{OFF} 与 U_{ON} 之间，而 U_{OFF} 与 U_{ON} 的实际值又差别不大，所以，近似为 $U_{th} \approx U_{OFF} \approx U_{ON}$。$U_{th}$ 是一个很重要的参数，在近似分析和估算时，常把它作为决定与非门工作状态的关键值，即 $U_i < U_{th}$，与非门开门，输出低电平；$U_i > U_{th}$，与非门关门，输出高电平。U_{th} 又常被形象化地称为门槛电压。U_{th} 的值为 1.3 V～1.4 V。

（6）噪声容限 U_{NL}、U_{NH}：在实际应用中，由于外界干扰、电源波动等原因，可能使输入电平 U_I 偏离规定值。为了保证电路可靠工作，应对干扰的幅度有一定限制，称为噪声容限。它是用来说明门电路抗干扰能力的参数。

3）TTL 与非门产品介绍

部分常用中小规模 TTL 门电路的管脚及内部排列如图 9.12 所示。

74LS00 是一种典型的 TTL 与非门器件，内部含有 4 个 2 输入端与非门，共有 14 个引脚，引脚排列图如图 9.12(a)所示。74LS20 内部含有 2 个 4 输入端与非门，引脚排列图如图 9.12(b)所示。

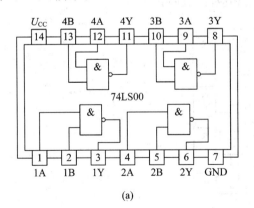

(a)

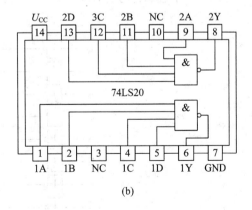

(b)

图 9.12　74LS00、74LS20 管脚图

9.2 组合逻辑电路

数字电路根据逻辑功能的不同特点,可以分成两大类,一类叫做组合逻辑电路(简称组合电路),另一类叫做时序逻辑电路(简称时序电路)。所谓组合电路是指电路在任一时刻的输出状态都只取决于该时刻输入信号的组合,而与输入信号作用前的电路输出状态无关。从结构上看,组合电路是由各种门电路组成的,电路输出和输入之间无反馈,也不含任何具有记忆功能的逻辑单元电路。从逻辑功能上看,在任何时刻,电路的输出状态仅仅取决于该时刻的输入状态,而与电路的前一时刻的状态无关。组合逻辑电路示意图如图 9.13 所示。

图 9.13 组合逻辑电路示意图

在数字电子系统中,有一些常用的组合逻辑电路应用非常广泛,如编码器、译码器、数据选择器等。掌握这些常用组合逻辑电路的功能和应用特点对于数字电路的学习非常重要。

9.2.1 编码器

所谓编码,就是将特定含义的输入信号(文字、数字、符号等)转换成二进制代码的过程。实现编码操作的数字电路称为编码器。按照被编码信号的不同特点和要求,常用编码器有二–十进制编码器和优先编码器。

1. 二–十进制编码器

二–十进制编码器是指用四位二进制代码表示一位十进制数的编码电路,也称 10 – 4 线编码器。最常见的是 8421BCD 码编码器,如图 9.14 所示。其中,输入信号 $I_0 \sim I_9$ 代表 $0 \sim 9$ 共 10 个十进制信号,输出信号 $Y_0 \sim Y_3$ 为相应的二进制代码。

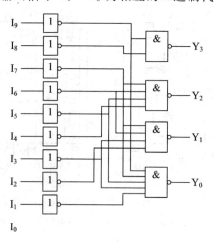

图 9.14 8421BCD 编码器

由图 9.14 可以写出各输出逻辑函数式为

$$Y_3 = \overline{\overline{I_9} \cdot \overline{I_8}} \qquad Y_2 = \overline{\overline{I_7} \cdot \overline{I_6} \cdot \overline{I_5} \cdot \overline{I_4}}$$

$$Y_1 = \overline{\overline{I_7} \cdot \overline{I_6} \cdot \overline{I_3} \cdot \overline{I_2}} \qquad Y_0 = \overline{\overline{I_9} \cdot \overline{I_7} \cdot \overline{I_5} \cdot \overline{I_3} \cdot \overline{I_1}}$$

根据逻辑函数式列出功能表，如表 9.4 所示。

表 9.4　8421 BCD 码编码器功能表

I	Y_3	Y_2	Y_1	Y_0
I_0	0	0	0	0
I_1	0	0	0	1
I_2	0	0	1	0
I_3	0	0	1	1
I_4	0	1	0	0
I_5	0	1	0	1
I_6	0	1	1	0
I_7	0	1	1	1
I_8	1	0	0	0
I_9	1	0	0	1

可见，该编码器的逻辑电路图中，I_0 的编码也是隐含的，当 $I_1 \sim I_9$ 均为 0 时，电路的输出就是 I_0 的编码。

2. 优先编码器

优先编码器常用于优先中断系统和键盘编码。与普通编码器不同，优先编码器允许多个输入信号同时有效，但它只按其中优先级别最高的有效输入信号编码，对级别较低的输入信号不予理睬。常用的优先编码器有 10 - 4 线（如 74LS147）、8 - 3 线（74LS148）等。

74LS148 是 8 - 3 线优先编码器，符号及管脚排列如图 9.15 所示，逻辑功能表见表 9.5。

表 9.5　8 - 3 线优先编码器逻辑功能表

输　入									输　出					说　明
E_I	I_7	I_6	I_5	I_4	I_3	I_2	I_1	I_0	Y_2	Y_1	Y_0	CS	E_O	
1	×	×	×	×	×	×	×	×	1	1	1	1	1	禁止编码
0	1	1	1	1	1	1	1	1	1	1	1	1	0	允许但输入无效
0	0	×	×	×	×	×	×	×	0	0	0	0	1	正
0	1	0	×	×	×	×	×	×	0	0	1	0	1	
0	1	1	0	×	×	×	×	×	0	1	0	0	1	常
0	1	1	1	0	×	×	×	×	0	1	1	0	1	
0	1	1	1	1	0	×	×	×	1	0	0	0	1	编
0	1	1	1	1	1	0	×	×	1	0	1	0	1	
0	1	1	1	1	1	1	0	×	1	1	0	0	1	码
0	1	1	1	1	1	1	1	0	1	1	1	0	1	

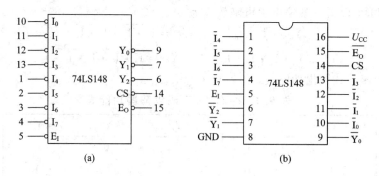

图 9.15　74LS148 符号图和管脚排列图

（a）符号图；（b）管脚排列图

图 9.15 中，小圆圈表示低电平有效，各引脚功能如下：

$\bar{I}_0 \sim \bar{I}_7$ 为输入信号端，低电平有效，且 $\bar{I}_7$ 的优先级别最高，$\bar{I}_0$ 的优先级别最低。$\bar{Y}_0 \sim \bar{Y}_3$ 是三个编码输出端。

$\bar{E}_1$ 是使能输入端，低电平有效。当 $E_1 = 0$ 时，电路允许编码；当 $E_1 = 1$ 时，电路禁止编码，输出均为高电平。

E_O 和 CS 为使能输出端和优先标志输出端，主要用于级联和扩展。

当 $E_O = 0$，CS = 1 时，标志可以编码，但输入信号无效，即无码可编；当 $E_O = 1$，CS = 0 时，表示该电路允许编码，并正在编码；当 $E_O = $ CS = 1 时，表示该电路禁止编码，即无法编码。

9.2.2　译码器

将二进制代码"翻译"成为一个特定的输出信号称为译码，译码是编码的逆过程。实现译码功能的数字电路称为译码器。译码器分为变量译码器和显示译码器。变量译码器有二进制译码器和二-十进制译码器。显示译码器按显示材料分为荧光、发光二极管译码器、液晶显示译码器；按显示内容分为文字、数字、符号译码器等。

1.　二进制译码器（变量译码器）

二进制译码器有 n 个输入端（即 n 位二进制码）、2^n 个输出线。74LS138 为常用的 3 位输入-8 路输出二进制译码器。图 9.16 所示为 74LS138 的符号及管脚排列图，其逻辑功能表如表 9-6 所示。

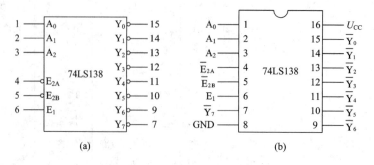

图 9.16　74LS138 的符号及管脚排列图

（a）符号图；（b）管脚排列图

表 9.6 74LS138 逻辑功能表

输		入				输				出			
E_1	E_{2A}	E_{2B}	A_2	A_1	A_0	Y_7	Y_6	Y_5	Y_4	Y_3	Y_2	Y_1	Y_0
×	1	1	×	×	×	1	1	1	1	1	1	1	1
0	×	×	×	×	×	1	1	1	1	1	1	1	1
1	0	0	0	0	0	1	1	1	1	1	1	1	0
1	0	0	0	0	1	1	1	1	1	1	1	0	1
1	0	0	0	1	0	1	1	1	1	1	0	1	1
1	0	0	0	1	1	1	1	1	1	0	1	1	1
1	0	0	1	0	0	1	1	1	0	1	1	1	1
1	0	0	1	0	1	1	1	0	1	1	1	1	1
1	0	0	1	1	0	1	0	1	1	1	1	1	1
1	0	0	1	1	1	0	1	1	1	1	1	1	1

由功能表 9.6 可知,它能译出三个输入变量的全部状态。该译码器设置了 E_1、E_{2A} 和 E_{2B} 三个使能输入端,当 E_1 为 1 且 E_{2A} 和 E_{2B} 均为 0 时,译码器处于工作状态,否则译码器不工作。

2. 显示译码器

显示译码器常见的是数字显示电路,它通常由译码器、驱动器和显示器等部分组成。

1) 数码显示器

数码显示器按显示方式有分段式、字形重叠式、点阵式。图 9.17 所示的七段数码显示器是数字电路中使用最多的显示器,它有共阳极和共阴极两种接法。

共阳极接法如图 9.18(a)所示,各发光二极管阳极连接在一起,当阴极接低电平时,对应二极管发光。图 9.18(b)所示为发光二极管的共阴极接法,共阴极接法是各发光二极管的阴极共接,当有阳极接高电平时,对应二极管发光。

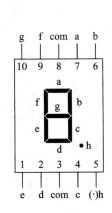

图 9.17 七段数码显示器

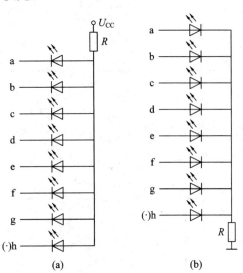

图 9.18 七段数码显示器的两种接法
(a) 共阳极接法;(b) 共阴极接法

2）译码驱动器

如图 9.19 所示为译码驱动器 74LS48 的管脚排列图，74LS48 用来驱动共阴极接法的数码显示管。表 9.7 为 74LS48 的逻辑功能表，它有三个辅助控制端 $\overline{LT}$、$\overline{BI}/\overline{RBO}$ 和 $\overline{RBI}$。

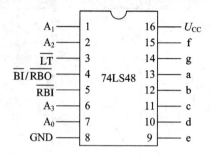

图 9.19　74LS48 的管脚排列图

表 9.7　74LS48 的逻辑功能表

数字 十进制	输入						输出								字型
	$\overline{LT}$	$\overline{RBI}$	A_3	A_2	A_1	A_0	$\overline{BI}/\overline{RBO}$	a	b	c	d	e	f	g	
0	1	1	0	0	0	0	1	1	1	1	1	1	1	0	0
1	1	×	0	0	0	1	1	0	1	1	0	0	0	0	1
2	1	×	0	0	1	0	1	1	1	0	1	1	0	1	2
3	1	×	0	0	1	1	1	1	1	1	1	0	0	1	3
4	1	×	0	1	0	0	1	0	1	1	0	0	1	1	4
5	1	×	0	1	0	1	1	1	0	1	1	0	1	1	5
6	1	×	0	1	1	0	1	0	0	1	1	1	1	1	6
7	1	×	0	1	1	1	1	1	1	1	0	0	0	0	7
8	1	×	1	0	0	0	1	1	1	1	1	1	1	1	8
9	1	×	1	0	0	1	1	1	1	1	0	0	1	1	9
	1	×	1	0	1	0	1	0	0	0	1	1	0	1	
	1	×	1	0	1	1	1	0	0	1	1	0	0	1	乱
	1	×	1	1	0	0	1	0	1	0	0	0	1	1	
	1	×	1	1	0	1	1	1	0	0	1	0	1	1	码
	1	×	1	1	1	0	1	0	0	0	1	1	1	1	
	1	×	1	1	1	1	1	0	0	0	0	0	0	0	
灭灯	×	×	×	×	×	×	0	0	0	0	0	0	0	0	
灭零	1	0	0	0	0	0	0	0	0	0	0	0	0	0	
试灯	0	×	×	×	×	×	1	1	1	1	1	1	1	1	

$\overline{\text{LT}}$：试灯输入。当 $\overline{\text{LT}}=0$，$\overline{\text{BI}}/\overline{\text{RBO}}=1$ 时，若七段均完好，则显示字形是"8"，该输入端常用于检查 74LS48 显示器的好坏；当 $\overline{\text{LT}}=1$ 时，译码器方可进行译码显示。

$\overline{\text{RBI}}$：用来动态灭零，低电平有效。当 $\overline{\text{RBI}}=0$，且输入 $A_3 A_2 A_1 A_0 = 0000$ 时，数字符的各段熄灭，此时 $\overline{\text{BI}}/\overline{\text{RBO}}$ 端口输出低电平 0。

$\overline{\text{BI}}/\overline{\text{RBO}}$：具有双重功能，即灭灯输入/灭灯输出，当 $\overline{\text{BI}}/\overline{\text{RBO}}=0$ 时，不管输入如何，数码管均不显示数字；当它作为输出端时，是本位灭零标志信号，若本位已灭零，则该端口输出 0。

9.2.3　数据选择器

数据选择器又称多路选择器(MUX)，其框图如图 9.20 所示。它有 n 位地址输入、2^n 位数据输入、1 位输出，每次在地址输入的控制下，从多路输入的数据中选择一路输出，其功能类似于一个单刀多掷开关，如图 9.21 所示。常用的数据选择器有 2 选 1、4 选 1、8 选 1 和 16 选 1 等。

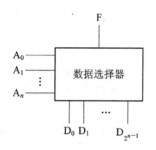

图 9.20　数据选择器框图

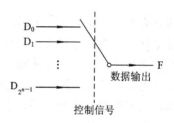

图 9.21　数据选择器功能示意图

74LS151 是一种典型的数据选择器。如图 9.22 所示是 74LS151 的管脚排列图。它有三个地址端 $A_2 A_1 A_0$。可选择 $D_0 \sim D_7$ 八个数据，具有两个互补输出端 W 和 $\overline{\text{W}}$。其功能如表 9.8 所示。

表 9.8　74LS151 的功能

$\overline{\text{E}}$	A_2	A_1	A_0	W	$\overline{\text{W}}$
1	×	×	×	0	1
0	0	0	0	D_0	$\overline{D_0}$
0	0	0	1	D_1	$\overline{D_1}$
0	0	1	0	D_2	$\overline{D_2}$
0	0	1	1	D_3	$\overline{D_3}$
0	1	0	0	D_4	$\overline{D_4}$
0	1	0	1	D_5	$\overline{D_5}$
0	1	1	0	D_6	$\overline{D_6}$
0	1	1	1	D_7	$\overline{D_7}$

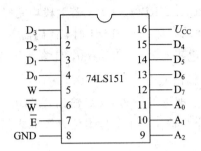

图 9.22　74LS151 的管脚排列图

9.3　触 发 器

　　在数字系统中，除组合逻辑电路外，还有时序逻辑电路。时序逻辑电路与组合逻辑电路不同，它在任何时刻的输出不仅取决于该时刻的输入，而且还取决于输入信号作用前的电路输出状态。触发器是构成时序逻辑电路的基本电路单元，其本身也是简单的时序逻辑电路。

　　任何具有两个稳定状态且可以通过适当的信号注入方式，使其从一个稳定状态转换到另一个稳定状态的电路都称为触发器。触发器具有两个稳定状态(0 状态和 1 状态，可分别用来表示二进制数 0 和 1)，但使输出状态从一个稳定状态翻转到另一个稳定状态的方法却有多种，由此构成了具有各种功能的触发器。

　　根据触发器逻辑功能的不同，可以把触发器分为 RS 触发器、D 触发器、JK 触发器等。

9.3.1　基本 RS 触发器

1. 电路组成

　　基本 RS 触发器又称为 RS 锁存器，是一种最简单的触发器，是构成各种触发器的基础。它由两个与非门的输入和输出交叉连接而成，如图 9.23 所示，有两个输入端 R 和 S (又称触发信号端)：R 为复位端，当 R 有效时，Q 变为 0，故也称 R 为置 0 端；S 为置位端，当 S 有效时，Q 变为 1，故也称 S 为置 1 端；还有两个互反输出端 Q 和 $\overline{Q}$：若 Q＝1，则 $\overline{Q}$＝0；反之亦然。通常称触发器处于某种状态，实际是指 Q 端的状态。

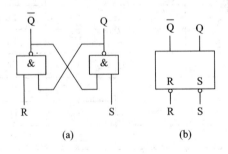

(a)　　　　　　　　　　(b)

图 9.23　基本 RS 触发器

(a) 逻辑图；(b) 逻辑符号

2. 功能分析

触发器有两个稳定状态。Q^n 为触发器的原状态(现态)，即触发信号输入前的状态；Q^{n+1} 为触发器的新状态(次态)，即触发信号输入后的状态。其功能可采用功能表、特征方程、逻辑符号图以及波形图或称时序图来描述。

表 9.9　基本 RS 触发器功能表

R	S	Q^n	Q^{n+1}	逻辑功能
0	0	0	$\times$	输出不定
		1	$\times$	
0	1	0	0	置 0
		1	0	
1	0	0	1	置 1
		1	1	
1	1	0	0	保持不变
		1	1	

表 9.9 为基本 RS 触发器的功能表，它描述了基本 RS 触发器的全部工作情况，该触发器有置 0、置 1 和保持功能。R 与 S 为低电平有效，可使触发器的输出状态转换为相应的 0 或 1。从表中可以看出：

(1) 当 R＝0，S＝0 时，即 R、S 均为低电平，输出状态不定。这是因为当 R＝S＝0 时，$Q=\overline{Q}=1$，破坏了输出端的互反关系；当触发信号撤除后(即 RS 由 00 同时变为 11 时)，输出状态 Q＝1 还是 Q＝0 呢？这由两个与非门的延迟时间的快慢来决定，故而输出状态不能确定。显然，这种情况应当避免。

(2) 当 R＝1，S＝1 时，触发器保持原有状态不变，触发器输出仍为 Q^n。这是因为 $Q^{n+1}=\overline{S \cdot \overline{Q^n}}=\overline{1 \cdot \overline{Q^n}}=Q^n$，$\overline{Q^{n+1}}=\overline{RQ^n}=\overline{1Q^n}=\overline{Q^n}$。

(3) 当 R＝1，S＝0 时，触发器置 1，这是因为 S＝0 立即使 $Q^{n+1}=1$，$Q^{n+1}=1$ 和 R＝1 使 $\overline{Q^{n+1}}=0$，互补输出将使用触发器稳定在"1"态。

(4) 当 R＝0，S＝1 时，触发器置 0，这是因为 R＝0 立即使 $\overline{Q^{n+1}}=1$，$\overline{Q^{n+1}}=1$ 和 S＝1 使 $Q^{n+1}=0$，互补输出将使用触发器稳定在"0"态。

可见，基本 RS 触发器可以接收并记忆一位二值信息。

3. 特征方程与时序图

为了简化基本 RS 触发器的功能描述，常采用特征方程和时序图来表示其逻辑功能。触发器次态 Q^{n+1} 与 R、S 及现态 Q^n 之间关系的逻辑表达式称为触发器的特征方程。根据表 9.9 的基本 RS 触发器的功能表可以得到基本 RS 触发器的特征方程(可代入 R、S 及 Q^n 取值组合验证)：

$$Q^{n+1}=\overline{S}+RQ^n$$

$$R+S=1 \text{(约束条件，即 R、S 不能同时为 0)}$$

以绘制波形的方式显示触发器输入、输出的逻辑关系称为时序图。如图 9.24 所示，画图时应根据功能表来确定各个时间段 Q 与 $\overline{Q}$ 的状态。

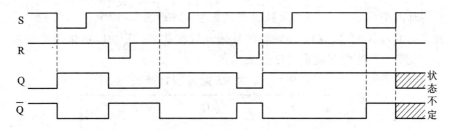

图 9.24　基本 RS 触发器的时序图

9.3.2　边沿 JK 触发器

为了进一步提高触发器的工作性能，避免出现输出状态不定等现象，通过电路改进形成了边沿 JK 触发器。边沿 JK 触发器由于是在 CP 时钟脉冲的上升或下降沿接受输入信号，触发器才按逻辑功能的要求改变状态，因此称为边沿触发。在时钟脉冲的其他时刻，触发器处于保持状态。因此，这是一种抗干扰能力强的实用触发器，应用最为广泛。

1. 逻辑功能

边沿 JK 触发器的逻辑符号如图 9.25 所示。CP 是时钟脉冲输入端，J、K 是控制输入端。输入端 $\overline{S}_D$ 和 $\overline{R}_D$ 是直接置 1、置 0 端，用来设置触发器的初始状态，在使用 CP、J、K 功能时，$\overline{S}_D$ 和 $\overline{R}_D$ 必须保持为 1。

边沿 JK 触发器的逻辑功能见表 9.10 所示。表中 ↓ 表示只有在 CP 时钟脉冲的下降沿时刻，触发器的输出才受输入 J、K 的控制。在 CP 时钟脉冲的其他时刻，触发器的输出不受输入 J、K 的控制，一直保持原来状态。

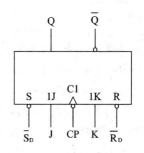

图 9.25　边沿 JK 触发器的逻辑符号

表 9.10　边沿 JK 触发器的逻辑功能表

J	K	CP	Q^{n+1}	功能
0	0	↓	Q^n	保持
0	1	↓	0	置 0
1	0	↓	1	置 1
1	1	↓	$\overline{Q^n}$	翻转

根据表 9.10 可以得到边沿 JK 触发器的特征方程：

$$Q^{n+1} = J\,\overline{Q^n} + \overline{K}Q^n$$

例 9.5　图 9.26 所示为下降沿触发的 JK 触发器时序波形，试画出触发器输出端 Q 的波形图。设 Q 的原状态为 1。

解　当 CP＝1 的第一个脉冲下降沿出现时，因 K＝1、J＝0，故触发器输出 Q 由 1 翻转为 0。

同理，当 CP 的第二、第三、第四个脉冲下降沿出现时，因顺次有 K＝0、J＝1；K＝1、J＝1；K＝0、J＝0，因此 Q 顺次翻转为 1→0→0，如图 9.26 所示。

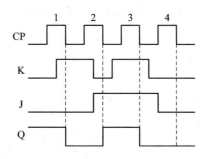

图 9.26 例 9.5 图

由此可见，边沿触发器仅在 CP 时钟脉冲的有效边沿到来时，触发器才发生输出状态的跳变，跳变后的状态也仅与该时刻的输入信号 J、K 的状态有关，而与此刻前后的输入信号 J、K 的状态无关。这正是边沿触发型触发器的抗干扰能力强的体现。

2. 集成边沿 JK 触发器

JK 触发器已做成各种集成电路，如 74LS76、74LS112、74LS114；CD4027、4095、4096 都是集成边沿 JK 触发器。

74LS112 是 TTL 双下降沿 JK 触发器。其管脚排列图如图 9.27 所示。

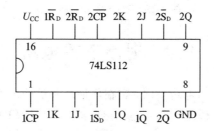

图 9.27 74LS112 管脚排列图

9.3.3 D 触发器

D 触发器是一种上升沿有效的边沿触发器，又称 D 锁存器，专门用来存放数据。

1. 逻辑功能

D 触发器的逻辑符号如图 9.28 所示，其逻辑功能如表 9.11 所示。

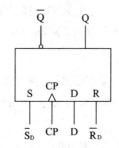

图 9.28 D 触发器的逻辑符号

表 9.11 D 触发器的逻辑功能表

D	CP	Q^{n+1}	功能
0	↑	0	置 0
1	↑	1	置 1

D 触发器的特征方程为：$Q^{n+1} = D$。

2. 集成 D 触发器

常用的集成 D 触发器有 74LS74、CD4013 等。74LS74 为 TTL 双上升沿 D 触发器，管脚排列如图 9.29 所示，CP 为时钟输入端，D 为数据输入端。

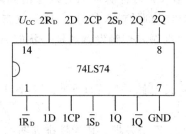

图 9.29　74LS74 管脚排列图

9.4 时序逻辑电路

时序逻辑电路与组合逻辑电路不同，它在任何时刻的输出不仅取决于该时刻电路的输入，而且还取决于输入信号作用前的电路输出状态。时序逻辑电路一般包含组合逻辑电路和存储电路两部分，其中存储电路是由具有记忆功能的触发器组成。一些简单的时序逻辑电路可能没有组合逻辑电路，但必须包含触发器。

计数器和寄存器是最为常用的时序逻辑电路，它们是构成数字电子系统的基本部件，在几乎所有的数字设备中都要使用计数器和寄存器。

9.4.1 计数器

计数器是应用最为广泛的时序逻辑电路，它可以通过对输入脉冲的个数进行累计以实现测量、计数和控制的功能。计数器的种类繁多，按计数长度可分为二进制、十进制及 N 进制计数器。按计数的增减趋势可分为加法、减法及可逆计数器。

1. 计数器的工作原理

图 9.30 是由 3 个下降沿 JK 触发器构成的二进制加法计数器。JK 触发器的 J、K 输入端均接高电平，输入脉冲 CP 加至最低位触发器 F_0 的时钟端，低位触发器的 Q 端依次接到相邻高位触发器的时钟端。

电路工作时，每输入一个计数脉冲，F_0 的状态翻转计数一次，而高位触发器是在其相邻的低位触发器从 1 态变为 0 态时进行翻转计数的，如 F_1 是在 Q_0 由 1 态变为 0 态时翻转，F_2 是在 Q_1 由 1 态变为 0 态时翻转，除此条件外，F_1、F_2 都保持原来状态。

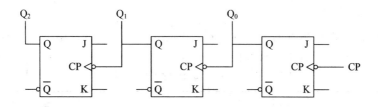

图 9.30 二进制加法计数器

根据以上分析,不难画出该计数器的状态转换特性表 9.12 及时序波形图 9.31。

表 9.12 状态转换特性表

计数脉冲 CP 序号	计数器状态		
	Q_2	Q_1	Q_0
0	0	0	0
1	0	0	1
2	0	1	0
3	0	1	1
4	1	0	0
5	1	0	1
6	1	1	0
7	1	1	1
8	0	0	0

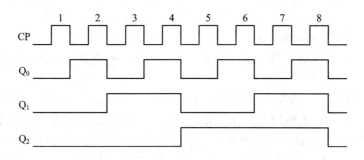

图 9.31 二进制加法计数器时序图

计数器的计数状态也可以采用图 9.32 所示的状态转换图来表示。状态转换图是以图形方式来描述各触发器的状态转换关系。图中,各圆圈内的数字量表示三个触发器 $Q_2 Q_1 Q_0$ 的状态;箭头表示在计数脉冲 CP 到来时各触发器的状态转换方向。

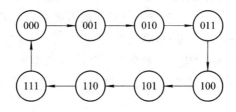

图 9.32 二进制加法计数器状态转换图

2. 集成计数器

74HC163 是一组可预置的加法计数器,在输入脉冲上升沿作用下进行加法计数,逻辑功能表如表 9.13 所示,逻辑符号如图 9.33 所示。

表 9.13　74HC163 功能表

输　　　入									输　　出			
CP	$\overline{R}$	$\overline{LD}$	CT_P	CT_T	D_0	D_1	D_2	D_3	Q_0	Q_1	Q_2	Q_3
↑	0	×	×	×	×	×	×	×	0	0	0	0
↑	1	0	×	×	d_0	d_1	d_2	d_3	d_0	d_1	d_2	d_3
×	1	1	0	×	×	×	×	×	禁止计数			
×	1	1	×	0	×	×	×	×	禁止计数			
↑	1	1	1	1	×	×	×	×	加计数			

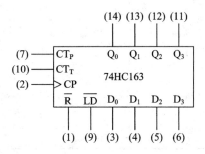

图 9.33　74HC163 的逻辑符号

74HC163 的主要功能如下:

(1) 清零。当清零端 $\overline{R}$ 为低电平时,不管输入脉冲状态如何,即可完成清零功能,这种清零方式称为异步清零。

(2) 预置并行数据。在实际工作中,有时在开始计数前,需将某一设定数据预先写入到计数器中,然后在计数脉冲 CP 的作用下,从该数值开始作加法或减法计数,这种过程称为预置。74HC163 具有 4 个预置并行数据输入端($D_0 \sim D_3$),当预置控制端($\overline{LD}$)为低电平时,在计数脉冲 CP 上升沿作用下,将放置在预置并行输入端($D_0 \sim D_3$)的数据置入计数器,这种预置方式称为同步预置。

(3) 计数控制。当计数控制端 CT_P 和 CT_T 均为高电平时,在 CP 上升沿作用下,电路按自然二进制递加,即由 0000→0001→…→1111。当计到 1111 时,进位输出端 C_0 送出进位信号(高电平有效),即 $C_0 = 1$。当 CT_P 或 CT_T 有一个为低电平时,则禁止计数。

图 9.34 是利用 74HC163 和一个与非门组成的六进制计数器。电路中,4 个预置数据输入端 $D_0 \sim D_3$ 均接低电平,清零端 $\overline{R}$ 接高电平,Q_2、Q_0 经与非门与预置控制端 $\overline{LD}$ 相连。当计数器计到 $Q_3 Q_2 Q_1 Q_0 = 0101$(对应十进制数 5)时,$\overline{LD}$ 为低电平,在第 6 个 CP 上升沿到来后将 $D_3 D_2 D_1 D_0 = 0000$ 的数据置入计数器,使 $Q_3 Q_2 Q_1 Q_0 = 0000$,所以计数器输出 0000~0101 六种状态,为六进制计数器。

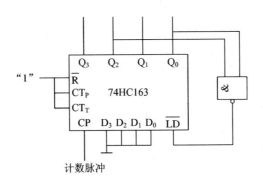

图 9.34 74HC163 构成的六进制计数器

9.4.2 寄存器

在数字电路中，用来存放二进制数据或代码的电路称为寄存器。寄存器由具有存储功能的触发器组合构成。一个触发器可以存储一位二进制代码，存放 N 位二进制代码的寄存器由 N 个触发器构成。按功能可将寄存器分为基本寄存器和移位寄存器。

1. 基本寄存器

图 9.35 为由 4 个 D 触发器构成的 4 位寄存器。当 CP 脉冲的上升沿到达时，输出 $Q_3 \sim Q_0$ 将等于输入 $D_3 \sim D_0$ 的数值，即将输入的数据保存在触发器中。

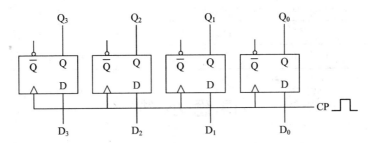

图 9.35 基本寄存器

2. 移位寄存器

移位寄存器是一个具有移位功能的寄存器，是指寄存器中所存的代码能够在移位脉冲的作用下依次左移或右移。既能左移又能右移的称为双向移位寄存器，只需要改变左右移的控制信号便可实现双向移位要求。根据寄存器存取信息的方式不同分为串入串出、串入并出、并入串出、并入并出四种形式。

4 位双向通用移位寄存器，型号为 CC40194 或 74LS194，两者功能相同，可互换使用，其逻辑符号及引脚排列如图 9.36 所示。

其中 D_0、D_1、D_2、D_3 为并行输入端；Q_0、Q_1、Q_2、Q_3 为并行输出端；S_R 为右移串行输入端；S_L 为左移串行输入端；S_1、S_0 为操作模式控制端；$\overline{C_R}$ 为无条件清零端；CP 为时钟脉冲输入端。

CC40194 有 5 种不同操作模式：并行送数寄存、右移（方向为 $Q_0 \rightarrow Q_3$）、左移（方向为 $Q_3 \rightarrow Q_0$）、保持及清零。表 9.14 为 CC40194 的逻辑功能表。

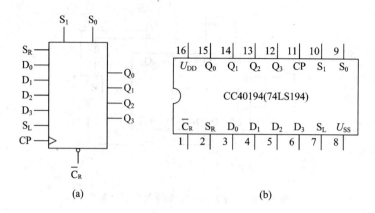

图 9.36　移位寄存器 CC40194(74LS194)

（a）逻辑符号；（b）管脚图

表 9.14　CC40194 功能表

功能	输 入									输 出			
	CP	$\overline{C_R}$	S_1	S_0	S_R	S_L	D_0	D_1	D_2	D_3	Q_0	Q_1	Q_2	Q_3
清零	×	0	×	×	×	×	×	×	×	×	0	0	0	0
送数	↑	1	1	1	×	×	a	b	c	d	a	b	c	d
右移	↑	1	0	1	D_{SR}	×	×	×	×	×	D_{SR}	Q_0	Q_1	Q_2
左移	↑	1	1	0	×	D_{SL}	×	×	×	×	Q_1	Q_2	Q_3	D_{SL}
保持	↑	1	0	0	×	×	×	×	×	×	Q_0^n	Q_1^n	Q_2^n	Q_3^n

课 题 小 结

　　本课题主要讨论了逻辑门电路、常用组合逻辑电路、触发器和常用时序逻辑电路的组成、功能分析和使用方法，并对常用数字集成电路进行了研究。

　　（1）数字信号在时间上和数值上均是离散的。对数字信号进行传送、加工和处理的电路称为数字电路。由于数字电路是以二值数字逻辑为基础的，即利用数字 1 和 0 来表示信息，因此数字信息的存储、分析和传输要比模拟信息容易。数字电路中用高电平和低电平分别来表示逻辑 1 和逻辑 0，它和二进制数中的 0 和 1 正好对应。因此，数字系统中常用二进制数来表示数据。在二进制位数较多时，常用十六进制或八进制作为二进制的简写。各种计数制之间可以相互转换。

　　（2）描述逻辑关系的函数称为逻辑函数，逻辑函数是从生活和生产实践中抽象出来的，只有那些能明确地用"是"或"否"作出回答的事物，才能定义为逻辑函数。逻辑函数中的变量和函数值都只能取 0 或 1 两个值。在数字电路中由各种门电路来完成各种基本逻辑运算，与、或、非、与非、或非、与或非以及异或门电路最为常用。分析数字电路或数字系统的数学工具是逻辑代数。

　　（3）组合逻辑电路在任一时刻的输出信号只取决于该时刻输入信号的取值组合，而与电路原来所处的状态无关。常用的组合逻辑电路包括编码器、译码器和数据选择器。编码器用于将相关信息转换为对应的二进制代码，以便电路处理。译码器用于将二进制代码恢复成为对应的电路输出。数据选择器用于在多路信号中选择某一路信号进行处理。各种组合逻辑电路在实际中都采用集成电路的形式，因此通过分析集成芯片的逻辑功能表掌握集成芯片的正确使用方法是数字电路应用的关键。

（4）触发器是数字系统中极为重要的基本逻辑单元。它有两个稳定状态，在外加触发信号的作用下，可以从一种稳定状态转换到另一种稳定状态。当外加信号消失后，触发器仍维持其现状态不变，因此，触发器具有记忆作用，每个触发器只能记忆（存储）一位二进制数码。集成触发器按基本逻辑功能的不同可分为 RS、D、JK 等，触发器有电平触发和边沿触发两种工作方式。

（5）与组合逻辑电路不同，时序逻辑电路在任一时刻的输出不仅和当时的输入信号有关，而且还和电路原来所处的状态有关。时序逻辑电路必须包含有触发器。计数器和寄存器是最常用的时序逻辑电路。计数器用于累计输入脉冲的个数。寄存器用来存放二进制数据或代码。

思考题与习题

9.1 在数字系统中为什么要采用二进制？

9.2 实现下列进制转换。

（1）$100_{10} = $ _____ $_2 = $ _____ $_8 = $ _____ $_{16}$

（2）$11111110_2 = $ _____ $_8 = $ _____ $_{16} = $ _____ $_{10}$

（3）$3EF_{16} = $ _____ $_2 = $ _____ $_8 = $ _____ $_{10}$

（4）$736_8 = $ _____ $_2 = $ _____ $_{16} = $ _____ $_{10}$

9.3 逻辑代数与普通代数有何异同？

9.4 逻辑函数的三种表示方法如何相互转换？

9.5 画出能实现下列逻辑函数的逻辑电路图。

（1）$Y = AB + AC$

（2）$Y = \overline{ABC} + AB + \overline{C}$

（3）$Y = A \oplus B \oplus C$

（4）$Y = \overline{\overline{AB} \cdot \overline{BC} \cdot \overline{AC}}$

9.6 已知逻辑电路如题9.6图所示，写出逻辑函数表达式，列出真值表并说明电路功能。

9.7 试用 74LS138 实现逻辑函数 $Y = \overline{A}\ \overline{B}\ \overline{C} + \overline{A}BC + ABC$。

9.8 试用 74LS151 实现逻辑函数 $Y = \overline{A}\ \overline{B}C + \overline{A}BC + A\overline{B}C + AB\overline{C}$。

9.9 分析题9.9图所示电路的逻辑功能。

9.10 利用集成计数器 74HC163 构成题9.10图所示的电路，试分析电路为几进制计数器。

9.11 试使用 74HC163 的清零功能设计一个十二进制计数器。

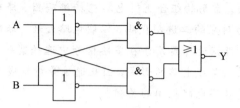

题 9.6 图

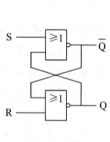

题 9.9 图

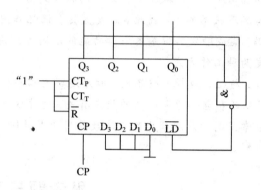

题 9.10 图

下篇 实际操作

实 操 训 练

实操 1　导线的剖削与连接

S1.1　实操目的

(1) 熟悉常用电工工具的名称、用途和正确的使用方法。

(2) 掌握导线绝缘层的剥削、导线连接的基本方法和要领。

S1.2　实操设备及器材

1. 电工工具

常用的电工工具：钢丝钳、尖嘴钳、剥线钳、电工刀各 1 把，形状如图 S1.1 所示。

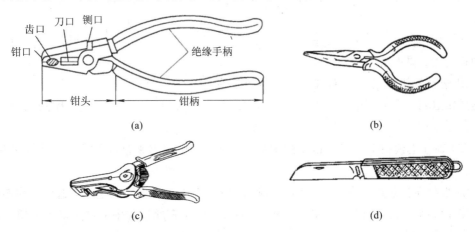

图 S1.1　常见电工工具外形

(a) 钢丝钳；(b) 尖嘴钳；(c) 剥线钳；(d) 电工刀

(1) 钢丝钳。钢丝钳由钳头和绝缘的钳柄组成，用于夹持和钳断金属薄板及金属丝。使用前先检查绝缘手柄有无破损。用钢丝钳不能同时剪切相线和中性线，以免短路，发生危险。

（2）尖嘴钳。尖嘴钳头部细而尖，适用于在狭小的空间夹持较小的螺钉、垫圈、导线以及将导线弯成一定的形状供安装时使用。使用带绝缘柄的尖嘴钳可带电操作（一般绝缘柄的耐压为 500 V），但为确保使用者的人身安全，严禁使用塑料柄破坏、开裂的尖嘴钳在非安全电压范围内操作，一般不允许用尖嘴钳装拆螺母或把尖嘴钳当锤子使用。

（3）剥线钳。剥线钳是用来剥除小直径导线绝缘层的专用工具。剥线钳的手柄是绝缘的，因此可以带电操作，工作电压一般不允许超过 500 V。剥线钳的优点在于使用效率高、剥线尺寸准确、不易损伤线芯。钳口处有几个不同直径的小孔，可根据待剥导线的线径选用，以达到既能剥掉绝缘层又不损伤芯线的目的。

（4）电工刀。电工刀主要用于剖削导线的绝缘外层，以及割削木桩和割断绳索等。在使用电工刀进行剖削作业时，应将刀口朝外；剖削导线绝缘时，应使刀面与导线成较小的锐角，以防损伤导线；电工刀使用时应注意避免伤手；使用完毕后，应立即将刀身折进刀柄；电工刀刀柄无绝缘保护，绝不能在带电导线或电气设备上使用，以免触电。有的电工刀还带有旋具和锯削工具。

2. 电工材料

常用的电工材料有 BV2.5mm² 单股铝线、BLV2.5mm² 双芯护套线等。

S1.3　实操内容和步骤

1. 导线绝缘层的剖削

（1）对于截面积不大于 4 mm² 的塑料硬线绝缘层的剖削，一般用钢丝钳进行，剖削的方法和步骤如下：

① 根据所需线头长度用钢丝钳刀口切割绝缘层，注意用力适度，不可损伤芯线。

② 用左手抓牢电线，右手握住钢丝钳头用力向外拉动，即可剖下塑料绝缘层，如图 S1.2 所示。

③ 剖削完成后，应检查芯线是否完整无损，如损伤较大，应重新剖削。

④ 塑料软线绝缘层的剖削，只能用剥线钳或钢丝钳进行，不可用电工刀剖，其操作方法与此相同。

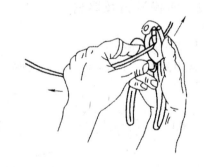

图 S1.2　钢丝钳剖削塑料硬线绝缘层

（2）对于芯线截面大于 4 mm² 的塑料硬线，可用电工刀来剖削绝缘层，其方法和步骤如下：

① 根据所需长度用电工刀以约 45°倾斜切入绝缘层，注意用力适度，避免损伤芯线。

② 使刀面与芯线保持 25°左右，用力向线端推削，在此过程中应避免电工刀切入芯线，只削去上面一层塑料绝缘层。

③ 将塑料绝缘层向后翻起，用电工刀齐根切去。操作过程如图 S1.3 所示。

（3）塑料护套线绝缘层的剖削必须用电工刀来完成，剖削方法和步骤如图 S1.4 所示：

① 按所需长度用电工刀刀尖沿芯线中间逢隙划开护套层。

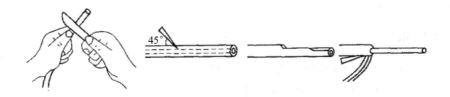

图 S1.3　电工刀剖削塑料硬线绝缘层

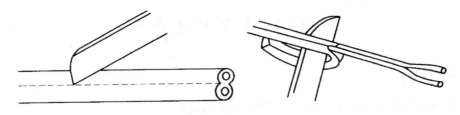

图 S1.4　塑料护套线绝缘层的剖削

② 向后翻起护套层，用电工刀齐根切去。

③ 在距离护套层 5 mm～10 mm 处，用电工刀以 45°角倾斜切入绝缘层，其他剖削方法与塑料硬线绝缘层的剖削方法相同。

2. 导线线头的连接

（1）单股导线的直线连接。对于截面较小的导线采用绞接法，如图 S1.5 所示：

① 把两线头的芯线做 X 形相交，互相紧密缠绕 2～3 圈。

② 把两线头扳直。

③ 将每个线头围绕芯线紧密缠绕 6 圈，并用钢丝钳把余下的芯线切去，最后钳平芯线的末端。

图 S1.5　单股导线的直线连接

（2）单股导线的 T 形连接。

① 如果导线直径较小，可按图 S1.6(a)所示方法绕制成结状，然后再把支路芯线线头拉紧扳直，紧密地缠绕 6～8 圈后，剪去多余芯线，并钳平毛刺。

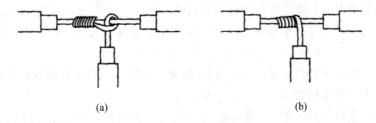

　　　　　　　(a)　　　　　　　　　　　　　　　　(b)

图 S1.6　单股导线的 T 形连接

② 如果导线直径较大，先将支路芯线的线头与干线芯线做十字相交，使支路芯线根部留出约 3 mm～5 mm，然后缠绕支路芯线，缠绕 6～8 圈后，用钢丝钳切去余下的芯线，并

钳平芯线末端，如图 S1.6(b)所示。

S1.4　实操报告

（1）完成规定数量的实验操作成品，上交作业。

（2）整理各项实验记录，完成实验报告。

（3）清点工具，整理实验场所。

实操 2　照明线路安装

S2.1 实操目的

（1）熟悉常用电工工具的名称、用途和正确的使用。

（2）熟悉常用照明电器元件的外形及正确安装方法。

（3）掌握照明电路的布置要求和原则，完成室内照明线路的安装。

（4）掌握常规照明电路的结构及常见故障的排除方法。

S2.1　实操设备及器材

1. 电工工具

常用的电工工具：小榔头、试电笔、剥线钳、钢丝钳、尖嘴钳、双头起子、电工刀各 1 把。

1）低压验电器

低压验电器又称试电笔，由发光氖管、降压电阻、弹簧、笔身、笔尖等组成，是用来检验导线和电气设备是否带电的一种电工常用检测工具。其结构如图 S2.1 所示。

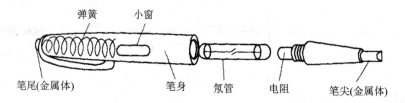

图 S2.1　试电笔结构

验电时，手指触及笔尾金属体，带电体经试电笔、人体与大地形成回路，电压高于 60 V 时，氖管就会起辉发光，检测电压的范围为 60 V～500 V。使用前，应检查试电笔的氖管是否正常发光；使用试电笔一般应穿绝缘鞋；应避开直射强光，观察时将氖管窗口背光且面向操作者；对 36 V 以下的安全电压，试电笔无法检测。

（1）区分相线与中性线（地线或零线）：在交流电路中，当验电器触及导线时，氖管发亮的是相线，不亮的是中性线。

（2）区分直流电与交流电：氖管里的两个极同时发亮的是交流电，两个极只有一个发亮的是直流电。

（3）区别直流电的正负极：把验电器连接在直流电的正负极之间，氖管发亮的一端是直流电的负极。

（4）区别电压的高低：根据氖管发亮的强弱来估计电压的高低。如果氖管灯暗红，微亮，则电压低；如果氖管灯黄红色，则电压高；如果有电不发光，则说明电压低于 36 V，为安全电压。

（5）辨别同相与异相：两手各持一支验电器，同时触及两条线，同相不亮而异相亮。

（6）识别相线碰壳：用验电器触及电机、变压器等电气设备外壳，若氖管发亮，则说明该设备相线有碰壳现象。如果壳体上有良好的接地装置，则氖管是不会发亮的。

2）螺丝刀

螺丝刀又称改锥或起子，用于固定或拆卸螺钉，它由绝缘手柄和刀头两部分组成，按其头部形状可分为一字形和十字形两大类，如图 S2.2 所示。

绝缘套管

图 S2.2　螺丝刀外形

规格用柄部以外的刀体长度表示，常用的有 100 mm、150 mm、200 mm、300 mm、400 mm 等几种。拆装螺钉形状应与刀头形状吻合，无论使用一字形还是十字形螺丝刀，都应注意用力平稳，推进和旋转要同时进行，使用时手不能触及金属杆。

2. 电工仪表

常用的电工仪表为指针式万用表 1 块。

万用表由表头、转换开关、分流、分压、整流电路等组成，是一种可以测量交、直流电压、直流电流、电阻值等多种电量的多量程便携式仪表。有的万用表还可以测量常用电子元件，如二极管、三极管等，是维修电工必备的仪表之一。常见指针式万用表的外形如图 S2.3 所示。

万用表使用注意事项：

（1）测量时，万用表应水平放置，先机械调零，将红表笔短杆插入"VΩ"插孔，黑表笔插入"COM"插孔。

（2）使用万用表时，根据待测量类型和估算值正确选择挡位，应仔细检查转换开关位置选择是否正确，若误用电流挡或电阻挡测量电压，会造成万用表的损坏。

（3）不能在用万用表测试时旋转转换开关。需要旋转转换开关时，应让表笔离开被测电路，以保证转换开关接触良好。

（4）测电流时万用表串联进电路，测电压时则并联进电路。

（5）电阻、电容测量必须在断电状态下进行。更换电阻挡后应重新调零，测量时手不能触摸被测电阻。

（6）测直流时，注意表笔极性，确保电流从红表笔进，黑表笔出，指针无反偏现象。

（7）使用完毕，转换开关置于空挡或交流电压最高挡；长期不用时，取出内部电池。

3. 电工材料

常用的电工材料：木工板一块。圆木、拉线开关、低压断路器、拉线开关、三眼插座、螺口灯座、白炽灯等。BV2.5mm² 单股铝线、BLV2.5mm² 双芯护套线、黄蜡带、黑胶布等。

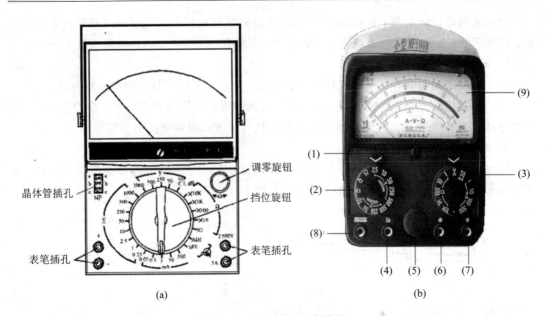

(a)　　　　　　　　　　　　(b)

图 S2.3　指针式万用表外形

（a）MF-47 型万用表面板图；（b）MF-500B 型万用表示意图

S2.3　实操内容和步骤

1. 内容

（1）使用低压验电器对交流 220 V、110 V、36 V 的电源进行检测，掌握安全用电常识。

（2）按照图 S2.4 所示的照明电路完成工程安装。

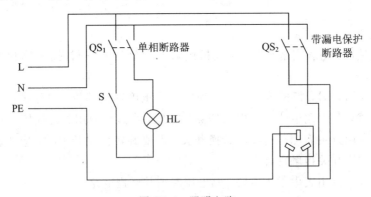

图 S2.4　照明电路

2. 步骤

（1）检测所用电器元件。

（2）在配电板上布置元器件、定位及划线、固定元器件。

（3）进行明线布线，要求：

① 布线要合理，工艺美观。要求横平竖直，弯成直角，少用导线少交叉，多线并拢一起走，线与线之间不能有明显的空隙。

② 护套线转弯成圆弧直角时，转弯圆度不能过小，以免损伤导线，转弯前后距转弯 30 mm～50 mm 处应各用一个线卡。

③ 导线最好不在线路上直接连接，可通过接线盒或借用其他电器的接线桩来连接线头。

④ 导线进入明线盒前 30 mm～50 mm 处应安装一个线卡，盒内应留出剖削 2～3 次的剖削长度。

⑤ 布线时，严禁损伤线芯和导线绝缘层。接头处机械强度良好，绝缘恢复良好，裸铜不能过长或压绝缘层。

⑥ 元器件安装正确。开关控制火线，火线进灯头弹簧，零线进灯头外壳。对于单相三孔扁插座是左零右相上为地，不得将地线孔装在下方或横装；开关不能横着装。

（4）通电前，必须先清理接线板上的工具、多余的器件以及断线头，以防造成短路和触电事故；然后对配电板线路的正确性进行全面地自检（用万用表电阻档），以确保通电一次性成功。

（5）通电试车。征得指导老师的同意并现场监护，方可通电。注意操作时的安全。

S2.4　实操项目验收与点评

（1）结合学生完成的情况进行点评并给出考核成绩。

（2）展示优秀的设计方案和调试结果，激发学生热情。

（3）场地清理、总结，完成实验报告。

S2.5　实操课后思考

1. 使用测电笔时，手要接触测电笔尾部的_____，笔尖接触电线（或与导线相连的导体），氖管发光表明接触的是_____线。

2. 如图 S2.5 所示为家庭电路中常用的三孔插座，其中孔 1 接_____，孔 2 接_____，孔 3 接_____。

3. 安装家庭电路时，下列几种做法中正确的是（　　）。

A. 将各盏电灯串联　　　　　　　　B. 将插座和电灯串联

C. 将保险丝装在总开关的前面　　　D. 零线直接进灯座，火线经过开关再进灯座

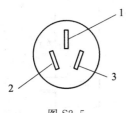

图 S2.5

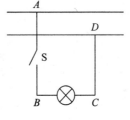

图 S2.6

4. 家庭电路中的保险丝烧断了，其原因可能是（　　）。

A. 开关里的两个线头相碰了　　　　B. 灯座里的两个线头相碰了

C. 室内所有灯都开了　　　　　　　D. 进户线的绝缘皮破了，两条导线相碰

5. 如图 S2.6 所示，当开关 S 接通后，电灯不发光，若用测电笔在 A、B、C、D 各点测

试，发现在 A、B、C 三点氖泡都发光，在 D 点泡不发光，可以判断线路的故障为（　　）。

A. 在 AB 段断路　　　　　　　　B. 在 BC 段断路

C. 在 BC 段短路　　　　　　　　D. 在 CD 段断路

实操 3　三相异步电动机的起动控制

S3.1　实操目的

(1) 了解低压电器元件的结构和功能。

(2) 学会低压电器的检验和安装方法。

(3) 理解三相异步电动机的单向直接起动控制原理。

(4) 理解三相异步电动机的点动控制原理。

(5) 学会按照电路原理图连接电路的方法；初步掌握控制电路的布线工艺。

S3.2　实操设备及器材

(1) 维修电工操作实验台。

(2) 低压电器元件：空气开关、保险、交流接触器、热继电器、双联按钮等。

(3) 三相异步电动机 1 台。

(4) 指针式万用表 1 块。

(5) 尖嘴钳、双头起子各 1 把。

S3.3　实操步骤及内容

(1) 分析电路控制原理(控制原理参照 4.2.1 的内容，自行分析)。

① 三相异步电动机点动控制电路如图 S3.1 所示。

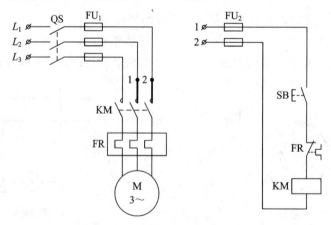

图 S3.1　电动机点动控制电路

② 三相异步电动机自锁长动控制电路如图 S3.2 所示。

(2) 列出元件明细于表 S3.1 中。

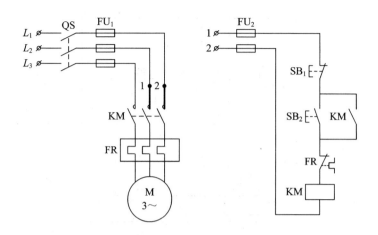

图 S3.2　电动机自锁长动控制电路

表 S3.1　元 件 明 细

代号	名称	型号	规格	数量	备注

了解电器元件的结构和安装、接线方法，并按下列步骤对元件进行检测：

① 外观检查：要求外壳无裂纹，零部件齐全，接线柱完好。

② 触点检查：触点无熔焊、变形和严重锈蚀。

③ 接触器电磁机构检查：运动机构动作灵活；线圈电压与电源电压相符；用万用表测量线圈电阻，判断有无短路、断路现象。

（3）确定电器元件在配电板上的位置，按装配图 S3.3 固定所有电器元件，元件布置要整齐、合理，按钮不要固定在配电板上。

① 按照电路图 S3.1 所示连接线路，遵循先主电路后控制电路的顺序。接到电动机和按钮的导线必须经过接线端子引出。红色按钮不允许当起动按钮用。

② 安装完毕后，应仔细检查是否有误，控制回路无短路现象，确认无误后向指导老师提出通电请求，经同意后才能通电试车。

③ 通电调试：操作起动和停止按钮，认真观察各元件通电后的动作以及电动机的起动、运行、停车情况。出现故障时应及时切断电源，再进行检修，检修完毕后再次向指导老师提出通电请求，直到试车达到满意为止。

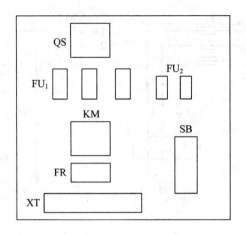

图 S3.3　元件装配图

④ 将线路改装为图 S3.2 所示自锁长动控制线路，按照上述方法检测调试。

⑤ 记录操作中的体验及排除故障方法。

S3.4　实操要求及注意事项

（1）必须断电安装。区分控制不同的额定电压和额定电流等级，以便采取变通的控制电源策略。

（2）认清保险、按钮、开关、接触器和继电器等电器接线端子的作用，以及与原理图对应的位置。

（3）在规定时间内正确安装电路；线路合理布局，安装工艺达到基本要求；线头长短适当，接触良好，不允许有裸露的带电金属。接线时用力适当，以防螺钉打滑。

（4）触头接线必须可靠、正确，否则会造成主电路中两相电源短路事故。

（5）热继电器的热元件应串接在主电路中，其常闭触头应串接在控制电路中，两者缺一不可，否则不能起到过载保护作用。

（6）在老师检查认可后，才可通电调试；检验时，先不要带负载上电，待空载验证控制电路正常后，方可带电动机运行。

（7）通电试车时，不得对线路进行带电改动。

S3.5　实操课后思考

1. 图 S3.4 所示的控制线路画得是否合理？原理上有无错误？

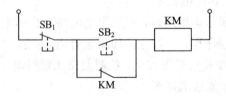

图 S3.4

2. 如果接触器额定电压是 220 V 的，能接在 380 V 的线路上吗？如何处理？

实操 4　三相异步电动机正反转控制

S4.1　实操目的

（1）理解按钮互锁正反转控制电路的工作原理。
（2）熟练掌握常用低压电器元件在控制线路中的使用。
（3）掌握三相异步电动机正反转控制电路的安装和调试方法。
（4）掌握用万用表检测线路故障的方法。

S4.2　实操设备及器材

（1）维修电工操作实验台。
（2）低压电器元件：空气开关、保险、交流接触器、热继电器、双联按钮等。
（3）三相异步电动机 1 台。
（4）指针式万用表 1 块。
（5）尖嘴钳、双头起子各 1 把。

S4.3　实操步骤及内容

（1）分析图 S4.1 所示的电动机按钮联锁正反转控制电路原理图，明确电路的控制要求、工作原理、操作方法、结构特点及电器元件的规格。

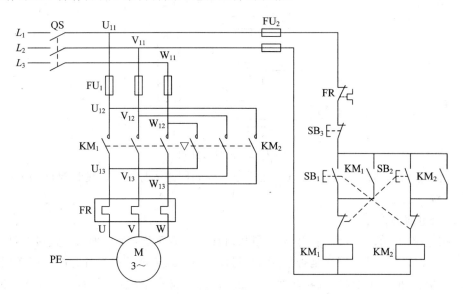

图 S4.1　按钮联锁正反转控制电路

（2）列出元件明细于表 S4.1 中，检查所有电器元件是否合格。

表 S4.1 元件明细

代号	名称	型号	规格	数量	备注

了解电器元件的结构和安装、接线方法，并按下列步骤对元器件进行检测：

① 外观检查：要求外壳无裂纹，零部件齐全，接线柱完好。

② 触点检查：触点无熔焊、变形和严重锈蚀。

③ 接触器电磁机构检查：运动机构动作灵活；线圈电压与电源电压相符；用万用表测量线圈电阻，判断有无短路、断路现象。

（3）确定电器元件在配电板上的位置，按装配图 S4.2 固定所有电气元件，元件布置要整齐、合理，按钮不要固定在配电板上。

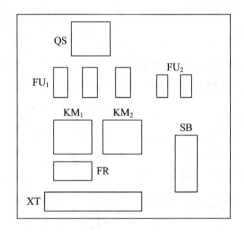

图 S4.2 元件装配图

（4）接线。先布置主电路的导线，然后布置控制回路的导线。布线时要做到横平竖直，并避免导线交叉缠绕。

（5）通电前自检。

① 按电路原理图从电源端开始，逐段核对接线是否正确，有无漏接、错接之处。检查导线接点是否符合要求，压接是否牢固。接触应良好，以免带负载运行时产生闪弧现象。

② 通电前用万用表检查线路的通断情况，以防短路故障发生。检查时，应选用倍率适当的电阻挡，并进行校零，对控制电路的检查（可断开主电路），可将表笔分别搭在 U_{11}、V_{11} 线端上，读数应为"∞"。按下 SB_1（或 SB_2）时，读数应为接触器线圈的电阻值，然后断开控制电路，再检查主电路有无开路或短路现象，此时可用手动来代替接触器通电进行检查。

（6）空载试运行：第一次按下按钮时，应短时运行，同时观察所有电气元件是否有异常现象。严格按操作规程进行，1 人操作，1 人监护。

（7）带负载试运行：空载试运行正常后要进行带负载试运行，当电动机平稳运行时，若三相平衡则试运行成功。

S4.4　实操报告

（1）记录自己操作中的体验和发现。

（2）讨论、交流本次接线过程中遇到的问题及解决方法。

（3）记录不同故障的现象和解决方法。

＊ 实操 5　常用电子仪器的使用

S5.1　实操目的

（1）了解常用电子仪器的性能特点及使用方法。

（2）学会正确使用双踪示波器观察、测量波形的幅值、频率及相位等。

（3）掌握函数信号发生器、直流稳压电源、电压表及万用表等仪器的配合使用。

S5.2　实操要求

（1）阅读常用仪器的使用说明。

（2）熟悉常用仪器、仪器面板和各控制按钮的名称及功能。

S5.3　实操设备及器材

（1）直流稳压电源 1 台：为电路提供直流工作电源。

（2）电子毫伏表 1 台：用于测量正弦信号的有效值。由于交流毫伏表的灵敏度较高，为避免损坏，应在使用前将量程开关打到最大，然后在测量中逐档减小量程，直到指针指在 1/3 量程到满量程之间。

（3）函数信号发生器 1 台：为电路提供输入信号。它可以产生特定频率和特定大小的正弦波、方波和三角波电压信号，作为放大电路的输入信号。通过输出衰减开关和幅度旋钮，可使输出电压在毫伏级到伏级范围内连续调节。输出电压的频率可以通过波段开关和频率旋钮进行调节。直流稳压电源和信号发生器在使用过程中，要注意输出端不能短路。

（4）万用表 1 块：测量相关数据作表记录，比较测量结果。

（5）双踪示波器 1 台：用于观测被测信号的电压波形。它不仅能观测电路的动态过程，还可以测量电压信号的幅度、频率、周期、相位、脉冲宽度、上升和下降时间等参数。它的 X 轴为时间轴，Y 轴为电压轴。

S5.4　实操内容和步骤

（1）用交流毫伏表测量信号发生器的输出（衰减）电压。将信号发生器频率调节在 1 kHz。电压"输出衰减"开关分别置于不同的衰减 dB 位置上，调节信号发生器的"幅度"旋钮使电表指示在"4"，用交流毫伏表测量其输出电压值并填入表 S5.1 中。

表 S5.1 测 量 数 据

$f=1\ kHz$	电表指示刻度"4"			
信号发生器电压"输出衰减"/dB	0	20	40	60
信号发生器输出值/mV				
交流毫伏表读数值/mV				
电压衰减倍数				

(2) 用双踪示波器 Y 轴任一输入通道探头,测量示波器"校正电压"读出荧屏显示波形的 u_{p-p} 值和频率 f。

(3) 用交流毫伏表及双踪示波器测量信号发生器的输出电压及周期的数值,将数据填入表 S5.2 中。

表 S5.2 测 量 数 据

测量项目　　　测量数据　　　输入信号	$u_1=0.15\ V$ $f_1=500\ Hz$	$u_2=50\ mV$ $f_2=1\ kHz$	$u_3=10\ mV$ $f_3=2.5\ kHz$	$u_4=1\ V$ $f_4=7\ kHz$
低频信号发生器电压衰减位置/dB				
示波器 Y 轴"VOLTS/DIV"位置/(V/DIV)				
示波器荧光屏显示波形高度/DIV				
示波器荧光屏上显示电压峰值/V				
毫伏表测量指示值/V				
示波器 X 轴"TIME/DIV"位置/(ms/DIV)				
示波器荧光屏显示一个完整波形的长度/DIV				
示波器荧光屏显示波形的周期时间/ms				
＊非线性失真系数/(δ%)				

(4) 函数信号发生器、电压表、万用表的使用练习。用电子电压表测量函数信号发生器的输出电压,将函数信号发生器波形输出选择设置到"正弦波"形式,并分别选择其频率范围;调节"频率细调"旋钮,读出相应频率值,制表格填入相应数据。

① 将函数信号发生器的输出频率调整到 1 kHz,调节"输出细调"旋钮,使其电压值指示到 5V 位置,再将"输出衰减"旋钮分别置到 0 dB、20 dB、40 dB,分别读出相应的输出电压值,制表格填入数据。

② 用毫伏表测量输出电压值,并与旋钮指示值进行比较。

③ 用万用表的交流电压挡重复以上测量,将结果与毫伏表测量值进行比较。

④ 用万用表的直流电压挡和交流电压挡分别测量直流稳压电源的输出电压,制表记录,并比较两次测量结果。

S5.5　实操报告

(1) 整理各项试验记录。

(2) 写出各仪器使用时应注意的事项。

实操 6　整流、滤波与稳压电路

S6.1　实操目的

(1) 熟悉单相半波、全波、桥式整流电路。

(2) 观察了解电容滤波作用。

(3) 了解并联稳压、集成稳压电路。

S6.2　实操要求

(1) 练习用示波器观察波形，用万用表测量各点电压。

(2) 分析整流、滤波、稳压电路的作用。

S6.3　实操仪器及材料

(1) 示波器。

(2) 数字万用表。

S6.4　实操内容及步骤

1. 半波整流、桥式整流电路

实验电路分别如图 S6.1 和图 S6.2 所示。分别接好半波整流、桥式整流两种电路，用示波器观察 U_2、U_D 及 U_L 的波形，并测量 U_2、U_D、U_L，将数据填入表 S6.1 中。为避免烧断保险，不得通电接线，接线要准确，确定无误后再通电。

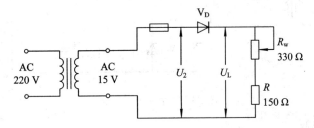

图 S6.1　半波整流电路

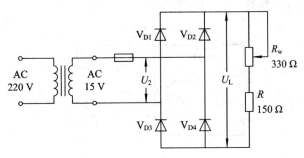

图 S6.2　桥式整流电路

表 S6.1　测量数据

	U_2/V		U_D/V		U_L/V	
	测量值	波形	测量值	波形	测量值	波形
半波整流						
桥式整流						

2. 电容滤波电路

实验电路如图 S6.3 所示。

(1) 分别用不同电容接入电路，R_L 先不接，用示波器观察波形，用电压表测 U_L 并记录于表 S6.2 中。

(2) 将 R_L 改为 150 Ω，重复上述实验。

表 S6.2　测量数据及波形

R_L/Ω	滤波电容	U_L/V	波形
∞	10 μF		
	470 μF		
150 Ω	10 μF		
	470 μF		

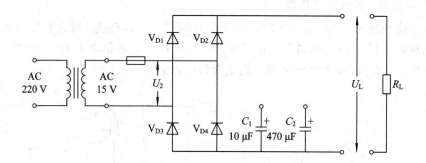

图 S6.3　电容滤波电路

3. 并联稳压电路

实验电路如图 S6.4 所示。

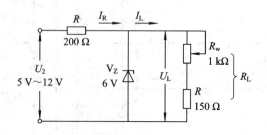

图 S6.4　并联稳压电路

(1) 测量稳定输出电压 U_L。

（2）电源输入电压不变，测试负载变化时电路的稳压性能。改变负载电阻 R_L，观察输出电压 U_L 的变化。找出保持稳定输出电压的最大负载电流，并记录当前的负载电阻值。

（3）负载不变，测试电源电压变化时电路的稳压性能。改变电源电压，观察输出电压 U_L 的变化。找出保持稳定输出电压的最小输入电压。

4. 集成稳压电路

实验电路如图 S6.5 所示。

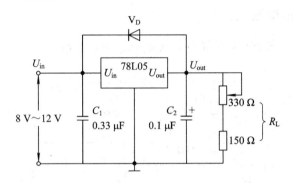

图 S6.5　三端稳压器参数测试

测试内容：

（1）测量稳定输出电压 U_{out}。

（2）电源输入电压不变，测试负载变化时电路的稳压性能。改变负载电阻 R_L，观察输出电压 U_L 的变化，找出保持稳定输出电压的最大负载电流，并记录当前的负载电阻值。

（3）负载不变，测试电源电压变化时电路的稳压性能。改变电源电压，观察输出电压 U_L 的变化，找出保持稳定输出电压的最小输入电压。

S6.5　实操报告

（1）整理实验数据并按实验内容计算。

（2）分析整流滤波稳压功能。

实操 7　单管放大电路分析

S7.1　实操目的

（1）学习电子电路的连接。

（2）测量静态工作点并验证静态工作点参数对放大器工作的影响。

（3）学会用示波器观测波形并测量放大倍数。

S7.2　实操要求

（1）练习示波器、万用表、毫伏表的使用。

（2）熟悉单级共射放大电路静态工作点的设置方法。

（3）熟悉静态工作点对放大器性能的影响。

S7.3　实操设备及器材

（1）低频信号发生器1台。

（2）示波器1台。

（3）毫伏表1台。

（4）稳压电源1台。

S7.4　实操内容和步骤

（1）按图 S7.1 所示的共射极单管放大电路连接好电路。

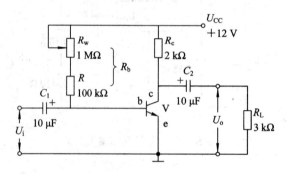

图 S7.1　共射极单管放大电路

（2）将直流电源 U_{CC} 调至 12 V，并接入线路中；调节 R_w，使 $U_C(U_{CEQ})=5$ V$\sim$7 V，测量 I_{CQ}、U_{BEQ}，填入表 S7.1 中。

表 S7.1　测 量 数 据

U_{CC}/V	$U_C(U_{CEQ})/V$	I_{CQ}	U_{BEQ}/V

（3）调节信号发生器使其输出值为 1 kHz/5 mV 的正弦波，并接入放大器输入端，用示波器观察放大器电路 U_o 波形。

（4）空载情况下，逐步调节信号发生器 U_i 的大小，使 U_o 为最大不失真波形，用毫伏表测出（或示波器换算）U_i 和 U_o 的值，计算 A_u，并填入表 S7.2 中。

（5）接入负载 R_L，重复（3）操作，填入表 S7.2 中。

表 S7.2　测 量 数 据

输入信号频率	是否加载负载 R_L	U_i/mV	U_o/mV	A_u
1 kHz	未			

S7.5　实操报告

（1）整理实验测量数据。

（2）总结静态工作点对放大器性能的影响。

（3）分析空载和带载情况下放大倍数的改变原因。

实操 8 组合逻辑电路的测试与设计

S8.1 实操目的

（1）掌握集成门电路逻辑功能的测试方法。

（2）熟悉集成门电路的应用。

（3）掌握组合逻辑电路的设计和测试方法。

S8.2 实操要求

（1）熟悉 74LS00、74LS10、74LS86（或 CC4000、CD4000 系列）的管脚排列及逻辑功能，写出各集成电路的真值表。

（2）熟悉组合逻辑电路设计的内容，完成选定题目的设计任务，根据设计要求列出真值表，得出逻辑表达式，画出逻辑电路和实际接线图。

S8.3 实操设备及器材

（1）数字逻辑实验装置 1 台。

（2）数字万用表 1 块。

（3）TTL 集成块或 CMOS 集成块：74LS00（或 CC4011、CD4011）1 片；74LS10（或 CC4023、CD4023）1 片；74LS86（或 CC4070、CD4070B）1 片。

S8.4 实操内容和步骤

1. 集成块逻辑功能测试

1）74LS00（或 CC4011、CD4011）逻辑功能测试

74LS00（或 CC4011、CD4011）为二输入四与非门，其管脚排列及内部接线如图 S8.1 和图 S8.2 所示。

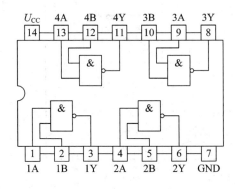
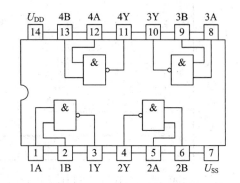

图 S8.1 74LS00 管脚排列图　　　　　图 S8.2 CD4011 管脚排列图

按引线图接线，U_{CC}（U_{DD}）端接 +5 V 电源，GND（U_{SS}）接地，对其中一只与非门进行测试，验证与非关系 $Y = \overline{A \cdot B}$。将测试结果填入表 S8.1 中。

表 S8.1　测 试 结 果

A	B	Y(理论值)	Y(实测值)
0	0		
0	1		
1	0		
1	1		

2) 74LS10(或 CC4023、CD4023)逻辑功能测试

74LS10(或 CC4023、CD4023)为三输入三与非门,其管脚排列及内部接线如图 S8.3 和图 S8.4 所示。

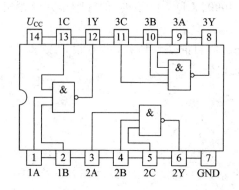

图 S8.3　74LS10 管脚排列图

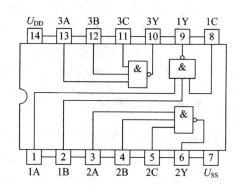

图 S8.4　CD4023 管脚排列图

按引线图接线,对其中一只与非门进行测试,验证与非逻辑关系 $Y = \overline{A \cdot B \cdot C}$,并将测试结果填入表 S8.2 中。

表 S8.2　测 试 结 果

A	B	C	Y(理论值)	Y(实测值)
0	0	0		
0	0	1		
0	1	0		
0	1	1		
1	0	0		
1	0	1		
1	1	0		
1	1	1		

3) 74LS86(或 CC4070、CD4070B)逻辑功能测试

74LS86(或 CC4070、CD4070B)为二输入四异或门,其管脚排列及内部接线如图 S8.5 和图 S8.6 所示。

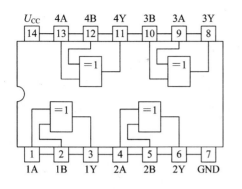

图 S8.5 74LS86 管脚排列图

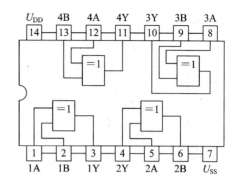

图 S8.6 CD4070B 管脚排列图

按引线图进行接线，对其中一只门进行测试、验证异或逻辑关系 $Y=A\oplus B=\overline{A}B+A\overline{B}$，并将测试结果填入表 S8.3 中。

表 S8.3 测 试 结 果

A	B	Y(理论值)	Y(实测值)
0	0		
0	1		
1	0		
1	1		

2. 组合逻辑电路设计与测试

(1) 在只有原变量输入的条件下，用两块 74LS10 和两块 74LS00 实现函数
$$F=\overline{A}BC+\overline{A}B\,\overline{C}+ABC$$

(2) 用异或门设计一个三位数码的奇数校验电路，要求三位数码中有奇数 1 时，输出为 0。

S8.5 实操报告

(1) 整理实验测试结果。

(2) 总结组合逻辑电路设计的步骤及测试方法。

(3) 列出真值表。

(4) 写出逻辑表达式。

＊实操9 3-8线译码器及其应用

S9.1 实验目的

(1) 熟悉中规模集成译码器的逻辑功能及使用方法。

(2) 了解译码器的应用。

S9.2　实验要求

（1）熟悉译码器的工作原理及全加器的有关内容。

（2）熟悉 74LS138 的管脚排列、功能表。

（3）画出实验电路连线图。

S9.3　实验设备及器材

（1）数字逻辑实验装置 1 台。

（2）数字万用表 1 块。

（3）74LS138 译码器 1 片。

（4）74LS20 双四输入与非门 1 片。

S9.4　实验内容和步骤

1. 集成块功能测试

1）74LS20 逻辑功能测试

74LS20 为双四输入与非门，其管脚排列及内部接线如图 S9.1 所示。

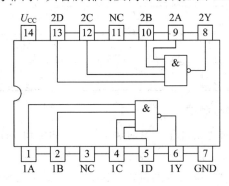

图 S9.1

按引线图进行接线，分别对上下两个与非门进行测试，当输入全为高电平（或全悬空）时，输出为低电平。如果符合以上情况，则逻辑功能正常。

2）74LS138 逻辑功能测试

74LS138 是一种具有 3 个输入、8 个输出的二进制译码器。它的 8 个输出端分别代表由 3 个输入组合的 8 种状态，其译码输出为低电平有效。74LS138 的引脚排列如图 S9.2 所示。功能表见表 S9.1。

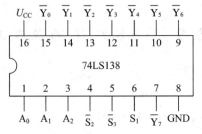

图 S9.2

表 S9.1　74LS138 功能表

序号	输　入					输　出							
	S_1	$\overline{S_1}+\overline{S_2}$	A_2	A_1	A_0	$\overline{Y_0}$	$\overline{Y_1}$	$\overline{Y_2}$	$\overline{Y_3}$	$\overline{Y_4}$	$\overline{Y_5}$	$\overline{Y_6}$	$\overline{Y_7}$
0	1	0	0	0	0	0	1	1	1	1	1	1	1
1	1	0	0	0	1	1	0	1	1	1	1	1	1
2	1	0	0	1	0	1	1	0	1	1	1	1	1
3	1	0	0	1	1	1	1	1	0	1	1	1	1
4	1	0	1	0	0	1	1	1	1	0	1	1	1
5	1	0	1	0	1	1	1	1	1	1	0	1	1
6	1	0	1	1	0	1	1	1	1	1	1	0	1
7	1	0	1	1	1	1	1	1	1	1	1	1	1
禁 止	0	×	×	×	×	1	1	1	1	1	1	1	1
	×	1	×	×	×	1	1	1	1	1	1	1	1

74LS138 引脚说明：

$A_0 \sim A_2$：二进制输入端，为高位端。

$\overline{Y_0} \sim \overline{Y_7}$：译码输出端。

S_1、$\overline{S_2}$、$\overline{S_3}$：使能端，其功能见上表。

（1）译码功能测试：按引线图进行接线。将输出端 $\overline{Y_0} \sim \overline{Y_7}$ 接指示灯，$\overline{S_3}$、$\overline{S_2}$、S_1 接固定的电平 001，使译码器选通。A_0、A_1、A_2 接数据开关，改变 A_0、A_1、A_2 的开关状态，使之输入 000～111 共 8 种情况，观察指示灯的变化，并记录结果。

（2）使能端功能测试：接线同上，观察当 $\overline{S_3}$、$\overline{S_2}$、S_1 为其他输入时，译码器被禁止的情况，并记录结果。

2. 74LS138 的应用

（1）74LS138 用作函数发生器：用 74LS138 和与非门 74LS20 按图 S9.3 所示电路接线可实现函数 $F = \overline{A}BC + A\overline{B}C + AB$。连接电路，并将结果填入表 S9.2 中。

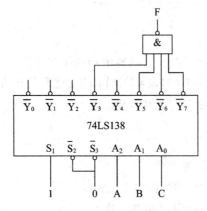

图 S9.3　函数发生器电路

表 S9.2　测 试 结 果

输　　入			输出（理论值）	输出（实测值）
A	B	C	F	F
0	0	0		
0	0	1		
0	1	0		
0	1	1		
1	0	0		
1	0	1		
1	1	0		
1	1	1		

（2）用 74LS138 实现一位全加器：设计出实现全加器的电路，画出接线图；连接电路并测试其结果，列出真值表。

S9.5　实验报告

（1）整理实验数据表格。

（2）根据全加器的真值表，写出全加器的函数表达式。

（3）画出用 74LS138 实现全加器的电路图，真值表。

实操 10　计数译码显示电路

S10.1　实操目的

（1）熟悉计数器的计数原理及功能测试方法。

（2）熟悉显示译码器的工作原理及使用方法。

（3）熟悉数码显示器的显示原理和使用方法。

（4）掌握计数译码显示电路的结构和功能。

S10.2　实操要求

（1）熟悉计数器、显示译码器和数码显示器的工作原理。

（2）掌握 CD4158（或 74LS160）及 CD4511 的功能和使用方法。

（3）根据实验内容正确绘制实验接线图。

S10.3　实验设备及器材

（1）数字逻辑电路实验装置 1 台。

（2）CD4518 双 BCD 加法计数器（或 74LS160）1 片。

（3）CD4511B 七段锁存/译码驱动器 1 片。

（4）七段数码管（LED）显示器 1 块。

S10.4 实操内容及步骤

1. 测试 CD4518(或 74LS160)计数器的功能

CD4518、74LS160 管脚排列如图 S10.1 和图 S10.2 所示,功能表见表 S10.1。

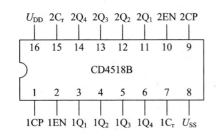 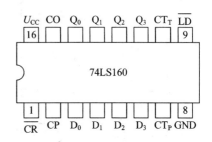

图 S10.1 CD4518B 管脚排列图　　　　　图 S10.2 74LS160 管脚排列图

表 S10.1 CD4518 功能表

CP	EN	C_r	功能
↑	1	0	加计数
0	↓	0	加计数
↓	×	0	不变
×	↑	0	不变
↑	0	0	不变
1	↓	0	不变
×	×	1	$Q_1 \sim Q_4 = 0$

(1) $U_{DD}(U_{CC})$ 接 +5 V 电源,U_{SS}(GND)接地,$1C_r$ 接低电平,1CP 接按钮开关,1EN 接高电平,$1Q_1 \sim 1Q_4$ 接指示灯,连续按动按钮开关,每次发出一个单脉冲;观察输出状态的变化,记录结果,并画出状态转换图。

(2) 检验 $1C_r$ 端的功能:$1C_r = 1$,不受时钟控制,异步置 0;当 $1C_r = 0$ 时,可正常计数。

(3) 1CP 与 1EN 配合:当 1EN = 1,1CP 端输入触发器脉冲时,上升沿触发器有效;当 1EN 接触发脉冲,1CP = 0 时,触发器脉冲下降沿触发有效。

(4) 按以上方法测试由管脚 9~15 组成的计数器 2。

2. 测试 CD4511B 译码器的功能

CD4511B 译码器的管脚如图 S10.3 所示,功能表见表 S10.2。

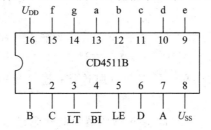

图 S10.3 CD4511B 管脚排列图

表 S10.2 CD4511B 功能表

输入							输出							显示
LE	$\overline{BI}$	$\overline{LT}$	D	C	B	A	a	b	c	d	e	f	g	
×	×	0	×	×	×	×	1	1	1	1	1	1	1	8
×	0	1	×	×	×	×	0	0	0	0	0	0	0	消隐
0	1	1	0	0	0	0	1	1	1	1	1	1	0	0
0	1	1	0	0	0	1	0	1	1	0	0	0	0	1
0	1	1	0	0	1	0	1	1	0	1	1	0	1	2
0	1	1	0	0	1	1	1	1	1	1	0	0	1	3
0	1	1	0	1	0	0	0	1	1	0	0	1	1	4
0	1	1	0	1	0	1	1	0	1	1	0	1	1	5
0	1	1	0	1	1	0	0	0	1	1	1	1	1	6
0	1	1	0	1	1	1	1	1	1	0	0	0	0	7
0	1	1	1	0	0	0	1	1	1	1	1	1	1	8
0	1	1	1	0	0	1	1	1	1	0	0	1	1	9
0	1	1	1	0	1	0	0	0	0	0	0	0	0	消隐
0	1	1	1	0	1	1	0	0	0	0	0	0	0	消隐
0	1	1	1	1	0	0	0	0	0	0	0	0	0	消隐
0	1	1	1	1	0	1	0	0	0	0	0	0	0	消隐
0	1	1	1	1	1	0	0	0	0	0	0	0	0	消隐
0	1	1	1	1	1	1	0	0	0	0	0	0	0	消隐
1	1	1	×	×	×	×	不变							锁存

（1）D、C、B、A 数据开关（D 为最高位），a～g 接数码管对应端。$\overline{LT}=\overline{BI}=1$，LE＝0。观察输入不同数码时显示的字形。

（2）试灯：$\overline{LT}=0$，各段全亮，显示字形，与 D、C、B、A 输入无关。

（3）灭灯：$\overline{BI}=0$，$\overline{LT}=1$，各段全灭，与 B、C、D、A 输入无关。

（4）锁存：$\overline{LT}=\overline{BI}=1$，可将 LE 从 0 到 1 输入的数据锁存下来，从数码管上显示。当 LE＝1 时，显示结果不再变化。

3. 计数译码显示电路实现

（1）使 CD4518 工作于计数状态，由按钮开关作为输入时钟，并把计数器 $1Q_4 \sim 1Q_1$ 对应端接到译码器 CD4511B 的 D、C、B、A；使译码器工作于译码工作状态，将译码器 CD4511B 输出管脚与七段数码显示器对应管脚连接；通过数码管观察加法计数器的显示结果。

（2）每按动按钮一次，计数加 1，通过译码器可观察到显示数码按 0～9 的加 1 计数规律变化。

S10.5　实验报告

（1）整理实验数据表格。

（2）简述计数器、译码器功能测试的依据及测试结果。

（3）画出计数译码显示电路实验接线图，总结电路工作原理。

附　　录

附录 1　国际制单位

附表 1-1　国际单位制的基本单位

量的名称	单位名称	单位符号
长度	米	m
质量	千克	kg
时间	秒	s
电流	安[培]	A
热力学温度	开[尔文]	K
物质的量	摩[尔]	mol
发光强度	坎[德拉]	cd

附表 1-2　国际单位制中具有专门名称的导出单位

量的名称	单位名称	单位符号	其他表示式
频率	赫[兹]	Hz	s^{-1}
力	牛[顿]	N	$kg \cdot m/s^2$
压强	帕[斯卡]	Pa	N/m^2
能量	焦[耳]	J	$N \cdot m$
功率；辐射通量	瓦[特]	W	J/s
电荷量	库[仑]	C	$A \cdot s$
电位；电压；电动势	伏[特]	V	W/A
电容	法[拉]	F	C/V
电阻	欧[姆]	Ω	V/A
电导	西[门子]	S	A/V
磁通量	韦[伯]	Wb	$V \cdot s$
磁感应强度	特[斯拉]	T	Wb/m^2
电感	亨[利]	H	Wb/A
摄氏温度	摄氏度	℃	
光通量	流[明]	lm	$cd \cdot sr$
光照度	勒[克斯]	lx	lm/m^2
放射性活度	贝可[勒尔]	Bq	s^{-1}
吸收剂量	戈[瑞]	Gy	J/kg
剂量当量	希[沃特]	Sv	j/kg

附录2　金属电阻率及其温度系数

金属或合金	电阻率 /($\times 10^{-6}$ Ω·m)	温度系数 /(℃$^{-1}$)	金属或合金	电阻率 /($\times 10^{-6}$ Ω·m)	温度系数 /(℃$^{-1}$)
铝	0.028	42×10^{-4}	锌	0.059	42×10^{-4}
铜	0.0172	43×10^{-4}	锡	0.12	44×10^{-4}
银	0.016	40×10^{-4}	水银	0.958	10×10^{-4}
金	0.024	40×10^{-4}	武德合金	0.52	37×10^{-4}
铁	0.098	60×10^{-4}	钢(0.10～0.15%碳)	0.10～0.14	6×10^{-3}
铅	0.205	37×10^{-4}	康铜	0.47～0.51	$(-0.04～+0.01) \times 10^{-3}$
铂	0.105	39×10^{-4}	铜锰镍合金	0.34～1.00	$(-0.03～+0.02) \times 10^{-3}$

注：电阻率与金属中的杂质有关，表中列出的是20℃时电阻率的平均值。

附录3　常用电机与电气元件图形符号、文字符号

类别	名称	图形符号	文字符号	类别	名称	图形符号	文字符号
开关	手动开关一般符号		QS	位置开关	常开触头		SQ
	三极控制开关		QS		常闭触头		SQ
	三极隔离开关		QS		复合触头		SQ
	三极负荷开关		QS	按钮	常开按钮		SB
	转换开关		SA		常闭按钮		SB
	组合旋钮开关		SA		复合按钮		SB
	低压断路器		QF		急停按钮		SB

类别	名称	图形符号	文字符号	类别	名称	图形符号	文字符号
接触器	线圈操作器件		KM	电磁操作器	电磁铁的一般符号	或	YA
	常开主触头		KM		电磁吸盘		YH
	常开辅助触头		KM		电磁离合器		YC
	常闭辅助触头		KM		电磁制动器		YB
时间继电器	通电延时（缓吸）线圈		KT		电磁阀		YV
	断电延时（缓放）线圈		KT	速度继电器常开触头	常开触头	n	KS
	瞬时闭合的常开触头		KT		常闭触头	n	KS
	瞬时断开的常闭触头		KT	发电机	发电机	G	G
	延时闭合的常开触头	或	KT		直流测速发电机	TG	TG
	延时断开的常闭触头	或	KT	灯	信号灯（指示灯）		HL
	延时闭合的常闭触头	或	KT		照明灯		EL
	延时断开的常开触头	或	KT	接插器	插头和插座	或	X 插头 XP 插座 XS

类别	名称	图形符号	文字符号	类别	名称	图形符号	文字符号
热继电器	热元件		FR	电动机	三相笼型异步电动机		M
	常闭触头		FR		三相绕线转子异步电动机		M
中间继电器	线圈		KA		他励直流电动机		M
	常开触头		KA		并励直流电动机		M
	常闭触头		KA		串励直流电动机		M
电流继电器	过电流线圈	$I>$	KA	熔断器	熔断器		FU
	欠电流线圈	$I<$	KA	变压器	单相变压器		TC
	常开触头		KA		三相变压器		TM
	常闭触头		KA				
电压继电器	过电压线圈	$U>$	KV	互感器	电压互感器		TV
	欠电压线圈	$U<$	KV		电流互感器		TA
	常开触头		KV				
	常闭触头		KV		电抗器		L

附录4 半导体分立器件的命名方法

附表4-1 国产半导体分立器件型号命名法

第一部分		第二部分		第三部分		第四部分	第五部分
用阿拉伯数字表示器件电极的数目		用汉语拼音字母表示器件的材料和极性		用汉语拼音字母表示器件的类型		用阿拉伯数字表示器件的序号	用汉语拼音表示规格的区别代号
符号	意义	符号	意义	符号	意义		
2	二极管	A	N型,锗材料	P	普通管		
		B	P型,锗材料	V	微波管		
		C	N型,硅材料	W	稳压管		
		D	P型,硅材料	C	参量管		
3	三极管	A	PNP型,锗材料	Z	整流管		
		B	NPN型,锗材料	L	整流堆		
		C	PNP型,硅材料	S	隧道管		
		D	NPN型,硅材料	N	阻尼管		
		E	化合物材料	U	光电器件		
				K	开关管		
				X	低频小功率管 ($f_a<3$ MHz, $P_C<1$ W)		
				G	高频小功率管 ($f_a\geq3$ MHz, $P_C<1$ W)		
				D	低频大功率管 ($f_a<3$ MHz, $P_C\geq1$ W)		
				A	高频大功率管 ($f_a\geq3$ MHz, $P_C\geq1$ W)		
				T	半导体闸流管（可控硅整流器）		
				Y	体效应器件		
				B	雪崩管		
				J	阶跃恢复管		
				CS	场效应器件		
				BT	半导体特殊器件		
				FH	复合管		
				PIN	PIN型管		
				JG	激光器件		

示例:

(1) 锗材料 PNP 型低频大功率三极管:　(2) 硅材料 NPN 型高频小功率三极管:

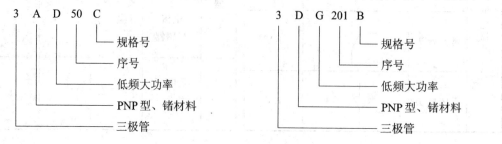

（3）N 型硅材料稳压二极管：　　　　　（4）单结晶体管：

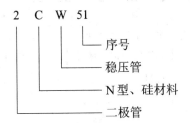

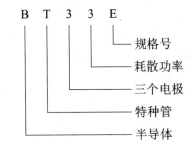

附表 4-2　国际电子联合会半导体器件型号命名法

第一部分		第二部分				第三部分		第四部分	
用字母表示使用的材料		用字母表示类型及主要特性				用数字或字母加数字表示登记号		用字母对同一型号者分档	
符号	意义	符号	意义	符号	意义	符号	意义	符号	意义
A	锗材料	A	检波、开关和混频二极管	M	封闭磁路中的霍尔元件	三位数字	通用半导体器件的登记序号（同一类型器件使用同一登记号）	A B C D E ⋮	同一型号器件按某一参数进行分档的标志
		B	变容二极管	P	光敏元件				
B	硅材料	C	低频小功率三极管	Q	发光器件				
		D	低频大功率三极管	R	小功率可控硅				
C	砷化镓	E	隧道二极管	S	小功率开关管	一个字母加两位数字	专用半导体器件的登记序号（同一类型器件使用同一登记号）		
		F	高频小功率三极管	T	大功率可控硅				
D	锑化铟	G	复合器件及其它器件	U	大功率开关管				
		H	磁敏二极管	X	倍增二极管				
R	复合材料	K	开放磁路中的霍尔元件	Y	整流二极管				
		L	高频大功率三极管	Z	稳压二极管即齐纳二极管				

示例：

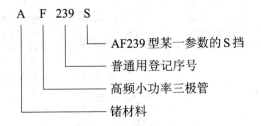

附表 4-3 美国电子工业协会半导体器件型号命名法

第一部分		第二部分		第三部分		第四部分		第五部分	
用符号表示 用途的类型		用数字表示 PN 结的数目		美国电子工业协会 （EIA）注册标志		美国电子工业协会 （EIA）登记顺序号		用字母表示 器件分档	
符号	意义	符号	意义	符号	意义	符号	意义	符号	意义
JAN 或 J	军用品	1	二极管	N	该器件已 在美国电子 工业协会注 册登记	多位 数字	该器件在 美国电子工 业协会登记 的顺序号	A B C D …	同一型号 的不同挡别
		2	三极管						
无	非军用品	3	三个 PN 结器件						
		n	n 个 PN 结器件						

示例：

(1) JAN2N2904：　　　　(2) 1N4001：

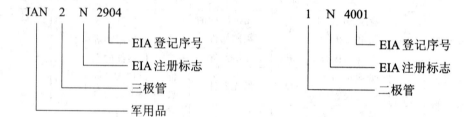

附表 4-4 日本半导体器件型号命名法

第一部分		第二部分		第三部分		第四部分		第五部分	
用数字表示类型 或有效电极数		S 表示日本电子工 业协会（EIAJ）的 注册产品		用字母表示器件 的极性及类型		用数字表示在日 本电子工业协会 登记的顺序号		用字母表示 对原来型号 的改进产品	
符号	意义	符号	意义	符号	意义	符号	意义	符号	意义
0	光电（即光 敏）二极管、 晶体管及其 组合管	S	表示已在 日本电子工 业协会 （EIAJ）注册 登记的半导 体分立器件	A	PNP 型高 频管	四 位 以 上 的 数 字	从 11 开 始,表示在日 本电子工业 协会注册登 记的顺序号, 不同公司性 能相同的器 件可以使用 同一顺序号, 其数字越大 越是近期产 品	A B C D E F …	用字母表 示对原来型 号的改进产 品
1	二极管			B	PNP 型低 频管				
2	三极管、具 有两个以上 PN 结的其 他晶体管			C	NPN 型高 频管				
3	具有四个 有效电极或 具有三个 PN 结的晶 体管			D	NPN 型低 频管				
				F	P 控制极 可控硅				
				G	N 控制极 可控硅				
$n-1$	具有 n 个 有效电极或 具有 $n-1$ 个 PN 结的晶 体管			H	N 基极单 结晶体管				
				J	P 沟道场 效应管				
				K	N 沟道场 效应管				
				M	双向可控 硅				

示例:

(1) 2SC502A(日本收音机中常用的中频放大管):

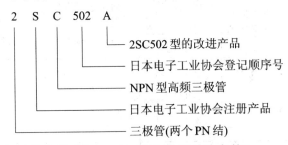

```
2   S   C   502   A
                    └── 2SC502 型的改进产品
                └────── 日本电子工业协会登记顺序号
            └────────── NPN 型高频三极管
        └────────────── 日本电子工业协会注册产品
    └────────────────── 三极管(两个 PN 结)
```

(2) 2SA495(日本夏普公司 GF - 9494 收录机用小功率管):

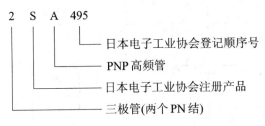

```
2   S   A   495
                └── 日本电子工业协会登记顺序号
            └────── PNP 高频管
        └────────── 日本电子工业协会注册产品
    └────────────── 三极管(两个 PN 结)
```

附录 5　常用半导体二极管的主要参数

附表 5 - 1　部分半导体二极管的参数

类型	型号 参数	最大整流电流/mA	正向电流/mA	正向压降(在左栏电流值下)/V	反向击穿电压/V	最高反向工作电压/V	反向电流/μA	零偏压电容/pF	反向恢复时间/ns
普通检波二极管	2AP9	≤16	≥2.5	≤1	≥40	20	≤250	≤1	f_H(MHz)150
	2AP7		≥5		≥150	100			
	2AP11	≤25	≥10	≤1		≤10	≤250	≤1	f_H(MHz)40
	2AP17	≤15	≥10			≤100			
锗开关二极管	2AK1		≥150	≤1	30	10		≤3	≤200
	2AK2				40	20			
	2AK5		≥200	≤0.9	60	40		≤2	≤150
	2AK10		≥10	≤1	70	50			
	2AK13		≥250	≤0.7	60	40		≤2	≤150
	2AK14				70	50			
硅开关二极管	2CK70A~E		≥10	≤0.8	A≥30	A≥20		≤1.5	≤3
	2CK71A~E		≥20		B≥45	B≥30			≤4
	2CK72A~E		≥30		C≥60	C≥40			
	2CK73A~E		≥50		D≥75	D≥50		≤1	≤5
	2CK74A~D		≥100	≤1	E≥90	E≥60			
	2CK75A~D		≥150						
	2CK76A~D		≥200						

续表

类型	型号 参数	最大整流电流/mA	正向电流/mA	正向压降(在左栏电流值下)/V	反向击穿电压/V	最高反向工作电压/V	反向电流/A	零偏压电容/pF	反向恢复时间/ns
整流二极管	2CZ52 B~H	2	0.1	≤1		25~600			同2AP普通二极管
	2CZ53 B~M	6	0.3	≤1		50~1000			
	2CZ54 B~M	10	0.5	≤1		50~1000			
	2CZ55 B~M	20	1	≤1		50~1000			
	2CZ56 B~M	65	3	≤0.8		25~1000			
	1N4001~4007	30	1	1.1		50~1000	5		
	1N5391~5399	50	1.5	1.4		50~1000	10		
	1N5400~5408	200	3	1.2		50~1000	10		

附表 5 - 2　部分稳压二极管的主要参数

型号 测试条件 参数	工作电流为稳定电流		环境温度<50℃		稳定电流下	稳定电流下	环境温度<10℃
	稳定电压/V	稳定电流/mA	最大稳定电流/mA	反向漏电流	动态电阻/Ω	电压温度系数/10^{-4}/℃	最大耗散功率/W
2CW51	2.5~3.5	10	71	≤5	≤60	≥−9	0.25
2CW52	3.2~4.5		55	≤2	≤70	≥−8	
2CW53	4~5.8		41	≤1	≤50	−6~4	
2CW54	5.5~6.5		38		≤30	−3~5	
2CW56	7~8.8		27		≤15	≤7	
2CW57	8.5~9.8		26	≤0.5	≤20	≤8	
2CW59	10~11.8	5	20		≤30	≤9	
2CW60	11.5~12.5		19		≤40	≤9	
2CW103	4~5.8	50	165	≤1	≤20	−6~4	1
2CW110	11.5~12.5	20	76	≤0.5	≤20	≤9	
2CW113	16~19	10	52	≤0.5	≤40	≤11	
2CW1A	5	30	240		≤20		1
2CW6C	15	30	70		≤8		1
2CW7C	6.0~6.5	10	30		≤10	0.05	0.2

附录 6　常用半导体三极管的主要参数

附表 6 - 1　3AX51(3AX31)型半导体三极管的参数

原　型　号		3AX31				测试条件
	新　型　号	3AX51A	3AX51B	3AX51C	3AX51D	
极限参数	P_{CM}/mW	100	100	100	100	$T_a = 25$℃
	I_{CM}/mA	100	100	100	100	
	T_{jM}/℃	75	75	75	75	
	BV_{CBO}/V	≥30	≥30	≥30	≥30	$I_C = 1$ mA
	BV_{CEO}/V	≥12	≥12	≥18	≥24	$I_C = 1$ mA
直流参数	I_{CBO}/μA	≤12	≤12	≤12	≤12	$U_{CB} = -10$ V
	I_{CEO}/μA	≤500	≤500	≤300	≤300	$U_{CE} = -6$ V
	I_{EBO}/μA	≤12	≤12	≤12	≤12	$U_{EB} = -6$ V
	h_{FE}	40～150	40～150	30～100	25～70	$U_{CE} = -1$ V　$I_C = 50$ mA
交流参数	f_a/kHz	≥500	≥500	≥500	≥500	$U_{CB} = -6$ V　$I_E = 1$ mA
	N_F/dB	—	≤8	—	—	$U_{CB} = -2$ V　$I_E = 0.5$ mA　$f = 1$ kHz
	h_{ie}/kΩ	0.6～4.5	0.6～4.5	0.6～4.5	0.6～4.5	$U_{CB} = -6$ V　$I_E = 1$ mA　$f = 1$ kHz
	h_{re}/×10	≤2.2	≤2.2	≤2.2	≤2.2	
	h_{oe}/μs	≤80	≤80	≤80	≤80	
	h_{fe}	—	—	—	—	
h_{FE}色标分档		(红)25～60;(绿)50～100;(蓝)90～150				
管脚						

附表 6 - 2　3AX81 型 PNP 型锗低频小功率三极管的参数

型　　号		3AX81A	3AX81B	测　试　条　件
极限参数	P_{CM}/mW	200	200	
	I_{CM}/mA	200	200	
	T_{jM}/℃	75	75	
	BV_{CBO}/V	-20	-30	$I_C = 4$ mA
	BV_{CEO}/V	-10	-15	$I_C = 4$ mA
	BV_{EBO}/V	-7	-10	$I_E = 4$ mA
直流参数	I_{CBO}/μA	≤30	≤15	$U_{CB} = -6$ V
	I_{CEO}/μA	≤1000	≤700	$U_{CE} = -6$ V
	I_{EBO}/μA	≤30	≤15	$U_{EB} = -6$ V
	U_{BES}/V	≤0.6	≤0.6	$U_{CE} = -1$ V　$I_C = 175$ mA
	U_{CES}/V	≤0.65	≤0.65	$U_{CE} = U_{BE}$　$U_{CB} = 0$　$I_C = 200$ mA
	h_{FE}	40～270	40～270	$U_{CE} = -1$ V　$I_C = 175$ mA
交流参数	f_{β}/kHz	≥6	≥8	$U_{CB} = -6$ V　$I_E = 10$ mA
h_{FE}色标分档		(黄)40～55;(绿)55～80;(蓝)80～120;(紫)120～180;(灰)180～270;(白)270～400		
管脚				

附表 6 − 3　3BX31 型 NPN 型锗低频小功率三极管的参数

	型　号	3BX31M	3BX31A	3BX31B	3BX31C	测 试 条 件
极限参数	P_{CM}/mW	125	125	125	125	$T_a = 25℃$
	I_{CM}/mA	125	125	125	125	
	T_{jM}/℃	75	75	75	75	
	BV_{CBO}/V	−15	−20	−30	−40	$I_C = 1$ mA
	BV_{CEO}/V	−6	−12	−18	−24	$I_C = 2$ mA
	BV_{EBO}/V	−6	−10	−10	−10	$I_E = 1$ mA
直流参数	I_{CBO}/μA	≤25	≤20	≤12	≤6	$U_{CB} = 6$ V
	I_{CEO}/μA	≤1000	≤800	≤600	≤400	$U_{CE} = 6$ V
	I_{EBO}/μA	≤25	≤20	≤12	≤6	$U_{EB} = 6$ V
	U_{BES}/V	≤0.6	≤0.6	≤0.6	≤0.6	$U_{CE} = 6$ V　$I_C = 100$ mA
	U_{CES}/V	≤0.65	≤0.65	≤0.65	≤0.65	$U_{CE} = U_{BE}$　$U_{CB} = 0$　$I_C = 125$ mA
	h_{FE}	80~400	40~180	40~180	40~180	$U_{CE} = 1$ V　$I_C = 100$ mA
交流参数	f_β/kHz	—	—	≥8	f_a≥465	$U_{CB} = −6$ V　$I_E = 10$ mA
h_{FE}色标分档		\multicolumn{5}{c}{（黄）40~55；（绿）55~80；（蓝）80~120；（紫）120~180；（灰）180~270；（白）270~400}
管脚						

附表 6 − 4　3DG100（3DG6）型 NPN 型硅高频小功率三极管的参数

原 型 号		\multicolumn{4}{c}{3DG6}	测 试 条 件
新 型 号		3DG100A	3DG100B	3DG100C	3DG100D	
极限参数	P_{CM}/mW	100	100	100	100	
	I_{CM}/mA	20	20	20	20	
	BV_{CBO}/V	≥30	≥40	≥30	≥40	$I_C = 100$ μA
	BV_{CEO}/V	≥20	≥30	≥20	≥30	$I_C = 100$ μA
	BV_{EBO}/V	≥4	≥4	≥4	≥4	$I_E = 100$ A
直流参数	I_{CBO}/μA	≤0.01	≤0.01	≤0.01	≤0.01	$U_{CB} = 10$ V
	I_{CEO}/μA	≤0.1	≤0.1	≤0.1	≤0.1	$U_{CE} = 10$ V
	I_{EBO}/μA	≤0.01	≤0.01	≤0.01	≤0.01	$U_{EB} = 1.5$ V
	U_{BES}/V	≤1	≤1	≤1	≤1	$I_C = 10$ mA　$I_B = 1$ mA
	U_{CES}/V	≤1	≤1	≤1	≤1	$I_C = 10$ mA　$I_B = 1$ mA
	h_{FE}	≥30	≥30	≥30	≥30	$U_{CE} = 10$ V　$I_C = 3$ mA
交流参数	f_T/MHz	≥150	≥150	≥300	≥300	$U_{CB} = 10$ V　$I_E = 3$ mA　$f = 100$ MHz　$R_L = 5$ Ω
	K_P/dB	≥7	≥7	≥7	≥7	$U_{CB} = −6$ V　$I_E = 3$ mA　$f = 100$ MHz
	C_{ob}/pF	≤4	≤4	≤4	≤4	$U_{CB} = 10$ V　$I_E = 0$
h_{FE}色标分档		\multicolumn{4}{c}{（红）30~60；（绿）50~110；（蓝）90~160；（白）＞150}	
管脚						

附表 6 - 5　3DG130(3DG12)型 NPN 型硅高频小功率三极管的参数

原　型　号		3DG12				测试条件
新　型　号		3DG130A	3DG130B	3DG130C	3DG130D	
极限参数	P_{CM}/mW	700	700	700	700	
	I_{CM}/mA	300	300	300	300	
	BV_{CBO}/V	≥40	≥60	≥40	≥60	$I_C=100\ \mu A$
	BV_{CEO}/V	≥30	≥45	≥30	≥45	$I_C=100\ \mu A$
	BV_{EBO}/V	≥4	≥4	≥4	≥4	$I_E=100\ \mu A$
直流参数	I_{CBO}/μA	≤0.5	≤0.5	≤0.5	≤0.5	$U_{CB}=10$ V
	I_{CEO}/μA	≤1	≤1	≤1	≤1	$U_{CE}=10$ V
	I_{EBO}/μA	≤0.5	≤0.5	≤0.5	≤0.5	$U_{EB}=1.5$ V
	U_{BES}/V	≤1	≤1	≤1	≤1	$I_C=100$ mA　$I_B=10$ mA
	U_{CES}/V	≤0.6	≤0.6	≤0.6	≤0.6	$I_C=100$ mA　$I_B=10$ mA
	h_{FE}	30	≥30	≥30	≥30	$U_{CE}=10$ V　$I_C=50$ mA
交流参数	f_T/MHz	≥150	≥150	≥300	≥300	$U_{CB}=10$ V　$I_E=50$ mA $f=100$ MHz　$R_L=5\ \Omega$
	K_P/dB	≥6	≥6	≥6	≥6	$U_{CB}=-10$ V　$I_E=50$ mA $f=100$ MHz
	C_{ob}/pF	≤10	≤10	≤10	≤10	$U_{CB}=10$ V　$I_E=0$
h_{FE}色标分档		(红)30～60；(绿)50～110；(蓝)90～160；(白)＞150				
管脚						

附表 6 - 6　9011～9018 塑封硅三极管的参数

型　号		(3DG) 9011	(3CX) 9012	(3DX) 9013	(3DG) 9014	(3CG) 9015	(3DG) 9016	(3DG) 9018
极限参数	P_{CM}/mW	200	300	300	300	300	200	200
	I_{CM}/mA	20	300	300	100	100	25	20
	BV_{CBO}/V	20	20	20	25	25	25	30
	BV_{CEO}/V	18	18	18	20	20	20	20
	BV_{EBO}/V	5	5	5	4	4	4	4
直流参数	I_{CBO}/μA	0.01	0.5	0.5	0.05	0.05	0.05	0.05
	I_{CEO}/μA	0.1	1	1	0.5	0.5	0.5	0.5
	I_{EBO}/μA	0.01	0.5	0.5	0.05	0.05	0.05	0.05
	U_{CES}/V	0.5	0.5	0.5	0.5	0.5	0.5	0.35
	U_{BES}/V	1	1	1	1	1	1	1
	h_{FE}	30	30	30	30	30	30	30
交流参数	f_T/MHz	100			80	80	500	600
	C_{ob}/pF	3.5			2.5	4	1.6	4
	K_P/dB							10
h_{FE}色标分档		(红)30～60；(绿)50～110；(蓝)90～160；(白)＞150						
管脚								

E　B　C

附录7　几种单相桥式整流器的参数

参数 型号	不重复正向 浪涌电流/A	整流 电流/A	正向电 压降/V	反向漏 电/μA	反向工作 电压/V	最高工作 结温/℃
QL1	1	0.05	≤1.2	≤10	常见的分挡为:25, 50, 100, 200, 400, 500, 600, 700, 800, 900,1000	130
QL2	2	0.1				
QL4	6	0.3				
QL5	10	0.5				
QL6	20	1				
QL7	40	2		≤15		
QL8	60	3				

附录8　常用集成电路命名方法

附表8-1　国产器件型号的组成

第0部分		第一部分		第二部分	第三部分		第四部分	
用字母表示器件 符合国家标准		用字母表示器件的类型		用阿拉伯数 字表示器件的 系列和品种 代号	用字母表示器件 的工作温度范围		用字母表示 器件的封装	
符号	意义	符号	意义		符号	意义	符号	意义
C	中国制造	T	TTL		C	0℃～70℃	W	陶瓷扁平
		H	HTL		E	−40℃～85℃	B	塑料扁平
		E	ECL		R	−55℃～85℃	F	全封闭扁平
		C	CMOS		M	−55℃～125℃	D	陶瓷直插
		F	线性放大器				P	塑料直插
		D	音响、电视电路				J	黑陶瓷直插
		W	稳压器		⋮	⋮	K	金属菱形
		J	接口电路				T	金属圆形

示例:

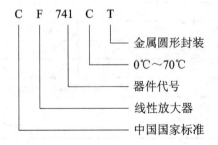

C F 741 C T

金属圆形封装
0℃～70℃
器件代号
线性放大器
中国国家标准

附表 8 - 2　国外部分公司及产品代号

公司名称	代号	公司名称	代号
美国无线电公司（BCA）	CA	美国悉克尼特公司（SIC）	NE
美国国家半导体公司（NSC）	LM	日本电气工业公司（NEC）	μPC
美国莫托洛拉公司（MOTA）	MC	日本日立公司（HIT）	RA
美国仙童公司（PSC）	μA	日本东芝公司（TOS）	TA
美国德克萨斯公司（TII）	TL	日本三洋公司（SANYO）	LA,LB
美国模拟器件公司（ANA）	AD	日本松下公司	AN
美国英特西尔公司（INL）	IC	日本三菱公司	M

部分模拟集成电路引脚排列

（1）运算放大器，如附图 8 - 1 所示。

（2）音频功率放大器，如附图 8 - 2 所示。

附图 8 - 1

附图 8 - 2

（3）集成稳压器，如附图 8 - 3 所示。

附图 8 - 3

附录9 集成功率放大器一览表

型　号	输出功率/W	生产厂家	国外同型号
4E316	＞0.25		
FS34	0.3～0.4	4433厂	
5G31(A、B)	0.4～0.7	上海元件五厂	
8fy386(A、B、C)	0.325～1	北京电子管厂	
XG4140	0.5	新光电工厂	LA4140
DG4100 XG4100/4101/4102	0.2～2.1	北京878厂 新光电工厂	
DG820 XG820	4.2～7.6	8878厂 新光电工厂	TBA820
8FG2002/2003 DG2006	6	北京电子管厂 北京878厂	TBA810P，TBA8103 CA8100
XG2006	8	新光电工厂	TDA2006
D4420	5.5	天光厂(871厂)	LA2006
D2283B	1.2	天光厂(871厂)	ULN2283B
D4265	3.5	天光厂(871厂)	LA4265
XG404	6～13	新光电工厂	
XG7237	17	新光电工厂	
8FG2030		北京电子管厂	TDA2030
XG2020D/2030D	45	新光电工厂	
XG1260	40～130	新光电工厂	
XG4177/4178	低压型双通道	新光电工厂	LA4177/4178
XG1263	1.2	新光878厂	MPC1263C2
XG2004	6.5～10	新光电工厂	TDA2004
XG4508	8.5	新光电工厂	
F3020/F3020A	0.5～1宽带功效	749厂	

参 考 文 献

[1] 江甦. 电工学与电子学. 西安：西安电子科技大学出版社，2010.
[2] 张绪光，刘在娥. 模拟电子技术. 北京：北京大学出版社，2010.
[3] 陈梓成，方勤. 模拟电子技术基础. 2 版. 北京：高等教育出版社，2010.
[4] 周忠. 数字电子技术. 北京：人民邮电出版社，2012.
[5] 苏莉萍. 电子技术基础. 2 版. 西安：西安电子科技大学出版社，2012.
[6] 宋雪臣，单振清. 数字电子技术与应用. 北京：北京大学出版社，2011.
[7] 任万强，张纲. 电工电子技术. 北京：中国水利水电出版社，2008.
[8] 谭胜富，徐寅伟. 电工与电子技术. 北京：化学工业出版社，2006.
[9] 吉武庆. 电工电子技术项目与训练. 西安：西北大学出版社，2008.